墨香财经学术文库
"十二五"辽宁省重点图书出版规划项目

"双碳"目标下的碳减排政策效果评估与实现路径

Effect Evaluation and Realization Path of Carbon Emission
Reduction Policy under the "Dual Carbon" Target

胡世前　王玉林　著

东北财经大学出版社　大连
Dongbei University of Finance & Economics Press

图书在版编目（CIP）数据

"双碳"目标下的碳减排政策效果评估与实现路径 / 胡世前，王玉林著．一大连：东北财经大学出版社，2023.5

（墨香财经学术文库）

ISBN 978-7-5654-4712-9

Ⅰ.双…　Ⅱ.①胡…②王…　Ⅲ.二氧化碳-排气-环境-政策-研究-中国　Ⅳ.X511

中国国家版本馆CIP数据核字（2023）第080642号

东北财经大学出版社出版发行

　　大连市黑石礁尖山街217号　邮政编码　116025

　　网　　址：http：//www.dufep.cn

　　读者信箱：dufep @ dufe.edu.cn

大连图腾彩色印刷有限公司印刷

幅面尺寸：170mm×240mm　字数：241千字　印张：16.5　插页：1

2023年5月第1版　　　　　　　2023年5月第1次印刷

责任编辑：李　彬　赵　楠　徐　群　责任校对：贺　力

　　　　　李丽娟　孟　鑫

封面设计：原　皓　　　　　　　版式设计：原　皓

定价：65.00元

本书获得 2022 年度辽宁省社会科学规划基金重点建设学科项目（项目批准号：L22ZD053），东北财经大学出版基金，东北财经大学 2022 年度提升社会服务能力建设项目（项目批准号：SF-Y202208）的资助。

前言

　　党的十八大以来，在以习近平同志为核心的党中央坚强领导下，各地区各部门认真贯彻落实党中央、国务院决策部署，坚定不移贯彻新发展理念，高效统筹高质量发展。2020 年 9 月，我国主动承担应对全球气候变化责任的大国担当，正式提出"双碳"目标是加快生态文明建设和实现高质量发展的重要抓手，更是深入贯彻新发展理念推进创新驱动的绿色低碳高质量发展的重要实践。党的二十大报告提出"积极稳妥推进碳达峰碳中和"，这是以习近平同志为核心的党中央统筹国内国际两个大局作出的重大决策部署，为深入推进"双碳"工作提供了根本遵循，对全面建设社会主义现代化国家、促进中华民族永续发展和构建人类命运共同体产生重要深远影响。

　　技术是世界公认的实现"双碳"目标的终极手段，因此要始终坚持创新驱动，依靠科技创新推动产业升级和能源结构优化，进一步聚焦节能减排，扎实推进碳达峰碳中和。实现"双碳"目标时间紧、任务重，涉及诸多领域，要全国一盘棋，科学施策，灵活应对。近年来，作者在基于低碳城市试点政策效果评估的研究基础上，逐步转向"双碳"目标下节能减排、产业政策等领域的科学研究，力求为我国实现第二个百年奋斗目标和"双碳"目标奠定理论基础及提供技术思路。

在与合作者王玉林女士共同研讨设计本书研究思路过程中曾遭遇绿色金融数据搜集与挖掘处理等方面的严重技术障碍，研究甚至一度处于搁置状态。得益于具有良好公共管理专业知识基础、银行业高级从业人员鞠孝严女士的大力帮助，通过数字技术攻关成功破解了"卡脖子"问题。在此衷心地感谢鞠孝严女士为本书的顺利完稿和正式出版发行作出的巨大贡献和鼎力支持。

在本书撰写过程中，作者参考借鉴了大量国内外已有的生态环境治理、节能减排政策效果评估等领域的知名著作，并查阅了大量的多语种参考文献，对已有学术界研究观点进行了细致且深入的梳理和综述，基于"双碳"目标对低碳试点政策、碳交易政策、绿色电力领域进行了量化式政策效果评估。与此同时，在学术界前辈学者们的指导下，本书积极融入了作者长期以来在社科领域研究和社会服务工作中取得的研究成果与学术发现，进一步提高了政治站位，拓宽了研究视野及研究领域。

衷心感谢在多年学习和工作中给予作者大力支持的东北财经大学相关领导、前辈与同仁及合作者王玉林女士。由衷感谢为本书撰写提供绿色金融数据支撑与数字技术解决方案并给予作者深深理解及一如既往大力支持的鞠孝严女士，她为系统地提升本书的科学性和学术影响力奠定了坚实基础并提供了坚强保障。真诚地感谢东北财经大学出版社对本书出版的技术支持。非常感谢协助本书编著的刘宇、刘迪、杨清梅、张耀玮、逯巍、王晓丹、李丹等研究生同学们和东北财经大学公共管理学院2022级公共管理类专业本科生战帅同学的辛勤付出。

岁月不居，时光如流，行文至此，落笔为终。书之有尽，致谢难穷。饮水流者怀其源，记忆往昔，求真寻知之甘苦，承蒙挚友情义之深刻，同僚指点之真切，乃至一字一句，一言一语，如昨日历历在目，岁月流殇，往事飞扬，泛起点滴悲喜。源于鞠孝严女士的殷殷关切与持之以恒，作者将铭记于心、感戴不忘，踔厉奋发守初心，笃行不怠向未来。本书内容虽几经删改，但因作者的实践经验、能力学识等方面尚有纰漏之处，欢迎业内学者和广大读者批评指教，不吝赐教，在此向您致敬！

胡世前

东北财经大学　师学斋

2023 年 3 月

目录

1　导论

1.1　选题背景与意义

1.1.1　选题背景

党的二十大报告提出，"积极稳妥推进碳达峰碳中和"。我们要坚决贯彻党中央决策部署，以"双碳"工作为总牵引，全面加强资源节约和环境保护，加快推动形成绿色低碳的生产生活方式，促进经济社会发展全面绿色转型，建设人与自然和谐共生的现代化。

首先，面对严峻的气候问题，中国在 2020 年 9 月 22 日第七十五届联合国大会上首次提出力争实现 2030 年前碳达峰、2060 年前碳中和（简称"双碳"目标）。中国自 2001 年入世以来进入经济快速增长周期，碳排放量与经济发展同步增长，在 2006 年就超越美国成为世界二氧化碳排放量最大的国家，2021 年中国二氧化碳排放量约为 119 亿吨，占全球二氧化碳排放量的 33%。中国高碳排的结果是由其在世界经济体中的重要地位决定的，在2010年中国成为世界第二大经济体后二氧化碳排放问题愈发凸显。为推动共建公平合理、合作共赢的全球气候治理体系，在应对全球气候变化中贡献中国智慧和中国力量，中国积极制定国家适应气候变化战略，不断强化自主贡献目标。2020年12月12日，习近平总书记在气候雄心峰会上通过视频发表题为《继往开来，开启全球应对气候变化新征程》的重要讲话。在讲话中，习近平总书记进一步宣布：到2030年，中国单位国内生产总值二氧化碳排放将比2005年下降65%以上，非化石能源占一次能源消费比重将达到25%左右，森林蓄积量将比2005年增加60亿立方米，风电、太阳能发电总装机容量将达到12亿千瓦以上。"双碳"目标是中国基于共建人类命运共同体和实现绿色可持续发展内在要求提出的战略方针，是我国能源的自我革命。要想实现"双碳"目标就要大幅度消减一次能源消耗占比，降低煤炭的直接消耗，逐步摆脱对高碳排一次能源的高度依赖。"双碳"目标的提出体现了我国参与全球环境治理的大国担当，为构建人类命运共同体贡献自己的一份力量。推进落实碳达峰碳中和工作能够有效减缓人类活动对气候变化的影响，是驱动我国实现高质量发展，促进能源结构优化，健全生态文明发展的重要路径选择。

其次，随着我国生态文明建设的不断推进，"绿水青山就是金山银山"的理念日益深入人心。我国从2010年开始，以顶层设计结合试点示范的工作模式，先后启动各类低碳试点工作，推动落实承诺的二氧化碳排放强度（每单位国民生产总值的增长产生的二氧化碳排放量）下降目标，通过以点带面的政策示范效应，充分调动了各方面低碳发展的积极性、主动性和创造性，为"双碳"目标的实现注入强大动力。独具中国特色的政策设计逻辑以及全力打好污染防治攻坚战的政治执行力，充分彰显了我国的制度优势，尤其是集中力量办大事的优势。我国"双碳"目标的提出与落实建立在执行节能减排政策取得的成就基础上。为调整能源消费结构、发展可再生能源、推进节能降耗、实现降碳减排协同增效，我国先后发布了《中国应对气候变化国家方案》《"十二五"控制温室气体排放工作方案》《温室气体自愿减排交易管理暂行办法》《关于切实做好全国碳排放权交易市场启动重点工作的通知》等指导性政策方案。国务院等部门发布的政策方案以综合性的指标要求限制经济发展过程中的能源消耗、温室气体排放，进行我国降碳减排工作开展的顶层设计，实现对低碳经济发展的规划。除此之外，低碳试点等碳减排政策通过确定试点城市、试点行业的方式对具有示范性、引导性的城市和高耗能、高污染行业进行试验，对政策实施效果进行评估并探究政策实现路径，以取得相关政策实践性经验从而推广。为实现低碳可持续发展，我国积极构建节能减排政策体系，推进碳减排政策落实，为"双碳"目标的实现奠定了重要基础。促进能源电力系统低碳化、电气化、智能化（无法电气化的领域），低碳燃料转化以及应用负排放技术是2060年前实现碳中和的基本路径。近年来，我国正在寻求更具可持续性、包容性和韧性的经济增长方式，已经具备了实现2030年前碳排放达峰的客观条件。作为2020年唯一实现经济正增长的主要经济体，我国担负引领世界经济"绿色复苏"的大国重任。2020年，我国经济总量已迈上百万亿元的大台阶，约占世界经济总量的17.39%，强大的国家综合实力为实现"双碳"目标奠定了坚实的经济基础。

作为一个负责任的发展中大国，从"十一五"时期开始，我国就根据国情国力，把节能降碳纳入国民经济和社会发展规划之中，节能降碳成为从中央到地方各级政府的一项常规性工作。通过积极推动产业结构调整、能源结构优化、重点行业能效提升等方式，我国节能减排取得显著成效，为实现"双碳"目标奠定了经验基础。

最后，实现碳达峰碳中和是一场广泛而深刻的经济社会变革，党中央对这场大考有着清醒的认识。与发达国家相比，我国实现"双碳"目标时间更紧、幅度更大、困难更多，任务异常艰巨，既要有勇气直面挑战，又要有智慧克服困难，智勇双全才能行稳致远。"双碳"目标的实现是对我国经济传统发展路径和动力系统的挑战，不仅涉及产业结构调整，对社会治理结构也是一场严峻的考验。"双碳"目标的核心内容是实现碳排放达峰，势必会对产业未来发展方向与结构以及我国能源消耗结构产生重要影响，从而推动产业结构转型。《BP世界能源统计年鉴2021》指出，2020年中国能源结构中，煤炭占比57%，这说明我国经济发展具有"能源依赖""能源高耗"等特征，这无疑增加了经济发展与碳排放实现"脱钩"的困难。碳排放指标对于低碳技术、零碳技术、负碳技术等提出了更高要求,加大了实现"双碳"目标的压力。我国各地区、企业不均衡的发展现状也不利于"双碳"目标的实现,对于以中小型企业为主的制造业而言,面临能源消耗结构、经营管理模式转型等困难。

1.1.2 选题意义

实现碳达峰碳中和,是立足新发展阶段、贯彻新发展理念、构建新发展格局、推动高质量发展的内在要求,是一场广泛而深刻的经济社会系统性变革,具有重大的现实意义和深远的历史意义。

本书从"双碳"视角出发开展碳减排政策效果评估,一方面补充了对"双碳"目标实现路径的研究,另一方面结合实际数据证实碳减排政策对环境、经济以及重点行业能源利用的政策效果及影响路径。通过关注碳减排政策中的个别关键政策,拓展到整体降碳目标的实现,为降碳减排工作提供理论支持。

本书的理论和现实意义如下:

1. 理论意义

构造碳减排政策评估的系统性分析框架,针对典型碳减排政策确定政策效果评估指标,通过分析政策涉及的多重效果探究政策实现路径,为我国碳减排政策评估与制定提供理论支撑。中国社会经济的发展受到气候问题与国际社会压力的双重影响,迫切需要科学有效的政策治理。近年来,我国降碳减排政策体系得到不断完善与发展,陆续推出针对示范城市、高污染行业的政策以达到控制碳排放的目的,然而对这一系列政策效果的评估相对缺乏,难免影响政策落实的效率。

对碳减排政策效果进行评估能够更加准确地评价、控制和引导各碳减排主体的行为,起到查漏补缺的作用,帮助政府实现考核目标并确定相应的具体实现路径,督促企业建立完善的系统化碳减排绩效评价体系和机制,加强各减排主体的内部控制,对碳减排活动开展高效监管和指导,真正发挥碳减排政策的作用从而解决实际问题。因此,本书从城市层面和行业层面出发构造碳减排政策效果评估框架,关注碳减排政策在降碳基础上的协同减排效应及作用路径，将碳减排政策的多重效果及影响因素串联起来进行全面分析，为碳减排政策效果评估提供思路。此外，本书实证部分通过构建DID模型进行准自然实验，有效避免了政策评估过程中的各种难以测量的影响因素，综合运用安慰剂检验、改变样本、变更衡量标准、排除其他政策干扰等方法对研究结果进行检验，保证评估结果的科学性。

2.现实意义

第一，对碳减排政策效果进行评估，及时掌握影响二氧化碳排放量的重要因素，避免盲目执行政策对经济生产活动造成不利影响，为政策进一步实施提供参考，发挥碳减排政策的正向效应。估算各政策对总体减排目标的贡献量，有助于确保政策的成本有效性和相应资源投入的效率。针对城市层面的碳减排政策的提出是解决区域财政、区域金融发展不均衡的重要工具。及时获取部分城市先行政策效果，分析评估减排经验，能够规避盲目落实政策带来的风险，为后期政府和相关管理部门落实推广政策提供实践启示。针对不同行业碳减排政策效果进行评估能够有效把握行业碳排放特征，提出针对具体行业的政策评估标准，明确提高政策效果的实现路径，加强对三高行业的管控，推动"双碳"目标的实现。

第二，本书注重对碳减排政策的理论与实证分析，保证政策评估的科学性并提高可信度，为我国碳减排工作的开展提供可靠证据。以往的研究往往注重对整体环境规制的理论研究和某一特定政策的实证分析，缺少理论与实证的结合。各类环境规制都是针对相应时段的环保需求制定的，因而对其政策效果的评估方式不同。本书对不同的碳减排政策发展历程、国内外政策演变等进行对比，使得政策评估结果更加完整和严谨，有助于更深入地了解政策工具的预期效果和实际效果，掌握政策执行过程中的主动权，及时纠正政策方向，提升政府使用政策工具的效率和有效性。

党的二十大对"双碳"工作作出了全面部署，提出了明确要求。我们要认真落实党中央、国务院决策部署，坚持全国统筹、节约优先、双轮驱动、内外畅通、防范风险的工作原则，扎实推进碳达峰碳中和各项重点工作，加快形成节约资源和保护环境的产业结构、生产方式、生活方式、空间格局，从而推动我国绿色低碳发展。

1.2 国内外研究现状与评述

我国于2020年提出碳达峰碳中和远景目标，这对我国政策制定与评估、产业发展提出了更高要求，因此以"双碳"目标为背景开展碳减排政策效果评估及实现路径的研究对准确评估政策效果、制定明确发展路径、推动产业经济发展具有重要意义。首先，厘清政策评估原则、标准和方法等是开展政策效果评估的关键，明确评估重点和方法等有助于保证评估结果的科学性和准确性。其次，环境规制是碳减排政策的上层概念，明确环境规制的相关研究方向能够为探究碳减排政策提供思路。开展"双碳"目标背景研究能够了解碳减排政策的实施环境，明确相关影响因素，同时准确分析政策效果。对碳减排政策效果的研究不能缺少对具体政策特色的了解，不同政策在不同层面、不同行业的作用程度不同，其中相关的控制因素也各不相同，一系列碳减排政策的最终目标是实现低碳发展，同时也要考虑到不同政策的作用特点。最后，产业政策对技术创新、产业投资等方面的影响与环境政策的出台有直接关系，对产业政策方向的研究基础进行总结分析，可以为开展实证研究奠定重要基础。

1.2.1 国内外研究现状

1.政策评估研究

从某种意义上讲，公共政策评估已经成为一个政策或项目是否继续、是否调整、是否消除的先决条件。对公共政策效果进行评估是实现政府资源有效配置，保证政策落实的效应、效果、效率的重要环节，有利于提高决策的科学化和民主化水平。有效的政策评估不仅能够降低政策成本，还能够有效加快政策目标实现进程，因而政策评估开始受到学术界的关注。现有学者针对政策评估的研究主要侧重于政策评估标准和方法、基本原则和具体政策的局限性等方面。

关于政策评估的标准，李琪等（2019）将公共政策划分为宏观政策、产业政策、微观政策、改革政策和社会政策，分别说明了不同类型政策的多元化评估标准。宏观政策作为政策顶层应具备稳定性、战略性、权威性；产业政策出台的目的是诊断和解决产业问题，因而要具备精准性、功能性、前瞻性；微观政策能够起到引导微观主体行为的作用，要具备灵活性、规范性、参与性；改革政策评估重点关注政策的实效性、系统性、整体性；社会政策注重解决民生问题，应具备普惠性、渐进性、敏感性。谢明和张书连（2015）提出建立标准是政策评估的前提，从一般意义上来讲，政策评估标准包括政策效益、政策效率、充分性、公平性、回应性和适当性。李晓冬和马元驹（2022）基于公共政策评估标准视角，针对乡村振兴政策落实情况跟踪审计中存在的局限性，构建乡村振兴政策落实跟踪审计的形式（事前）、事实（事中）、价值和受众（事后）四维审计模式。

关于政策评估的方法，和经纬（2008）认为我国的公共政策评估缺少实践和方法论指导，提出中国公共政策评估应走向实证主义，加强本土化的政策评估与实践的理论性和技术性。实证主义取向的政策评估研究的核心在于厘清政策干预的因果效应。应晓妮等（2021）阐述了常用的政策评估方法包括成本收益法、比较法和归因法并分析了其各自优缺点。胡咏梅和唐一鹏（2018）关注因果推断模型在政策评估领域的应用，并阐述了相关计量方法及其关键技术在评估中的应用。

关于政策评估的基本原则，即使公共政策各不相同，评估手段各有差异，但多数学者认为公平与效率兼顾、事实与价值统一、超前与适用结合等基本维度是公共政策评估的基本原则。孙悦和麻宝斌（2013）认为评估的前提是从理论上厘清正义、公平等概念，形成以公正性、公平性、外部性等为指标的多元政策评估指标体系。公共政策评估的基本问题是价值问题。赵书松等（2018）认为政府公共政策评估兼具价值与工具双重意义，提出了公共政策评估价值取向的三个发展阶段，即效率主导、绩效主导和民主与服务主导的价值取向。

关于具体政策的评估，彭虹斌和邓文意（2022）基于教育政策视角，剖析目标导向模式的合法性与合理性并探讨了其固有的缺陷，使目标导向模式更好地运用到教育政策的评估中。祁占勇和杜越（2022）在肯定教育政策评估在教育目标实现和强化教育政策操作与执行力度中的重要作用基础上，分析了当前我国教育政策评估中存在的问题并提出了多角度的完善建议。余雷鸣等（2022）采用利益相关方问卷调查和政策系统分析相结合的方法对跨省流域生态补偿政策实施进展开展了综合评价，肯定了流域生态补偿的积极作用，同时提出了在资金保障等方面的问题。邵帅和刘丽雯（2022）采用双重差分法考察水生态文明城市建设对水环境质量的影响及其作用机制，对中国水污染治理的政策效果进行评估，提出要关注绿色技术创新效应、产业结构升级效应、环境治理投资效应和公众环境关注度效应对改善水环境质量的重要作用。

2.环境规制研究

环境资源是人类的共同财富，但是由于其具有不可分割的公共属性导致了自然资源被肆意破坏和浪费，且环境污染具有显著的负外部性，经济主体在权衡个人利益与社会成本时就会选择由社会承担环境污染的后果。由此可见，仅依靠市场机制来调节环境资源的利用和解决污染问题是不可取的，必须由政府采取相关措施进行管制和治理。环境规制是国家开展环境治理的核心手段，有助于开辟绿色发展路径，弥补市场治理的缺失。赵玉民等（2009）提出环境规制是以环境保护为目的，以个体或组织为对象，以有形制度或无形意识为存在形式的一种约束性力量。其将环境规制划分为显性环境规制和隐性环境规制，并提出先行环境规制的分类——命令控制型环境规制、市场激励型环境规制和自愿型环境规制。

关于环境规制的经济效应研究包含产业结构、经济发展和投资活动等多方面。关于产业结构的研究分析中，部分学者认为环境规制能够在一定程度上促进产业结构调整。也有学者持反对意见，认为环境规制不利于产业结构高级化、合理化。张倩和林映贞（2022）的实证分析结果显示，正式环境规制不利于产业结构合理化。郑晓舟等（2021）以十大城市群为例开展研究，发现环境规制不利于十大城市群产业结构高级化、合理化。关于经济发展的研究中，陈浩和罗力菲（2021）的研究表明环境规制能够促进经济高质量发展，且这个过程中产业结构具有重要的中介作用。刘传明等（2021）研究发现环境规制与经济高质量发展之间存在双向经济反馈效应，即短期内环境规制对成本资金的占用抑制了经济高质量发展，而经济高质量发展水平的提高会提升环境规制水平。环境规制还对投资活动产生影响。刘金焕和万广华（2021）研究发现环境规制与外商直接投资显著负相关，抑制了外商投资的流入。

关于环境规制的绿色效应，主要涉及环境规制促进绿色创新、实现减排和提高能源环境效率等方面。环境规制、绿色创新作为生态文明建设的重要支撑要素，在区域间存在明显的空间关联性。许多学者深入研究了绿色创新领域后发现环境规制对企业绿色技术创新具有正向影响，能够显著推动我国绿色创新发展。于斌斌等（2019）利用动态空间面板模型实证检验了环境规制的"污染减排"效应。王文娟等（2022）和沈晓梅等（2020）研究发现环境规制能够抑制二氧化碳和二氧化硫的排放量。张优智和张珍珍（2021）基于省级面板数据研究发现环境规制强度与中国工业全要素能源效率有 U 形关系。李德山和苟晨阳（2021）基于西部地区水资源开展研究，发现环境规制抑制了西部地区水资源利用效率的提升，且这一影响存在产业部门和资源依赖程度的差异性。叶红雨和李奕杰（2022）将环境规制划分为正式和非正式环境规制，研究发现正式环境规制通过影响技术进步偏向扩大技术进步对能源效率的影响，而非正式环境规制能够直接提高能源效率。

还有学者关注环境规制对于特定行业（主要是污染密集行业，包括制造业和电力行业）的影响。徐鸿翔等（2015）研究发现环境规制能够促进污染密集行业技术创新；白雪洁和宋莹（2009）研究发现环境规制可以提高火电行业整体效率；尹礼汇等（2022）聚焦长江经济带进行研究，发现命令控制型和市场激励型环境规制能够提升制造业绿色全要素生产率。

3."双碳"目标研究

"双碳"目标的提出不仅引起了国际社会的广泛关注，学术界也因此开展了一系列研究。不少学者关注"双碳"目标对不同行业的发展产生的影响。我国"富煤贫油少气"，经济发展对煤炭资源依赖性强，二氧化碳的主要来源就是煤炭等化石能源的使用，其中电力行业的煤炭消耗量占比较大,"双碳"目标的提出必然会推动电力系统加快进行清洁低碳转型,这样就会对"十四五"时期的电力供需产生深刻影响。陆岷峰和徐阳洋(2022)认为"双碳"目标实现过程中产生的高碳排行业退出、低碳经济发展以及低碳技术改造等会对供应链结构和布局产生影响。研究发现在我国建筑行业二氧化碳排放量的占比不容小觑,李张怡和刘金硕(2021)针对建筑行业普遍存在的碳排放量大等问题提出绿色建筑发展对策。部分学者关注"双碳"目标的实现路径,提出区域差异化、数字技术助力、建立协调统一的法律体系等路径。在针对碳达峰的研究中,胡鞍钢(2021)主要针对碳达峰目标提出20个方面的实现路径和政策建议,提出要形成"政策合力"与"协同效应"。王勇等(2017)基于CGE模型评估了中国在2025年、2030年、2035年实现碳达峰对经济的影响,并提出2030年是中国实现碳达峰的最佳时间。

4.碳减排政策研究

碳减排是推动我国社会发展、实现全面绿色转型、提高生态环境质量的重要手段。中国致力于以较低的能源消耗和碳排放有效支撑经济高质量发展,以能源行业深刻变革支撑经济社会系统性变革,因而要扎实推进能源行业碳减排工作开展,助力实现"双碳"目标。我国的碳减排政策工具可以分为强制性政策工具和自发性政策工具。碳税既是一种财政手段又是一种强制性政策工具,在成本和效率方面具有一定的政策优势。因为我国财政能否对碳税进行最优配置存在一定不确定性,所以尚未实行碳税制度。

由实践经验可知,碳减排机制中比较常见的是碳税和碳排放权交易政策。其中碳排放权交易政策作为碳减排政策中典型的自发性政策工具是我国主要的碳减排手段,对其进行效果评估有重要意义。学术界对于碳排放权交易政策效果的研究是多样化、多角度的。大多数学者认为碳交易政策确实可以实现碳减排目标,不过也有学者持相反观点,认为碳交易政策并非完全有利(Pan等,2021)。此外,有学者发现碳交易政策存在一些促进经济增长(Cecilia等,2019)、增加可再生能源研发投资(Marcin等,2019)的溢出效应。部分学者关注碳排放权交易政策的绿色效应研究,刘传明等(2019)认为碳排放交易试点的实施减少了二氧化碳排放，但各地区因产业结构、经济发展不同存在异质性。孙振清等（2020）运用 DID 和 PSM-DID 方法，在 SFA 模型测算技术创新效率的基础上进行研究，认为产业结构调整和技术创新对于充分激发碳交易政策的区域碳减排潜力具有重要推动作用；任亚运和傅京燕（2019）认为中国碳交易政策在促进试点地区碳排放量下降的同时，促进了试点地区整体绿色发展；李广明和张维洁（2017）提出碳交易对试点地区规模工业的碳排放量和碳强度有显著抑制作用，使试点地区能源技术效率和能源配置效率显著提高；薛飞和周民良（2021）研究发现碳交易市场规模存在碳减排效应，碳交易市场规模扩大有助于降低试点地区碳排放量。碳排放权交易政策的创新效应研究方面，Calel 和 Dechezlepretr（2016）证明了"弱波特假说"，即欧盟的碳排放权交易系统能够促进受管制企业的低碳创新；乔国平（2020）认为碳排放权交易制度显著提高了企业创新能力；魏丽莉和任丽源（2021）从碳价格信号视角探究碳排放交易对企业绿色技术创新的影响，发现碳排放权交易显著促进企业绿色技术创新，碳价格越高，碳排放交易对企业的绿色技术创新影响越大。碳交易政策的经济效应研究方面，于向宇等（2021）认为碳交易机制能够通过能源结构、技术创新以及产业结构的路径提升试点省份的碳绩效水平；谭静和张建华（2018）基于省级面板数据，采用合成控制法评估了碳交易政策对产业结构的影响，认为碳交易政策能够通过影响技术创新和增加 FDI 流入推动产业结构升级；王倩和高翠云（2018）研究发现碳交易政策实施后试点地区与非试点地区人均 GDP 无差异，认为碳交易体系不会影响中国经济发展。

有学者对碳排放量影响最大的电力行业碳减排展开研究。部分学者从电力行业碳排放的影响因素进行思考，技术创新（Peng 等，2018）、地区经济发展（Cao 和 Jiang，2018；He 等，2020）、产业结构调整及能源消耗（Yu，2021）等成为其重点关注的因素。还有学者从电力行业的减排路径展开研究，认为可以通过调整产业结构（Pei 等，2016）、优化电力结构与能源利用以及充分利用环保改造投资（Li 等，2021）实现电力行业碳减排目标。为推动碳减排工作的开展，碳定价政策成为越来越多的国家激励碳减排的有效工具，学者从碳税（Yu 和 Lv，2017；

Duan 等，2019）和碳排放权交易政策（Li 等，2015；CAFS，2018）方面进行了研究。有学者认为可以利用碳定价机制、碳金融工具（Chen 和 Zhao，2021）和规范碳信息披露制度（Liu 等，2021）进一步推动电力行业碳减排。

在诸多低碳政策中，低碳试点是专门为控制碳排放提出的，对后续的碳排放交易机制、绿色发展等产生了重要影响。对低碳试点政策效果进行评估对于我国碳减排工作的开展和"双碳"目标的实现具有重要参考价值和现实意义。关于低碳试点政策效果评估的定性研究中，刘天乐和王宇飞（2019）在肯定低碳试点政策实施效果的基础上，定性分析了政策落实过程中的突出问题并提出相应对策。庄贵阳（2020）基于政策过程理论和中央、地方关系的不同视角，构建中国低碳城市政策"试点-扩散"机制与政府行为的分析框架，结果显示低碳试点政策落实与预期存在差距。低碳试点政策定量研究主要关注低碳试点政策对碳排放量的影响及其溢出效应。关于低碳试点政策降低碳排放的研究中，Lin（2014）等认为低碳试点政策实施后，碳排放的总量和碳排放强度相比实施之前显著降低；彭璟等（2020）通过构造双重差分模型和倾向得分匹配探究低碳试点政策对城市废弃物排放量的影响，利用机制分析得出低碳试点政策存在技术效应和效率升级效应，且城市规模、经济发展水平和投资水平都会对低碳试点政策效应产生影响；张华（2020）研究发现低碳城市的建设可以显著降低碳排放水平，这一过程可以通过影响电力消费量和技术创新水平等途径来实现；苏涛永等（2022）基于城市面板数据研究发现低碳城市试点与创新型城市试点具有协同减排效应，且具有地区异质性和主导产业异质性。还有部分学者关注低碳试点政策在技术创新（徐佳和崔静波，2020；熊广勤等，2020；禄进和王晓飞，2019）、外商投资（孙林和周科选，2020；景国文，2021）、产业结构（禄进等，2020）等方面的溢出效应。宋泓等（2019）研究发现低碳城市建设显著降低了城市空气污染，其主要传导机制来自企业排污的减少与工业产业结构的升级与创新。Wolff（2014）与 Gehrsitz（2017）利用经济学实证方法，采用双重差分法评估了欧洲和德国的低碳区政策对于地区空气质量的影响，发现低碳区政策能够显著提高欧洲的空气质量。

Ming 等（2020）研究发现低碳试点城市的地方领导行为会对政策创新产生一定影响，这种情况发生在约束力和激励机制不足的情况下。

5.产业政策

产业政策是政府干预经济运行的重要手段。我国产业政策的重点是政府通过补贴、税收、法规等形式直接支持、扶持、保护或者限制某些企业的发展。产业政策算不上产业发展的重要前提，但作为政府助力产业发展的一种方式通常能够对企业发展起到关键性作用。

有学者认为产业政策能够使企业创新活动增加，提高创新数量和质量。Aghion P 等（2015）认为竞争友好型产业政策能够保护新兴产业发展，提升企业创新积极性。林志帆等（2022）区分选择性和功能性产业政策对企业创新的影响，发现不同类型的产业政策对企业创新的类型具有显著影响，新形势下要加快由差异化、选择性产业政策向普惠化、功能性产业政策的转变。夏清华和谭曼庆（2022）实证分析后发现科技信贷在产业政策提高企业创新质量中具有中介作用，产业政策对不同成长性企业的影响具有一致性。王文倩和周世愚（2021）研究发现产业政策能够缓解融资约束，提高企业的技术创新研发投入，但会降低企业的资本配置效率从而抑制企业的技术创新效率。

关于产业政策对投资的影响研究中，学者们深入研究了产业政策对环保投资、房地产投资、对外直接投资、企业研发投资等的影响。

关于产业政策对企业金融化的影响研究中，部分学者认为产业政策导致企业"脱实向虚"。李增福等（2021）研究发现产业政策提高了企业金融化水平；步晓宁等（2020）实证研究发现十大产业振兴规划能够提高金融企业的资产金融化水平，使资金由实体经济流向虚拟经济。也有学者持不同意见，认为企业金融化受到多种因素的影响。Sen 和 Dasgupta（2015）提出薪酬管理制度下，管理层为实现股东及私人利益最大化会选择将企业的投融资战略转向获利较大的虚拟经济。有学者研究发现产业政策能够抑制企业金融化趋势，促进企业"脱虚向实"（韩超和闫明喆，2021；江三良和赵梦婵，2021；郭飞等，2022）。胡秋阳（2022）等研究发现抑制性产业政策能够有效推动产能过剩企业"脱虚向实"。

1.2.2　文献评述

综上所述,现有文献为政策评估理论的发展奠定了重要基础,也为本书的撰写提供了重要启示。但在关于宏观政策评估的研究中,学者大多关注政策评估理论和方法研究,缺乏对政策实施效果的系统性实践研究,削弱了研究的科学性和可信性。此外,政策评估方法缺乏一致性、统一性和深入性,研究结果缺乏实用性,探索适合我国国情且与已有实践相结合的公共政策评估方面的研究更加鲜见。关于环境规制的相关研究中,主要分为环境规制的经济效应和绿色效应研究,但相关研究结果多数是结论性的,如证明环境规制是否会促进经济发展,环境规制是否会抑制二氧化碳排放等,缺少关于政策效果实现路径的研究。任何政策效果的相关研究最终目的不是研究本身而是落于实践,在现实中进行可行性操作并达到最终政策目标,因此对政策效果实现路径的研究是体现研究结果价值的关键。

碳减排政策的相关研究中多对碳税政策、碳排放权交易政策和低碳试点政策进行单一政策效果研究,其中碳税政策在我国尚未实施,相关研究较少。相对而言,在研究角度上,已有碳减排政策研究侧重于数据层面的实证研究,但缺少理论和方法支撑;在研究层次上,相关研究侧重于全国或者省级层面的数据研究,忽略了城市异质性对研究结果造成的影响;在研究对象上,多数研究关注碳减排政策对降污减排的直接作用机制,忽略了碳减排政策的协同减排效应。

具体而言,在关于低碳试点政策的研究中多数学者关注碳排放方面的政策效果,少部分学者关注其对于产业结构、外商投资、政府行为等的溢出效应,很少有学者关注低碳试点政策对空气质量的影响,关于二氧化硫和废水排放量影响的更为鲜见。此外,现有研究通常将第一、二批次的城市合并开展研究,但存在范围过大难以避免其他干扰因素对政策评估结果产生影响等问题。以往关于碳交易政策的研究中只有宏观环境规制层面注重对产业结构的政策效果进行研究,在碳排放交易政策的微观层面上,产业结构变量往往作为中介变量出现在影响机制分析中或者作为控制变量出现,缺少碳排放交易政策对产业结构政策效果的研究分析。此外，多数相关研究采用的是省级研究数据，我国地域辽阔，相对而言省级数据差异大，不可控因素多，这就大大降低了研究结果的科学性和可信性。对于碳交易政策行业层面的分析，从研究范围来看，以往学者大多关注电力企业绩效，选择从全国视角而非省级角度进行深入研究；从研究对象来看，以往学者多从宏观角度研究电力行业碳排放的影响因素，缺少可操作性且缺乏微观角度对电力行业能源利用率的研究；从研究方法来看，缺少构造双重差分模型的政策效应类研究。

相关研究存在的问题是本书的重点研究内容，针对现有政策环境与发展现状，本书对"双碳"背景下的碳减排政策、"双碳"经济发展以及可持续发展战略理论进行研究，通过梳理碳减排政策演变历程对碳排放现状及影响碳排放的因素进行分析，提出针对碳减排政策的评估体系，从环境、经济和重点行业角度关注碳减排政策效果，细化研究碳减排政策效果的实现路径，对准确把握碳减排政策效果，建立统一协调的碳减排政策体系，明确碳减排政策落实的具体措施，推动"双碳"目标实现具有重要意义。

1.3　研究创新点

本书以"双碳"目标的提出为背景，在对碳排放及政策发展等因素进行现状研究的基础上开展严谨的理论分析，理论与实践结合，运用科学的双重差分模型针对一系列碳减排政策的实施情况对其进行效果评估和路径探索。

本书的创新点体现在以下方面：研究主题的前沿性，研究层面的全面性，研究方法的科学性，研究应用的实践性。

从研究主题来看，紧跟大政方针，与我国提出的绿色可持续发展战略和共建人类命运共同体的观点一致。以"双碳"目标为背景，针对广受关注的碳减排问题，研究相关政策的效果，对降低政策成本、推动环境与经济协调发展具有重要意义。本书并非一味关注低碳试点政策对碳排放的影响，而是深入研究低碳试点政策的环境污染治理成效，以城市二氧化硫排放量和废水排放量为研究对象，探究低碳试点政策对改善空气质量的作用；以电力行业能源利用率为研究对象，研究碳交易政策对电力行业能源利用率的影响及作用路径。

从研究层面来看，本书理论部分包括对"双碳"背景和政策体系的研究，有助于从整体和背景层面对我国目前所处的碳环境进行分析，以便进一步了解制定相关政策的必要性。联系碳减排、"双碳"目标和可持续发展探究其中的协同关系，明确实现低碳发展是我国一直以来的发展重点和目标，为实现可持续发展等目标推出的政策与现在大力执行的碳减排政策是互相成就的。此外，理论分析部分针对公共政策评估开展研究，保证了研究的准确性和科学性。对碳减排政策评估的常用指标、模型和分析方法开展研究，保证定量分析部分方法和模型选取的准确性。定量分析部分，从城市层面和行业层面出发构造碳减排政策效果评估框架，关注碳减排政策在降碳基础上的协同减排效应及作用路径，将碳减排政策的多重效果及影响因素串联起来进行全面分析，为碳减排政策效果评估提供思路。以低碳试点政策第二批试点城市作为样本，细化研究范围，从城市规模、经济发展水平、金融水平和政府研发投入等角度全面考察低碳试点政策的环境污染治理效果。关于碳交易政策对产业结构影响的研究从碳排放权交易政策出发，基于2010—2019年的城市面板数据研究碳交易对产业结构的影响及影响路径。关于碳交易政策在重点行业的相关研究基于省级数据而非全国数据进行，对推广全国的碳排放权交易市场，加快完善碳交易制度，优化产业结构，提升高耗能产业能源利用率具有重要意义。

从研究方法来看，选用科学的定量研究方法得出的结论有助于为政府进行政策评估和决策提供科学依据。将研究对象区分为实验组和对照组，即政策实施小组为实验组，政策未实施小组为对照组。为了估计政策效应，先比较实验组在政策实施前后的变化，变化可能是政策导致的，也可能是时间效应导致的。为了排除时间效应，引入对照组政策落实前后的变化量，构造出只受政策因素影响的实验组。实证部分构建DID模型进行准自然实验，有效避免了政策评估过程中各种难以测量的影响因素的干扰。综合运用安慰剂检验、改变样本、变更衡量标准、排除其他政策干扰等方法对研究结果进行检验，保证评估结果的科学性。

从研究应用来看，以实证结果为依据进而对碳减排政策进行调整，有利于碳减排政策体系的不断完善，降低政策实施成本，优化政策效果。在集中关注低碳试点政策对环境污染的直接作用机制基础上，开展对低碳试点政策的作用机制分析，研究产业结构和技术创新对低碳试点政策效果落实的中介作用，为低碳试点政策进一步推广提供理论和实践支撑。构造双重差分模型实证分析碳交易政策的治理成效，控制个体与时间效应从而解决过往文献普遍存在的内生性问题。探究技术创新、外商投资和人力资源在碳交易政策推动城市产业结构升级过程中的中介作用。分析碳交易对电力行业能源利用率的影响，得出其提高能源利用率的作用路径，为推广全国碳交易市场和进一步完善碳交易制度提供依据。

1.4　研究内容与研究方法

1.4.1　研究内容

本书主要以"双碳"目标的提出和碳减排政策体系建立为背景，评估不同碳减排政策的效果并探索实现路径。

第一，本书的核心概念是碳减排政策评估，通过对与核心概念相关的研究内容进行梳理（政策评估、环境规制、"双碳"目标、碳减排政策和产业政策），依据相关研究的现状发现不足，确定研究重点。

第二，以"双碳"目标的提出为背景，在肯定"双碳"目标重大战略意义的基础上开展细化研究，列举了"双碳"目标提出带来的历史机遇，对"双碳"政策体系进行了详细说明，列举了双碳经济发展存在的挑战并提出了政策建议，分析了碳减排与"双碳经济"的协同关系，为后续研究奠定了基础。

第三，从国家层面、区域层面和重点行业层面出发研究我国碳排放现状、结构。国家层面主要涉及全球整体碳排放现状研究，以全球视角对碳排放现状进行研究，对美国、德国、英国和日本和中国国家层面的碳排放现状进行细分研究。区域层面主要针对京、津、冀、苏、浙、沪、皖、粤和京津冀、长三角、粤港澳大湾区的碳排放现状进行分析。在对各行业碳排放现状进行分析的基础上，从碳排放总量、碳排放强度和碳排放增速方面考察了三次产业的碳排放现状。进一步分析得出影响我国碳排放的主要影响因素包括产业结构、能源结构、技术创新、城镇化水平和环境规制，这也是下文对碳减排政策效果进行评估的重要依据。

第四，对碳减排的实现路径进行理论分析，从不同角度切入提出实现碳减排的作用路径。进行多维视角的可持续发展研究，定义了可持续发展内涵，从国家、区域和重点行业层面拆解可持续发展目标，探究碳减排、"双碳"目标与可持续发展的协同关系。

第五，确定碳减排政策的评估标准，界定公共政策评估的概念、意义、标准、方法和挑战，确定碳减排政策评估的指标与模型，重点研究了碳减排政策评估常用到的定量分析方法：双重差分法、三重差分法、匹配计差法和其他计量模型方法。此外，关注碳减排政策体系的演变历程，重点关注实施规模和影响力较大的低碳试点政策和碳排放权交易政策在我国的实践历程。

第六，实证分析分为碳减排政策效果评估和实现路径探索两方面。碳减排政策效果评估主要是对低碳试点政策的环境治理效果、碳交易政策的经济转型效果和针对高耗能、高碳排的电力行业能源利用率的政策效果进行评估，列举了低碳试点政策实施成效较好的北京、上海和杭州的实践成果，借鉴英国、美国和丹麦等国家低碳城市的国际经验，分析中国碳交易市场发展现状，借鉴欧盟、日本和韩国碳交易机制开展实证分析。关于低碳试点政策和碳交易政策的研究基于双重差分法开展，通过对现有研究基础的分析提出相关研究假设并确定相关变量的衡量指标和模型。为保证研究结果的准确性，在基准回归的结果上开展包括动态效应检验、变更衡量标准、排除其他政策等在内的稳健性检验，开展地区、经济发展和人口规模等层面的异质性检验，细化研究结果，加强对碳减排参与主体的政策控制和引导。

此外，在碳减排政策效果实现路径的研究中针对低碳试点政策和碳交易政策开展效果落实情况开展研究，分析了产业结构和技术创新在低碳试点政策环境治理效果落实中的重要作用；技术创新、外商投资和人力资源在碳交易政策推动经济转型中的中介作用；环保投资、用电量需求和产业结构在碳交易政策对电力行业能源利用率的影响，对中国特色双碳路径探索进行了概括总结。

最后，提出碳减排的远景目标，明确"双碳"目标在我国政治、经济和环境问题中的重要地位，给出相应的政策建议。

1.4.2 研究方法

第1章与第5章运用了文献综述法。第1章依据研究的主题进行扩展，通过查阅关于政策评估、环境规制、"双碳"目标、碳减排政策和产业政策的文献，了解政策评估开展的重点和"双碳"背景，整合现有学者对碳减排政策的研究方向，重点关注碳交易政策与低碳试点政策。对碳交易政策的研究主要在经济效应和绿色效应方面，对低碳试点政策的研究则区分了定性研究与定量研究两个方面。第5章对公共政策评估进行概述，详细分析并区分了公共政策与公共政策评估的概念，列举了公共政策评估的原则与标准，据此分析了公共政策评估面临的主要挑战。此外，对公共政策评估的方法和历史发展进行了说明，列举了主要的评估方法，对比国外和国内公共政策评估发展历史得出发展经验。提出了碳减排政策评估的常用指标与模型，通过对现有文献研究的整合将常用指标分为经济指标、环境指标和其他指标。经济指标从创新、投资和产业升级角度分析，环境指标从二氧化碳减排与环境污染治理角度分析，其他指标从碳排放权交易价格、劳动力需求和产业集聚角度分析。此外，通过对相关文献进行梳理，分析得出碳减排政策评估常用的定量分析方法，对双重差分法、三重差分法、匹配计差法和其他计量模型方法进行了详细说明。对碳减排政策变迁进行细致说明，阐明了我国碳减排政策的发展历程。

第2、3、4章用到了调查法。第2章论述了"双碳"目标建设背景及其重大战略意义，对"双碳"目标的内涵进行定义，深入分析其提出的历史机遇，对"双碳"政策体系进行说明，指出碳减排与"双碳"目标实现密不可分。第3章通过收集国家、区域和重点行业层面的碳排放数据，综合比较各国、各区域和各行业碳排放差异，分析得出影响碳排放的主要因素。第4章分别研究了国家、区域和重点行业的可持续发展现状，与前文论述的碳排放现状比对，提出推动绿色可持续发展的建议。

第6、7、8、9章主要采用双重差分法，通过构建双重差分模型进行准自然实验，分析城市层面和行业层面的政策效果。自然科学实验中探究某一因素对被解释变量的影响可以通过随机选择样本的方式进行，但在社会经济学中，想要分析某一事件或者政策对被解释变量的影响则需要构建一个自然实验，以保证研究结果的可靠性和科学性。依据是否受政策影响将研究对象分为实验组和对照组，保证在政策实施前实验组与对照组没有显著差异，即对照组可以作为实验组的反事实结果（若政策未实施，实验组会如何发展），对比实验组与对照组在政策实施后的结果即政策作用效果。双重差分模型是社会学政策评估中常用到的模型，其基于反事实的框架对比政策实施效果，能够有效避免影响政策效果因素的干扰。

第6章关于低碳试点政策的研究聚焦于第二批试点城市构造的实验组与对照组，在控制时间效应和个体效应的基础上对比低碳试点政策实施前后样本城市的环境污染水平。为验证结果的稳健性，采取安慰剂检验、改变控制组样本、排除其他政策干扰等方式核验基准回归结果。

第7章关于碳交易政策对产业结构的影响研究中，以碳交易试点城市为实验组，其他城市为对照组，构建交互项关注政策实施前后产业结构差异。在保证样本数据满足平行趋势假设的基础上进行了平行趋势检验、变更衡量标准、增加控制变量、排除其他政策干扰等稳健性检验。

第8章关于碳交易政策影响电力行业能源利用率的研究中，由于西藏的数据缺失且深圳的城市属性，为保证研究范围的统一性，选择碳排放交易试点省份为实验组（深圳除外），其他省份为对照组（西藏除外）构成最终样本。为解决已有文献普遍存在的内生性问题，分别观察在不加入控制变量、加入控制变量、单独控制个体效应和同时控制个体与时间效应的情况下电力行业能源利用率受碳交易政策的影响程度。研究数据在同时满足平行趋势检验和动态效应检验的基础上进行了一系列稳健性检验。

第9章关于碳减排政策效果实现路径的研究主要包含对低碳试点政策和碳交易政策实现路径的分析。通过构建影响机制模型，探究技术创新和产业结构在低碳试点政策落实过程中的中介作用，分析了城市规模、经济发展水平、金融水平和政府研发投入等城市异质性因素对回归结果的影响。此外，在碳交易政策效果实现路径的研究中，针对直辖市进行了异质性检验，对碳交易政策如何影响产业结构进行细化分析，通过构建影响机制模型探究了技术创新、外商投资和人力资源在碳交易政策方面影响城市产业结构的中介作用。针对电力行业的碳交易政策实现路径分析中，在控制时间效应和个体效应的基础上验证了环保投资、用电量需求和产业结构在碳交易政策方面影响电力行业能源利用的情况，异质性分析还考虑了东、中、西部地区和不同水平电源结构的异质性。

第10章对"双碳"目标下如何制定碳减排政策从战略角度进行了思考。

2 "双碳"目标要求与政策体系建设

2.1 "双碳"目标背景与重大战略意义

2.1.1 "双碳"目标背景

1. "双碳"目标是应对全球气候变化的必然选择

1992年，联合国组织签订的《联合国气候变化框架公约》明确了"共同但有区别的责任"原则，要求发达国家首先采取相关措施来控制温室气体的排放，同时为发展中国家提供充足的资金和先进的技术，帮助其积极采取相应措施不断减缓或适应气候变化带来的负面影响。《京都议定书》在1997年通过后，于2005年2月正式生效。《京都议定书》提出了温室气体排放控制目标，规定了缔约方的减排目标、任务与要求，以法律法规的方式限制温室气体的排放，确定了清洁发展机制、联合履行机制和排放贸易机制。欧盟碳排放交易体系于2005年正式开始运行，这就意味着减排方式中的排放权交易正式开始实施。进入工业化时代之后，工业活动的增加导致以二氧化碳为主的温室气体排放量持续增加，2019年全球化石燃料使用以及工业活动产生的二氧化碳排放量超过360亿吨。虽然近年来全球碳排放量的增速有所放缓，但其总量仍未到达顶峰，这就意味着未来的气候变化形势依旧严峻。政府间气候变化专门委员会曾在评估报告中指出，二氧化碳等温室气体浓度的升高是导致气候变化的主要原因。全球地表平均气温与二氧化碳排放量之间呈现相对一致的变化态势。气候变化势必对人类赖以生存的自然环境产生破坏性影响。温室气体的过量排放会使温室效应显著提升，继而造成气候变暖以及灾害增加已经成为全世界的共识。目前，全球每年向大气排放近百亿吨的温室气体，减少碳排放是解决气候问题的主要途径，如何减少碳排放以减缓全球气候变化，从而促进人类社会健康发展成为全球性的重要议题。要解决气候问题，各个国家必须不断调整策略来降低碳排放。《巴黎协定》要求联合国气候变化框架公约的缔约方立即明确自身的责任，使碳排放尽早达到峰值以减缓气候变化，努力在21世纪中叶实现碳排放净增量归零的宏伟目标，在21世纪末实现与工业革命前相比将全球地表温度控制在上升2℃以内的目标。多数发达国家通过科学的测算明确了碳中和的时间表，瑞典和冰岛等国家确定在2045年实现净零排放，欧盟和日本等国家实现净零排放确认为2050年。由此可见，"双碳"目标已经成为全世界应对全球气候变化的必然选择。

2.中国积极主动承担起大国责任与担当

改革开放以来我国经济持续发展，2020年已经成为全球第二大经济体，在经济发展水平方面位于世界前列。中国碳排放于2019年达到101.8亿吨，约占全球碳排放总量的27.92%，中国的气候行动备受国际社会的关注。作为世界上最大的发展中国家以及最大的煤炭消费国，中国的碳减排任务十分艰巨。1992年，中国签署了《联合国气候变化框架公约》；1998年，中国签署了《京都议定书》。2007年，国务院印发了《中国应对气候变化国家方案》；2007年，科学技术部等14个部门联合发布《中国应对气候变化科技专项行动》，对中国单位GDP能耗等提出了更高要求。2013年，为使应对气候变化的政策和制度更加系统化，国家发展改革委发布了《国家适应气候变化战略》。2022年，中国科学院等 17 部门联合印发《国家适应气候变化战略 2035》，强调基于自然的解决方案、因地制宜的分区域方法和气候适应性投资。2015 年，中国向联合国提交《强化应对气候变化行动——中国国家自主贡献》，向国际社会明确了中国继续扎实推进节能减排事业的自主行动目标。2015 年，在中国的积极推动下，世界各国达成了应对气候变化的《巴黎协定》。2019 年年底，中国提前超额完成 2020 年的气候行动目标。中国不拘泥于历史碳排放总量等相关问题，主动承诺实现"双碳"目标，是对国际社会广泛关注的积极回应，表明了中国坚决维护《巴黎协定》、积极应对气候变化和进行气候治理的决心。中国将积极承担起大国应有的责任担当，为应对气候变化和人类社会的健康发展作出贡献，从应对气候变化的积极参与者和贡献者逐步成为关键性引领者。

3.为实现"双碳"目标中国面临巨大挑战

实现"双碳"目标是一场广泛而深刻的社会经济变革。相较于发达国家，中国"双碳"目标的实现在发展阶段、能源结构、产业结构、技术创新等多个方面都面临艰巨挑战。作为世界上最大的发展中国家，我国生态环境保护的压力较大，必须协调好经济发展与生态环境保护之间的关系。除此之外，从能源结构方面来看，我国资源禀赋呈现"多煤、富油、少气"的特点，能源消耗偏向于煤炭等高污染的化石燃料。一方面，企业在清洁能源发展中前期投入大，回报周期长，需要承担较大风险。另一方面，在清洁能源发展领域政策、资金支持力度不足，新能源开发缺少相应人才和技术支撑。我国作为世界上最大的煤炭消费国，煤炭和石油消费量较高，对煤炭的依赖性较强，部分能源消费行业、能源供应系统在规定时间内实现完全"脱碳"改造升级较为困难。煤炭和石油等化石燃料属于不可再生能源，从长期来看，过度依赖化石能源并不利于我国实现可持续发展的目标。在"双碳"目标下，未来高耗能地区以及钢铁、化工、水泥等高耗能产业将成为能源消费的关注重点，以煤炭为主的传统能源地区和产业也将面临主体性产业被替换的重大风险。

从技术创新方面来看，我国对低碳技术、零碳技术、负碳技术等技术创新进步的需求呈现稳步增长态势。与此同时，CCUS 技术链条的发展以及应用水平并不一致，碳捕集技术如何有效应用、升级并趋于成熟，清洁能源运输优化和存储等技术如何突破，这些仍是"双碳"目标下需要解决的问题。

从全面可持续发展方面来看，不同地区有不同的资源禀赋、技术水平和经济发展模式，"双碳"目标对不同地区的影响并不一致。例如，山西、陕西和黑龙江等省份为采矿大省，青海和云南等省份为电力大省，贵州、青海和甘肃等省份为建筑大省，而采矿业、电力行业和建筑业的锁定效应较强，产业结构并不能在短时间作出快速调整，技术创新也不能得到迅速提升，而地方财政对采矿业、电力行业、建筑行业的依赖程度较高，"双碳"战略目标的实施将不可避免地对部分区域的主导产业产能造成巨大冲击，对全面可持续发展造成一定冲击。目前，我国实现"双碳"目标与发达国家相比时间更紧迫、任务更艰巨、面临的挑战更严峻。但不可否认，在"双碳"目标的实现过程中会不断催生新型的商业发展模式、产业结构的转型升级以及低碳绿色的生活方式，应该顺应产业变革和科技变革的大趋势，在绿色转型和绿色发展中抓住发展机遇，寻找全新发展动力。

2.1.2 "双碳"目标的重大战略意义

"双碳"目标是我国基于构建人类命运共同体的责任担当和全面可持续发展的内在要求提出的重大战略决策，体现了我国解决全球气候问题的责任担当。在经济发展的关键时刻提出如此艰巨的碳减排目标也体现出我国为全球气候治理作出贡献的决心。

"双碳"目标对国家发展具有重大战略意义，主要体现在以下方面：

1.有利于促进经济结构转型升级

首先，"双碳"目标将促进我国工业制造业不断进行绿色低碳转型升级，与绿色发展相关的新技术研发投资将稳步提升，从而巩固我国在相关领域中的优势地位，倒逼产业转型升级和实现绿色转型，不断提升经济增长的质量，加速我国的能源转型和能源革命进程。其次，"双碳"目标可以加快高能耗、高排放和高污染产业的重组整合步伐。例如，钢铁、建材和有色金属等高能耗、高污染产业，其产能扩张程度会受到非常严格的碳排放限制，如果不作出调整，未来的发展势必举步维艰，为了扩大自身未来的生存空间这些产业必然会进行调整。而那些技术、设施更为先进的龙头企业有望进一步提高自身的竞争优势，占据更多的市场份额。最后，"双碳"目标有利于打破"碳壁垒"，推动中国产品走向世界。在碳减排目标的倒逼下，部分国家可能将碳减排与贸易关联，我国提出的"双碳"目标则可以消除出口产品被征收碳税的潜在风险，打破可能存在的"贸易壁垒"。

2.有利于推动生态文明建设与环境保护

经过多年的努力和探索，我国已经形成经济建设、政治建设、文化建设、社会建设和生态文明建设"五位一体"的现代化总体布局，"建设人与自然和谐共生的社会主义现代化"成为中国特色社会主义现代化事业的显著特征。基于对人与自然之间关系的科学认识，人们逐步认识到单纯依靠以化石能源为主的高排放、高污染的非可持续的经济发展模式会产生极端气候事件，影响人们正常的生产生活。为了永续发展必须推动生态文明建设与环境保护，所有国家都应该对人类社会的绿色低碳转型承担起责任。

"双碳"目标有利于推动经济结构的绿色转型，加速形成绿色生产方式；有利于推动形成绿色低碳的生产生活方式；有利于加速绿色低碳产业的发展，不断在可再生能源、低碳等领域进行技术创新，形成新的经济增长点；有利于减缓因气候变化带来的不利影响，促进人与自然和谐发展。综上所述，"双碳"目标可以产生环境质量改善和经济高质量发展的双重积极效应。

3.有利于推进绿色低碳高质量发展

经过多年努力，我国已经具备了完备的基础设施以及丰富的人力和科技等资源禀赋，完全可以在中央的顶层设计与统筹协调下，以更加开放的思维方式积极推进与世界各国及地区的科技交流合作，加快绿色低碳领域的技术、产品和商业模式创新，推动以化石能源为主的能源结构向以绿色低碳智慧的新型能源系统转换，实现经济社会绿色低碳高质量发展。此外，在深入贯彻绿色低碳高质量发展理念的同时，要突出强调创新驱动的重要性。随着国家政策的精准支持以及财政补贴的持续投入，我国绿色低碳领域的创新发展取得了显著成效。目前，我国风电、光伏发电等领域的技术水平处于全球前列。美国战略与国际研究中心的报告显示，中国在全球清洁能源产品的供应链中占主导地位，在风力发电机领域拥有大约一半的产能，中国的锂电池制造业约占全球供应量的3/4。这些优势支撑我国建成了全球最大规模的清洁能源系统、绿色能源基础设施，并为全球性清洁能源产品的生产以及应用提供了保障。中国在新能源领域的技术创新潜力巨大。"双碳"目标的提出体现了中国的大国责任和担当，展现了中国在发展理念、发展模式和实践行动上积极参与和引领全球绿色低碳发展所作出的努力。

4.有利于推动可再生能源的开发与应用

"双碳"目标的实现涉及领域多、影响范围广且任务繁重，是一场广泛而深刻的经济社会变革，因此我国应把"双碳"目标纳入经济社会发展全局，努力实现经济社会发展的全面绿色转型。目前，能源领域的碳排放量占比最大，是碳减排的主战场，我国应该以能源的绿色低碳发展为重要抓手，加快构建清洁、低碳、安全、高效的能源体系。可再生能源是天然的绿色清洁能源，也是实现"双碳"目标的先锋队及主力军，要推动可再生能源成为能源供给的主体，提升可再生能源占比，不断优化能源结构。在落实"双碳"目标和行动方案的过程中，企业是关键主体。一方面，"双碳"目标的提出对企业的绿色低碳转型提出了新要求；另一方面，"双碳"目标的提出为企业未来的发展提供了巨大的市场机会与发展潜力。能源电力企业作为关键领域的关键主体，需要起到先锋引领作用，正确认识"双碳"目标的战略意义，把握机遇，勇于承担时代赋予的重大责任与使命。

为应对气候变化，大力发展可再生能源、降低化石能源消费占比和减少二氧化碳排放已经成为全球共识。我国水能、风能和太阳能等可再生能源资源十分丰富，优良的资源禀赋为可再生能源快速发展奠定了坚实的基础，可再生能源的开发规模不断迈上新台阶。随着经济社会的发展，我国已进入新能源开发利用国家前列。国际能源署《可再生能源市场报告 2021》指出，中国在未来五年内仍然是全球可再生能源的领导者。

2.2 "双碳"目标的内涵与历史机遇

2.2.1 "双碳"目标的内涵

"双碳"目标是中国提出的两个阶段的碳减排奋斗目标，分为碳达峰和碳中和。温室气体的过度排放使温室效应不断增加，会导致极端天气增多、生物种类减少等不良后果。二氧化碳是温室气体中的主要组成部分，减少二氧化碳排放量被视为解决气候问题最主要的途径，如何减少碳排放已经成为重要的全球性议题。

碳达峰即二氧化碳的排放总量在某个特定时期达到拐点即最高值，随后逐渐下降。碳达峰是实现碳中和的前提，实现碳达峰的时间和峰值的高低将会直接影响碳中和目标实现的时间长短和难易程度，其作用路径是控制化石能源的占比与消费总量、控制煤炭发电量、提高能源利用效率。目前，世界上已经有一些国家实现了碳达峰目标，例如英国于1991年、美国于2007年实现了碳达峰目标，随后英国和美国两者的碳排放量进入平台期，在一定范围内来回波动，一段时间后进入碳排放量的稳定下降阶段。

碳中和是指人类活动排放的二氧化碳量与人类活动产生的二氧化碳吸收量在一定时期内达到平衡状态。人类活动排放的二氧化碳主要来源于化石燃料燃烧、农业活动和工业活动等，人类活动吸收二氧化碳的主要渠道是植树造林等。碳中和有两层不同的含义，其中狭义上的碳中和主要是指二氧化碳的排放量和二氧化碳的吸收量达到平衡状态，而广义上的碳中和是指全部温室气体的排放量与温室气体的吸收量达到平衡状态。实现碳中和的作用路径就是通过优化能源结构和提高资源利用效率等方式减少二氧化碳排放量，同时通过技术创新以及造林等方式增加二氧化碳吸收量，从而实现碳中和的最终目标。

我国作为世界第二大经济体和最大的发展中国家，面临着既要控制碳排放量又要保持经济稳步高质量增长的巨大发展挑战，因此碳达峰碳中和是我国绿色低碳发展的必然选择。2030年前实现碳达峰是短期目标，是实现碳中和目标的前提和基础；2060年前实现碳中和是长期目标，这是个艰巨而又长期的任务，碳排放达到峰值后需要更有力度的减排措施才能最终实现碳中和。碳达峰是以碳中和为目标的达峰，是在减碳的同时保证经济高质量发展的达峰，是通过产业结构升级和技术创新推动碳排放强度逐步降低的达峰，而不是碳排放攀登高峰和冲向高峰。碳达峰碳中和为中国经济社会发展开创了一条兼具成本、经济和社会效益的绿色低碳发展路径。"双碳"目标事关中国未来的经济增长模式、产业结构和能源结构的调整，对人们的消费模式、生产生活方式以及生态建设影响深远。

2.2.2 "双碳"目标的历史机遇

在"双碳"目标的实现过程中会不断催生新型的商业发展模式、产业结构的转型升级以及低碳绿色的生活方式，我国应该顺应产业变革和科技变革的大趋势，在绿色转型和绿色发展中抓住发展机遇，寻找全新的发展动力。

1.低碳产业、零碳产业和负碳产业蓬勃兴起

目前，中国在可再生能源领域的投资巨大，已经成为世界上最大的太阳能光伏、光热市场，同时可再生能源领域的就业人数众多，彰显了未来可再生能源领域的巨大潜力。

为了实现"双碳"目标，我国的能源结构、产业结构等都将面临深刻的绿色低碳转型，能源技术将成为引领能源行业变革、实现创新驱动绿色低碳高质量发展的原动力，给节能环保和清洁能源等产业带来全新的发展机遇和更强的市场竞争力。2021年3月23日，科技部社会发展科技司组织召开了《科技支撑碳达峰碳中和行动方案》（以下简称《行动方案》），针对我国2030年前碳达峰与2060年前碳中和目标的承诺，统筹推进各个行业、各个领域科技创新、推广示范、基础设施建设、人才培养和国际合作等工作，营造创新环境，提升技术创新水平，促进科技成果产出及产业化、规模化应用与推广，充分发挥科技创新在碳达峰碳中和目标实现中的支撑与引领作用。《行动方案》强调落实以下几个方面：着重前沿的颠覆性技术研发，围绕重点方向、重点领域开展长期

攻关工作；加大科研投入力度，大力推动低碳技术、零碳技术和负碳技术研发；加强现有绿色低碳技术的宣传与推广应用，支撑不同产业、不同企业的低碳绿色高质量转型；增加资金投入，加强创新能力和示范体系建设，推动新型绿色低碳产业的蓬勃发展；关注温室气体排放评估与核算等基础性研究。我国应推动低碳原材料和生产工艺升级，提升能源利用效率，构建低碳、零碳和负碳的新型产业体系。

2.清洁能源领域发展稳步前进

未来，清洁能源领域将迎来加快发展时期，新兴清洁能源领域中的物质能、地热能等能源利用技术将逐步进入快速发展时期，氢能等未来能源技术将逐步成熟。我国传统的节能服务领域将进入模式转型期，综合能源成为必然的发展趋势，绿色发展和生态优先的高质量发展道路成为必然选择。

2022年8月27日，由四川省人民政府、工业和信息化部共同主办的2022世界清洁能源装备大会在四川德阳正式开幕，在大会上发布了《全球清洁能源装备产业发展蓝皮书（2021年）》，蓝皮书显示过去十年，全球清洁能源装机规模持续稳步上升，推动清洁能源装备产业需求显著提高。截至2021年年末，全球光伏、风电累计装机容量分别达943GW和837GW。2021年，全球水电装机容量达1 360GW，同比增长1.9%，其中新增部分主要来自中国，近2.1GW。随着碳中和目标对全球能源深度转型提出更高要求，清洁能源装备产业将在世界经济绿色复苏过程中发挥更大作用。大会同期发布的《加快电力装备绿色低碳创新发展行动计划》聚焦解决我国电力装备发展中的难点、重点、特点问题，围绕供给结构改善、电网输配保障效率提升等目标，部署了可实施的重点任务和措施。

3.绿色金融行业迎来春天

2016年，中国人民银行、财政部、发展改革委、环境保护部、证监会等七部委联合发布了《关于构建绿色金融体系的指导意见》，宣布通过货币政策工具支持绿色金融，在大力发展绿色信贷活动和推动证券市场支持绿色投资等方面作出了相关政策规定，对于构建绿色金融体系具有重要意义。2017年，我国在浙江、广东和新疆等省份启动了绿色金融试点，建立了绿色金融改革创新试验区，探索形成了值得推广的绿色金融产品与市场模式。例如，江西赣江新区在国内推出绿色创新发展综合体、畜禽"洁养贷"、绿色票据和绿色保险等，取得了多项绿色金融创新成果，值得其他地区借鉴。2018 年 7 月，央行印发《关于开展银行业存款类金融机构绿色信贷业绩评价的通知》，对银行业开展绿色信贷业绩评价，并将评价结果纳入宏观审慎评估（MPA）。我国的绿色金融标准体系开始建立，推动了绿色信贷等绿色金融产品的完善与发展。此外，我国从 2011 年开始建立碳排放权交易市场，2021 年全国碳排放权集中统一交易系统正式启动上线，其作为绿色金融体系的重要组成部分积极助力"双碳"目标实现。

4.电力、钢铁和建筑等传统产业的绿色改造

电力、钢铁和建筑产业关系到整个国民经济的发展。电力、钢铁和建筑等传统产业的绿色改造不仅是保证经济、社会协调发展的需要，也是解决现存问题提高市场竞争能力、进行绿色低碳转型开拓市场的必然战略选择，对于整个社会经济高质量发展、生态环境保护有十分重要的作用。在"节能减排、可持续发展"的战略背景下，电力行业、钢铁行业和建筑行业等传统产业的绿色改造是未来的必然趋势，因此应以实现降污减碳协同增效为抓手，促进经济社会的全面绿色转型。生态环境问题根本上是生产生活方式问题，把碳达峰碳中和纳入生态文明建设的总体布局可以倒逼产业结构、能源结构、交通运输结构等加快优化调整升级，持续推动全国、地方、重点行业和企业开展节能减排活动，坚决遏制高耗能、高排放、高污染项目的盲目开展，推动经济社会的绿色低碳高质量发展。

电力行业应当进一步优化能源结构，加速开发可再生的清洁能源有利于实现电力行业的节能减排目标。开发清洁能源必须加大相关资金补贴和政策扶持力度，稳步提升清洁能源发电占比。其中，核能、风能、水能和太阳能等具有较大开发潜能，且部分清洁能源利用技术非常成熟，可以作为重点发展的对象。电力企业应根据自身的生产质量和水平进行全面分析，了解自身的优势、不足与未来发展方向，结合当前电力行业有关节能减排新技术的具体情况展开探索，寻找适合自身实际情况

的节能减排新技术，不断加大资金投入进行科技研发。在引入新技术时，电力企业要结合自身发展情况积极进行新技术的可行性分析和经济效益预测研究，并据此制订较为完善的节能减排改造调整措施，明确电力企业贯彻节能减排体系的战略目标以及细化目标，做好节能减排的战略布局，实现电力企业的绿色低碳转型。在电力企业完成节能减排战略布局体系的构建工作后，还要做好内部控制制度创新与业务流程再造，这就要求电力企业拥有一支完备、优秀的节能减排管理团队，可以在企业生产经营过程中做好跟踪监管工作，明确节能减排细化目标的执行情况，对优势与不足积极进行成因分析，并在后续过程中进行优化调整。

钢铁行业要以市场为导向，不断加大科学技术研发为需求市场供应高端产品，保证产品的性能稳定性。同时，大力开发钢铁行业前沿技术，使我国的钢铁行业在产量、高端产品质量和生产技术等方面处于领先地位。我国应不断提升铁矿石富集、焙烧等技术以充分利用国内的铁矿石资源，降低生产成本，减少对国外矿石的依赖；开发低碳炼铁技术，减少二氧化碳、二氧化硫等污染气体排放，实现钢铁行业的绿色低碳转型；开发利用钢渣等二次钢铁资源的冶炼技术，实现废物利用，缓解资源紧缺与环境污染压力。开发全流程一体化的智能生产技术，提升生产效率，优化材料性能。开发新技术，取消传统的酸洗流程，从而减少酸洗废液的后续处理过程，这样既可以节约处理酸洗废液的人力物力成本，又可以减少酸洗废液对工作人员的身体伤害和对周围土壤、水源等自然资源和环境的污染。大力开发钢铁行业领域的关键技术，提升高端产品份额和产品质量的稳定性，加强知识产权保护。开发洁净钢的钢水精炼技术，不断简化工作流程，解决目前存在的效率低、流程长等问题。优化连铸坯生产工艺，提高钢铁材料的致密度以解决目前存在的裂纹、疏松等质量问题。降低热轧钢材的原料以及能源的消耗，实现热轧钢材产品的升级换代，开发极限规格板材，满足海洋、能源和交通等领域的需要。开发高精度冷轧板形控制核心技术，提高板形平直度，提高板型质量，解决冷轧板材生产领域的技术难题。开发先进连续退火与涂镀技术，实现高端退火和涂镀装备国产化，满足汽车、建筑等行业领域的生产需要，促进中国制造业高速高质量发展。开发钢材智慧制造系统，改变过去传统的钢材冶炼铸造、热处理等生产模式，利用互联网和大数据处理技术等实现钢铁的智慧制造，提高生产水平和生产效率，实现钢铁行业绿色低碳可持续发展。

建筑行业要持续进行绿色低碳升级转型。目前，我国建筑行业正在逐步推行更高水平的节能标准与要求，光伏一体化、节能风电建筑等形式层出不穷，不断创新升级。在建筑领域新型标准建立的过程中应不断实现对废弃物的全过程管理，提升建筑的模块化水平和维护便利度，在技术研发与后续管理等方面满足长期发展的需求，不断优化技术水平提高建筑性能，实现建筑领域绿色低碳转型，构建和完善绿色建筑政策标准、市场培育与技术规范体系，满足建筑行业可持续发展的内在要求。

2.3 "双碳"政策体系

实现"双碳"目标是一个多维、长期和系统的工程，涉及多个行业、领域以及经济社会生活的方方面面。2021年5月，中央层面成立了碳达峰碳中和工作领导小组，以指导和统筹"双碳"工作的推进与开展。2021年10月，中国在联合国《生物多样性公约》第十五次缔约方大会领导人峰会上宣布，为应对和减缓气候变化问题，推动实现碳达峰、碳中和目标，中国将陆续发布重点领域和行业的碳达峰实施方案及一系列的支撑保障措施，加快构建碳达峰碳中和"1+N"政策体系。"1+N"政策体系将不断完善财政、税收等鼓励性经济政策，对政策鼓励内容和限制内容等作出明确规定，引导资金和技术等资源流向绿色低碳领域，走一条绿色低碳高质量发展道路。

2.3.1 "1+N"政策体系中的"1"

2021年10月24日，中共中央，国务院发布了《关于完整准确全面贯彻新发展理念做好碳达峰碳中和工作的意见》（以下简称《意见》）。国家发展改革委负责人表示，《意见》是"1+N"政策体系中的"1"，党中央对碳达峰碳中和工作进行的系统谋划和总体部署，覆盖碳达峰、碳中和两个阶段，是管总管长远的顶层设计，是指导我国实施"双碳"

目标的最高政策，将会对各行业领域的相关政策与措施进行政策引导与支持。

《意见》指出要坚持"全国统筹、节约优先、双轮驱动、内外畅通、防范风险"的工作原则；提出了构建绿色低碳循环发展经济体系、提升能源利用效率、提高非化石能源消费比重、降低二氧化碳排放水平、提升生态系统碳汇能力等五方面主要目标，确保如期实现碳达峰碳中和。

《意见》强调把节约能源资源放在首位。在"双碳"目标的实现过程中，不同技术水平、经济水平和产业结构等会使实现路径和技术侧重点存在差异，而能源、资源节约和产业结构优化升级才是助力"双碳"目标实现的关键。

《意见》提出扩大绿色低碳产品供给和消费，倡导绿色低碳生活方式。把绿色低碳发展纳入国民教育体系。开展绿色低碳社会行动示范创建。凝聚全社会共识，加快形成全民参与的良好格局。

《意见》的出台让"1+N"政策体系的路线图逐渐明晰。未来我国将进一步推进经济社会的全面低碳绿色转型，从而推动经济社会的基本理念以及生产生活消费方式的转变，推动产业结构和能源结构的优化升级，为实现经济社会的高质量发展注入动力。

2021年10月26日，国务院印发《2030年前碳达峰行动方案》（以下简称《方案》）。《方案》是碳达峰阶段的总体部署，在目标、原则、方向等方面与《意见》保持有机衔接的同时，更加聚焦2030年前碳达峰目标，相关指标和任务更加细化、实化、具体化。

实现"双碳"目标是一场广泛而又深刻的经济社会系统性变革。《意见》与《方案》对"双碳"目标的实现进行系统性规划和总体性战略部署，明确总体要求、指导思想和基本原则，指明主要目标，部署重大措施，明确实施路径，对完成"双碳"目标具有重大意义。

2.3.2 "1+N"政策体系中的"N"

在《意见》与《方案》出台之后，中央层面多方面、多领域的"N"政策陆续出台。各省的具体实施政策也属于"N"政策，主要以战略性指导文件和地方性法规等形式出现。"1+N"政策体系中的"N"就是各行业、各领域的政策措施。

1.能源绿色低碳转型行动

2022年3月，国家发展改革委、国家能源局联合印发《"十四五"现代能源体系规划》，对非化石能源的发展、新型电力系统的构建和能源绿色低碳转型进行了规划与部署。

2022年3月，国家发展改革委、国家能源局联合印发《氢能产业发展中长期规划（2021—2035年）》，助力氢能产业的绿色低碳转型。

2.节能降碳增效行动

2022年1月，国务院印发《"十四五"节能减排综合工作方案》明确了重点行业和领域的绿色升级等重点工程和具体目标任务。

2022年2月，国家发展改革委发布《高耗能行业重点领域节能降碳改造升级实施指南（2022年版）》，针对有色金属冶炼、水泥和钢铁等重点领域和行业提出了节能减碳的具体目标与工作方向。

3.工业领域碳达峰行动

2022年2月，工业和信息化部、国家发展和改革委员会、生态环境部联合发布了《关于促进钢铁工业高质量发展的指导意见》，对钢铁领域提出了一些阶段性目标与要求。

2022年2月，国家发展改革委、工业和信息化部、生态环境部、国家能源局四部门发布了《高耗能行业重点领域节能降碳改造升级实施指南（2022年版）》的通知，其中包括《水泥行业节能降碳改造升级实施制指南》，明确了水泥行业未来的工作方向与阶段性目标。

2022年3月，工业和信息化部和国家能源局等六部门联合印发《关于"十四五"推动石化化工行业高质量发展的指导意见》，针对石化化工行业提出了碳达峰的阶段性目标与具体量化目标。

2022年4月，工业和信息化部、国家发展和改革委员会印发《关于化纤工业高质量发展的指导意见》，提出了多个发展目标、重点任务和保障措施。

4.城乡建设碳达峰行动

2021年11月，农业农村部印发《关于拓展农业多种功能促进乡村产业高质量发展的指导意见》，明确了乡村产业高质量发展的多项重要指标。

2022年3月，住房和城乡建设部印发《"十四五"住房和城乡建设科技发展规划》，针对长江经济带和黄河流域的城乡建设工作设定了阶段性目标。

5.交通运输绿色低碳行动

2022年3月，交通运输部、国家铁路局、中国民用航空局、国家邮政局联合印发《新时代推动中部地区交通运输高质量发展的实施意见》，针对中部地区提出了2025年和2030年的阶段性发展目标及重点任务。

6.循环经济助力降碳行动

2021年7月，国家发展改革委印发了《"十四五"循环经济发展规划》，提出了有关循环经济的多项具体目标。

7.碳汇能力巩固提升行动

2021年12月，国家市场监督管理总局、国家标准化管理委员会发布《林业碳汇项目审定和核证指南》；2022年2月，自然资源部发布了《海洋碳汇经济价值核算方法》，为林业和海洋碳汇的核算方法提供了科学依据。

8.绿色低碳全民行动

2022年5月，教育部印发《加强碳达峰碳中和高等教育人才培养体系建设工作方案》，阐述了重视绿色低碳教育、打造高水平科技攻关平台等9项重点任务。

9.保障政策

2021年12月，国家开发银行发布《实施绿色低碳金融战略支持碳达峰碳中和行动方案》，针对绿色贷款占比提出了阶段性目标与要求。

2022年4月，国家发改委发布《关于明确煤炭领域经营者哄抬价格行为的公告》，为维护煤炭领域的市场秩序、保障能源安全提供了制度保障。

2.4 碳减排与"双碳经济"

2.4.1 "双碳经济"的意义

实现"双碳"目标是我国经济社会高质量发展的内在要求、最终归宿和必然趋势，将不断推进更高水平的科技创新、能源变革和产业变革。"双碳经济"可以加速工业领域绿色低碳转型，从而产生一系列工业领域的革命性变化。首先，传统化石能源比重下降，清洁能源将占据主要地位，能源结构逐渐优化。煤炭和石油等传统化石能源清洁化，风电、水电、核能和光伏等清洁能源规模提升，数字技术与能源系统的不断融合等都是未来能源绿色低碳升级的重点，相关技术研发、专业服务和装备制造等领域将迎来更大的市场空间。其次，高排放、高耗能和高污染产业发展模式更新，低碳产业未来潜力巨大，拥有更多的发展空间。钢铁、石化和建筑等传统高耗能、高排放产业的发展空间将进一步收紧，迫使产业由过去的粗放型发展快速向精细化高质量发展转变。同时，数字信息、节能环保、新能源和高端制造等新兴产业凭借自身的低碳属性和高技术禀赋优势，将迎来更多发展机遇。"双碳经济"可以使低碳产业迎来春天。"双碳"目标在我国受到了广泛关注，"双碳"相关产业形成了新的投资浪潮，"碳金融"快速发展壮大，多家机构拟设立与"碳中和"相关的产业基金。例如，远景科技集团与红杉中国宣布，将共同成立总规模为 100 亿元人民币的碳中和技术基金，投资和培育全球碳中和领域的领先科技企业，构建零碳新工业体系。"双碳经济"将重塑我国经济发展的格局，形成一种新型发展模式。从全球范围来看，目前尚未有国家真正实现"零碳"的美好愿景，碳达峰碳中和仍是摆在各国面前的共同难题。目前，许多国家和地区承担起应对气候变化问题应有的责任，做出了碳达峰碳中和承诺。未来全球范围内的绿色低碳转型行动将加速发展，各国的经济社会发展以及国际贸易关系也会发生革命性的变化，"碳"将成为技术发展和产业升级的全球性统一标准。因此，发展"双碳经济"关系到我国未来产业的发展格局与发展模式，必须不断推动新型信息技术与先进低碳技术的深度融合，带动新能源和高端装备等绿色低碳产业的进一步壮大，率先在发展潜力大的数字经济、智慧城市和清洁能源等新型产业领域培育出新的发展动能，争取更大的发展空间，在"碳"领域获得更大的国际话语权。

2.4.2 "双碳经济"的概念

随着全球气候变化带来的问题日益凸显，许多国家认识到这一问题并提出了低碳和无碳的未来美好愿景。我国的产业结构有待进一步优化升级，实现"双碳"目标任务艰巨。"双碳"目标为我国经济社会的全面高质量发展带来了新的机遇，推进科技革命、能源变革和产业变革，深度发掘"双碳经济"的价值可以开辟出具有中国特色的"双碳经济"新模式。"双碳经济"可以加速工业领域的绿色低碳化转型，推动低碳产业的发展与壮大，重塑我国经济社会高质量发展新格局。

2003 年，英国政府在受到国际社会广泛关注的《能源白皮书》中，首次正式提出"低碳经济"的概念。"低碳经济"是在可持续发展理念的指导下，通过技术创新、新能源开发、产业绿色低碳转型等多种手段来减少煤炭、石油等高碳化石能源的消耗和占比，减少温室气体排放，从而达到经济社会发展与生态环境保护双赢的一种可持续发展状态。

"双碳经济"是以实现"双碳"目标为导向而产生的概念，其以绿色新发展理念为指导，以高水平低碳技术为支撑，以产业绿色低碳转型与低碳产业化发展为主要内涵，是"低碳经济"的进一步延展和升华。"双碳经济"与"低碳经济"有很大区别。首先是经济影响力不同。相较于"低碳经济"，"双碳经济"涉及农业、工业、制造业和服务业等多个领域，能够引起经济社会方方面面和各领域的生产方式和生活方式发生革命性变化。其次是时间的紧迫程度不同。与"低碳经济"由萌芽期到发展过渡期的演变相比，我国"双碳"目标明确提出"低碳"和"零碳"的相关政策、技术、产业要迅速向成熟期迈进。最后是评估方式不同。"双碳"目标的提出使我国对"碳"的认知更加明确，其在我国的经济社会发展中的地位被提升到新的高度，对"碳"的评估也由过去的定性分析向当前和未来的精准定量化评估转变。

"双碳经济"是经济社会发展到一定水平后的必然走向，也是实现经济与生态文明协同发展的可持续形态。"双碳经济"是"双碳"目标提出后出现的一种新型的经济发展模式，其以能源结构优化、低碳技术创新和产业结构优化升级等为作用路径，最终目的是实现经济社会的可持续高质量发展。

2.4.3 "双碳经济"的特征

"双碳经济"以能源结构和产业结构升级、技术创新等多元途径实现经济社会的可持续发展。与其他经济模式相比，"双碳经济"具备主体多元、技术驱动和节点明确等特征。

第一，主体多元。"双碳经济"的发展涉及能源、交通、金融、科技、服务和民生等多个行业和领域，因此发展"双碳经济"的主体呈现多元化特征。

第二，技术驱动。"双碳经济"在本质上要求提升二氧化碳排放效率，实现经济高质量增长和碳减排的协同增效。"双碳经济"与能源高效利用、清洁生产和资源化等低碳技术密切相关，只有实现前沿低碳技术的突破、研究、推广与应用，才能实现"双碳经济"的高速发展，助力"双碳"目标的实现。

第三，节点明确。从环境库兹涅茨曲线可以预估，经济发展与碳排放之间会经历"递增-递减-无关联"过程。我国对"双碳"目标的实现时间作出了细致明确的阐述，具有较强的时间属性，因此必须采取必要措施加速这一进程。

2.4.4 "双碳经济"的实践与可持续发展

1."双碳经济"的挑战与机遇

目前，我国发展"双碳经济"面临如下挑战：

第一，经济发展阶段决定实现目标的难度，回看世界范围内各个国家的低碳发展之路，许多发达国家的"碳达峰"均完成于后工业化阶段，低排放、低污染和低能耗的产业结构特征决定了许多低碳举措并不会使生产活动产生革命性变化。我国的经济、需求等方面都处于发展状态，基础建设的逐步完善意味着用能需求的提升，而碳排放的很大一部分来源于用能。

第二，中国高排放、高污染和高耗能产业比重较大，目前的技术水平与发达国家相比仍然存在差距。煤炭发电仍然是我国主要的发电方式，煤炭在中国的能源结构中占据主导地位，要想发展"双碳经济"就要降低火电占比，实现这样的转变比较困难。资源禀赋的固有缺陷和技术不确定性决定了中国的低碳之路将会面临更大的挑战。从供应端看，被寄予厚望的CCUS项目的建设与运营成本较高，尚未成熟的商业模式有很大的不确定性。

"双碳"目标在给中国经济带来一定压力的同时也会给经济增长带来机遇。首先，"双碳"目标的提出带来了全球竞争力层面的机遇。中国是世界上最大的太阳能、风能和环境科技公司的发源地。就汽车行业来看，中国传统车企与国际领先企业可能有一定差距，但是新能源汽车领域的水平不容小觑。其次，碳中和目标的提出推动了行业改革。在"双碳"目标的压力下行业改革变成了必然选择，有效提高了能源市场的运行效率，市场份额进行了重新分配。最后，"双碳"目标的提出有助于保证经济安全。这主要是考虑到化石能源对环境依存度较高，增加对清洁能源的开发和使用比例能够有效规避化石能源的供给风险。

2."双碳经济"的发展建议

事实上，"双碳"目标一方面正在影响着人们的生活，另一方面也在创造着新的经济增长点，为经济的高质量持续增长赋能助力。在国家政策补贴和市场需要的双重驱动下，"双碳经济"将蓬勃发展，在我国经济社会高质量发展过程中发挥重要作用，未来"双碳经济"的发展应从以下几个方面展开：

首先，注重顶层设计，持续完善体制机制建设。一是建立健全和完善碳排放权交易等相关法律法规体系，在碳排放管理标准化、碳交易市场化等重点领域加快推动标准体制的制定和实施应用。二是明确中央与地方政府主管部门的职责与权力，围绕重点经济领域积极探索和制定与"双碳"目标相关的阶段性目标与实施路径，科学调整经济发展格局。

三是突出国家层面的政策引导，做好"双碳经济"的市场化引导工作，充分发挥顶层设计的功能。借鉴发达国家低碳政策经验，从激励型和约束型等多类型政策入手构建具有中国特色的政策体系。

其次，坚持创新驱动，努力开发先进低碳技术。一是加大低碳关键技术研发力度，通过设置国家和地区相关科技重大项目和加大科研经费投入等方式增加专项研究经费投入，助力先进低碳技术创新。通过设立碳基金等方式吸纳社会资本，借助市场化方式促进技术成果的产业化，加速形成自主知识产权和品牌，抢占低碳领域的行业制高点。二是持续开展"双碳经济"发展模式的创新，扶持"双碳经济"发展新模式，推进低碳技术在传统产业中的创新应用。积极开展低碳、零碳和负碳技术在各个行业领域的应用。

再次，因地制宜，打造适合地方发展的低碳经济发展路径。东、中、西部地区的资源禀赋和经济发展水平等存在差异，"双碳经济"的发展起点并不相同，因此必须统筹制定全国范围内的"双碳经济"发展目标。地方根据全局目标精准向下部署并进行协调，系统梳理自身的优势与短板，合理规划自身"双碳经济"的未来发展路径。例如，西部地区基于自身的地理位置应发挥新能源优势，将能源领域打造成"双碳经济"的发展重点；东部地区应依托自身雄厚的经济基础、先进的技术条件和成熟的金融市场，推动绿色金融、碳交易市场等发展，在全国范围内发挥示范性作用，为其他地区发展"双碳经济"提供经验借鉴。

最后，健全协同机制，构建完备的低碳治理体系。一是重视低碳社会治理体系的构建与完善，优化政府各部门的管理服务模式，纵横打通跨层级、跨部门的"碳"要素管理渠道，加快开发与应用碳排放权管理和交易等数字化平台，整合政府各部门的管理资源。二是加大对"双碳经济"发展的支持力度，支持低碳企业的发展和低碳化产品的大规模研发、推广与应用，推动低碳城市、低碳行业和低碳园区建设。

3."双碳经济"与可持续发展

可持续发展战略是指实现可持续发展的行动计划和纲领，是国家在多个领域实现可持续发展的总称，要使各方面的发展目标，尤其是社会、经济、生态、环境的目标相互协调。可持续发展的核心思想是经济发展、保护资源和生态环境协调一致，既要满足当前经济发展需求又不能过度消耗资源和破坏生态环境，保证子孙后代拥有足够的资源和享受良好的生态环境。1992年6月，联合国环境与发展大会在巴西里约召开，会议提出并通过了全球的可持续发展战略——《21世纪议程》，要求各国根据本国的情况，制定各自的可持续发展战略、计划和对策。1994年7月4日，国务院批准了我国的第一个国家级可持续发展战略——《中国21世纪人口、环境与发展白皮书》。可持续发展相当于在当前经济发展要求的基础上进一步提高了对资源和环境保护的要求，认为健康的经济发展应该建立在生态环境可持续、社会公平正义和人民积极参与的基础上。可持续发展强调对经济活动生态合理性的关注，对绿色环保的经济活动给予资金与政策支持。当前，我国实现可持续发展面临能源结构、产业结构和技术创新方面的挑战。

实现经济高质量持续发展是"双碳经济"的目标，这也是可持续发展的内在要求。"双碳经济"以实现国家"双碳"目标为导向，在低碳技术支撑下实现产业低碳化转型和产业发展低碳化，是对低碳经济的丰富。相比于可持续发展战略对当前和未来生态环境与资源状态的关注，"双碳经济"更侧重于对当前气候环境问题的治理。调整能源消耗和开展碳减排工作是实现"双碳"目标的重要手段。可持续发展目标的实现一定是建立在"双碳经济"良好运行的基础上，碳达峰碳中和的开展将推动整个经济社会实现全面绿色转型。要充分发挥"双碳经济"对我国绿色低碳发展的引领作用，推动实现产业结构转型和环境质量优化，从降碳减排角度推动可持续发展，实现社会效益、经济效益和生态效益统一，协调人口、资源与环境的关系，促进国民经济持续、稳定、健康发展。

2.4.5 碳减排与"双碳经济"的协同关系

碳减排与"双碳经济"之间存在必然的联系。"双碳经济"是经济社会发展到一定水平后的必然走向，是"双碳"目标提出后出现的一种新型的经济发展模式，碳减排活动的不断开展使"双碳经济"成为一种必然选择。"双碳经济"的发展会降低二氧化碳排放，实现碳减排目标。

　　中国社会科学院生态文明研究所所长张永生认为，"双碳"和经济增长的关系，本质是环境和增长之间的关系。在理论上，过去一直认为经济增长过程中会牺牲环境，当经济发展到一定水平，有能力负担治理环境的成本，就可以改善环境。而在碳排放的维度，现在130多个国家和地区承诺碳中和，其中70%以上为发展中国家。这意味着，随着新能源快速发展，经济发展可以在低碳状态下进行。党的十八大以来，各地坚持在发展中保护、在保护中发展。走生态优先、绿色发展的可持续道路，并不会影响经济的增长，反而会为经济发展创造新的机会，带来更多的发展机遇，不断提高经济发展质量。"双碳"目标下会重构环境与经济之间的关系，主要体现在以下方面：第一，"双碳"目标的着力点是经济社会。2021年10月24日，中共中央，国务院发布《关于完整准确全面贯彻新发展理念做好碳达峰碳中和工作的意见》，明确到2025年，中国绿色低碳循环发展的经济体系初步形成。"双碳"目标涉及国民经济的重要部门与行业，要求对长期使用的高排放、高耗能和高污染能源系统以及相应的生产生活方式进行重大调整，从而推进经济社会发展的全面绿色转型，构建和谐的环境与经济关系。第二，经济社会发展是在各种硬性约束条件下进行的。要通过生态保护修复、明确污染物排放标准和开展污染防治行动等不断提升生态环境对经济社会发展的支撑能力。"双碳"目标的提出，对经济社会发展提出了新的硬性约束条件，不断催生新型的商业发展模式、产业结构转型升级以及低碳绿色的生活方式。第三，"双碳"目标强调实现环境与经济的协同增效。实现"双碳"目标与经济社会发展不可分离，实现"双碳"目标是环境与经济的动态平衡，不顾生态环境保护要求只追求经济高速增长，放任碳排放冲高峰，或者不顾经济社会发展需要急于求成只追求碳减排，都不符合"双碳"目标的本质要求。第四，经济社会发展的技术突破是实现"双碳"目标的重要抓手。"双碳"目标的提出激发了对新能源的研发热情。若在能源技术方面取得突破，那么生态环境保护与经济社会发展将会呈现全新的面貌。以控制污染气体和污染物为主要目标的生态环境保护，强调生产过程中的绿色低碳转型和污染物达标治理，而实现"双碳"目标则是一场系统性经济社会变革，二者在推动经济社会全面绿色转型上是相通的，都是追求环境与经济和谐共生的体现。实现"双碳"目标并不是减少生产力，也不是完全不排放，而是要走生态优先、绿色低碳可持续的发展道路，不断在经济发展的过程中促进绿色转型、在绿色转型中实现更大的可持续发展。我国经济发展正处于新旧动能转换、经济转型关键时期，对环境保护与经济发展之间关系的认识要持续更新，与时俱进，若仍旧以发展的老套路、旧思想看待"双碳"，那么看到的就是挑战、困境和阻力；若以发展的新思路看待"双碳"，看到的就是机遇和动力，会积极主动地开展绿色低碳活动，实现经济的可持续高质量发展。

推进碳达峰碳中和，必须坚持实事求是、一切从实际出发，同时要强化底线思维，处理好减污降碳和能源安全、粮食安全、产业链供应链安全和群众正常生活之间的关系，有效应对绿色低碳转型过程中可能产生的经济、社会和金融风险，确保安全降碳。

3　碳排放现状分析及影响因素研究

　　碳排放属于碳释放的另一种说法，碳释放和碳固定构成了碳循环的两个阶段。碳循环是指地球上的碳元素不断在生物圈、岩石圈、大气圈和水圈循环交换的过程。碳释放指的是人类社会经济活动中产生的温室气体排放到大气中。碳固定就是将多余的碳封存起来，不让其释放到大气中。科学研究证明，二氧化碳等温室气体是造成全球气候变暖的主要原因。人类活动是影响碳释放过程的重要因素，人类活动加速能源消耗进而提高二氧化碳排放量，这将严重破坏碳循环平衡机制。

　　温室气体排放导致的全球变暖成为困扰世界各国的气候问题，了解与分析碳排放现状及其影响因素对于开展碳减排工作具有指导作用。从地域层面来看，地理差异、不同行业的发展特点会对碳排放产生直接影响。因此，本书从全球、中国各区域以及重点行业视角出发，层层递进，对碳排放现状开展调查分析，得出其中重要的影响因素，方便开展后续研究。

3.1 全球层面碳排放

本书从全球整体、全球区域、重点国家以及中国视角阐述碳排放现状。

3.1.1 全球整体视角

从碳排放总量来看，由社会经济发展进步需求导致的人类经济活动开展必然会引起世界碳排放总量增加。据统计，全球碳排放总量已经与经济总量呈现同步上升趋势。从农业经济到工业经济，经济发展必然会导致煤炭、石油、天然气等能源需求量的增加，而这类化石能源的消耗是二氧化碳的主要来源。2000—2019 年期间，瑞典、挪威等 28 个国家的二氧化碳排放量有所减少。出现这种情况的原因有以下方面：发达国家完成工业阶段发展，产业结构高级化得到提升，高污染、高耗能企业减少，逐步实现绿色转型；经济衰退国家国际市场缩减，国内外需求下降导致经济活动减少，进而生产活动受到影响，能源消耗总量降低。从碳排放增速来看，伴随各国对气候问题的关注以及各种降碳减排政策的出台，全球碳排放量增速显著放缓。同时期，有国家和地区的碳排放呈现上升趋势，多数为发展中国家且处于发展上升期，生产所需能源消耗急速上升，其中以中国为主的新兴工业化国家碳排放上升显著。

综合来看，长期以来形成的全球碳排放格局具有以下特征：第一，影响全球碳排放总量的国家中存在碳排放逐渐减少的国家和碳排放量不断上升的国家，这使得全球碳排放总量呈现动态变化。第二，二氧化碳排放量前几位的国家占据了全球碳排放总量的大部分。2019 年，中国、美国、印度、俄罗斯、日本的碳排放全球占比高达 58.3%。

3.1.2 全球区域视角

从碳排放角度来看，全球区域可以划分为亚洲地区、北美和欧洲地区以及大洋洲、非洲和南极洲地区。亚洲地区在第二次世界大战后开展了大规模社会基础设施建设，经济发展带动经济进步的同时扩大了对化石能源的消耗，成为世界第一大碳排放地区。欧洲、北美洲地区属于发达经济体，基本上在 2008 年前已经发展为"饱和型"经济体，国家基础建设和经济开发基本完成，不需要大量的产能投入，碳排放量逐渐降低。大洋洲、非洲和南极洲地区碳排放量极少因而对全球碳排放总量影响较小。从碳排放增速角度来看，经过几十年的发展建设和世界各国环保意识的增强，亚洲地区碳排放增速开始放缓，欧洲、北美洲等地区具有先进的环保意识，碳排放增速开始呈现负值变化。

2018 年 11 月，欧盟通过了《欧盟 2050 战略性长期愿景》，要求欧盟从能源、交通、建筑、农业、土地利用和工业等多方面入手，持续推动欧盟的全面低碳化发展，实现绿色发展和低碳发展。中国提出碳达峰碳中和目标之后，日本、英国、加拿大、韩国等相继提出到 2050 年前实现碳中和目标的政治承诺。日本承诺将此前 2050 年目标从排放量减少 80% 改为实现碳中和。英国提出在 2045 年实现净零排放，2050 年实现碳中和。加拿大政府明确提出在 2050 年实现碳中和。多个国家相继作出减少碳排放的承诺，全球范围内的碳减排活动迎来拐点。

从全球各个地区的碳排放看，中国、日本、韩国和印度等碳排放量大国均处于亚太地区，其二氧化碳排放量遥遥领先且呈现上升趋势。统计数据显示，2021 年亚太地区碳排放量约为 177.35 亿吨，较 2020 年上涨 5.3%；北美地区、中南美地区碳排放量呈下降趋势，2021 年碳排放量分别为 56.02 亿吨、12.13 亿吨。其中，亚太地区碳排放量占比为 52%，其次分别为北美、中南美、欧洲，碳排放量占比分别为 17%、4%、11%。

提及经济发展和碳排放之间的权衡不免涉及新兴经济体这一概念。新兴经济体指的是某一国家或者地区蓬勃发展成为新兴的经济实体。对于新兴经济体的定义现在尚不明确，英国的《经济学家》指出新兴经济体可以分为两个梯队，第一梯队包括中国、印度、俄罗斯和巴西等国家，第二梯队包括墨西哥、韩国、土耳其、埃及、南非、波兰等国家。由此可以看出，新兴经济体是亚洲经济体量新的增长点，同时也是碳排放的重点区域。通常引导和控制某一国家或者地区碳排放量的主要手段是减少高碳排能源消耗和发展清洁能源产业，从新兴经济体的现状来看，清洁能源产业占比较小，具备较大的改造空间和降碳潜力。近年来，可再生能源投资在全球层面急速增长。

3.1.3 重点国家视角

电力行业是二氧化碳排放的主要行业。2019年，发达经济体的经济增长率平均为1.7%，但与能源相关的二氧化碳排放总量下降了3.2%，这与电力行业碳减排工作的开展具有直接关系。据统计，2019年发达经济体可再生能源发电量增量减少1.3亿吨碳排放，风能发电同比增长12%，煤转气发电减少了1亿吨碳排放。日本和韩国核电减排超过5000万吨。

欧盟各国通过加强电力行业引导，增加可再生能源和清洁能源的使用，并通过煤改气使燃气电厂发电量成功超过燃煤电厂发电量。德国首先在欧盟国家中减少碳排放，降低燃煤发电量，大力发展风能等可再生能源发电占比。英国燃煤发电占比较小，可再生能源和天然气发电占比较大。目前，英国大力开展脱碳工作，计划在2024年之前关闭所有燃煤电厂。此外，英国还积极进行海上风力发电项目的投资。2019年是日本近年来减排最多的一年，主要原因是日本核电恢复运行使电力部门二氧化碳排放量减少。印度2019年二氧化碳排放量增长温和，电力部门的碳排放量略有下降，原因是电力需求大体稳定，可再生能源的强劲增长促使燃煤发电量自1973年以来首次下降。

2021年，全球二氧化碳排放量前十名国家分别为中国、美国、印度、俄罗斯、日本、伊朗、德国、韩国、沙特阿拉伯、印度尼西亚。具体到国家碳排放量来看，中国、美国、印度处于全球碳排放前三位，但是其碳排放走势却有所不同。

中国与印度的工业发展与美国相比较起步较晚。就目前来看，美国已经发展成为发达国家，而中国与印度仍是发展中国家，因此其经济发展仍需要大量的煤炭，这就导致了碳排放量的持续增长。2020年第七十五届联合国大会上，我国向世界郑重承诺力争在2030年前实现碳达峰，努力争取在2060年前实现碳中和。2021年11月1日，印度在格拉斯哥联合国气候峰会上承诺，将在2070年前实现净零碳排放。美国早在2007年便实现碳达峰，目前的碳排放量已经进入拐点，呈现下降趋势。

3.1.4 中国碳排放现状

人类活动产生的二氧化碳等温室气体的排放导致气候问题频发，气候问题给世界自然资源系统和人类发展带来了严峻挑战，全球各国不断提高应对气候变化在国家治理中的重要地位，中国作为最大的发展中国家一直在积极采取措施应对气候变化。

以下从碳排放总量、碳排放增速、碳排放来源以及人均碳排放方面进行论述，通过对比其他经济体得出我国碳排放现状的成因。

①从碳排放总量来看。中国自1970年以来碳排放量随着经济增长开始同步提升，在此后30年间基本保持着5%左右的增速；2001年入世后，我国经济迎来另一个快速增长周期。2001—2010年，碳排放和GDP之间存在明显的正向变动关系，增速大幅上行，部分年份增速达到了10%以上。2011年以后，我国环保政策开始趋严，碳排放增速才开始下行。1970—2019年，我国碳排放量从7.7亿吨增长到101.8亿吨，侧面说明了这一阶段我国的经济增长方式主要还是靠粗放型的资源消耗带动。排放占比方面，中国自1970年以来，年度碳排放量占全球比重一路走高，在2003年超越欧盟，在2005年超越美国，在2019年占比达到了28%，成为碳排放量最大的国家；除中国以外，印度是另外一个占比逐步走高的国家。截至2019年，全球已经累积排放了超过1.65万亿吨二氧化碳，其中美国累积排放0.41万亿吨，占全球累积排放的25%，欧盟累积排放占比22%，中国累积排放占比约13%。从累积排放角度看，发达国家在工业化进程中的累计碳排放量远超中国。

为减少碳排放，我国不断加码碳减排目标，并实现了向国际社会承诺的2020年碳减排目标。"双碳"目标的提出在国际上引起巨大反响。社会经济生产活动中的碳排放95%来自煤炭、石油、天然气等化石能源的消耗，我国自"十一五"时期开始提出节能减排要求，加强对工业部门的管控，调整能源消耗结构。

②从碳排放增速来看，我国二氧化碳排放增速明显放缓。

2005—2010 年我国二氧化碳排放年均增速约 8%,2011—2015 年下降至 3%,2016—2019 年进一步下降至约 1.9%。从增速方面来看,中国碳排放增速进入放缓阶段。2011 年后,随着环保意识的增加、相关政策的出台与推行、节能减排技术的开发,中国的年度碳排放量增速开始快速下行,在 2015 年与 2016 年甚至达到负增速,减排取得了一定进展。

③从碳排放来源来看,电、热生产活动是我国第一大碳排放来源,且占比有增加趋势;制造产业与建筑业作为第二大碳排放来源,占比逐渐降低;交通运输业是第三大碳排放来源,占比平缓提升。交通运输业的碳排放主要来源于交通运输工具燃料燃烧,随着经济增长,对交通运输的需求不断增加,预计交通运输业的碳排放将会继续保持增长趋势,占比也将同样提升。为实现"双碳"目标,推进碳减排工作开展,我国大力发展可再生能源,使得一次能源消耗结构清洁化、低碳化。2005—2019 年我国煤炭消费量的比重从 72.4% 下降至 57.7%;天然气消费量则从 2.4% 提高到 8.1%,清洁能源(一次电力及其他能源)消费量从 7.4% 提高到 15.3%。

④从人均二氧化碳排放量来看,我国人均碳排放量低于主要发达国家。中国人均碳排放量在 2006 年为 4.9 吨/人,达到了全球平均水平。2020 年,中国人均碳排放量为 7.4 吨/人,依然远低于美国 14.2 吨/人、加拿大 14.2 吨/人、俄罗斯 10.8 吨/人、日本 8.2 吨/人。从人均碳排放来看,中国在世界范围内处于较低水平。

对比其他经济体,我国碳排放与欧美发达经济体存在一定差异,主要电、热生产活动、制造产业与建筑业相对占比较高,交通运输业占比远低于其他国家。我国主要电、热生产活动占比显著高于欧美发达经济体,一方面说明我国经济增长动力更为强劲,对能源需求更大;另一方面说明了我国的能源结构不尽合理,能源使用效率较低。

3.2 中国区域碳排放

我国由于地理、气候、文化和资源等因素内部差异大,自然会影响区域间碳排放水平。党的十八大以来，我国把应对气候变化作为推进生态文明建设、实现高质量发展的重要抓手，推进碳减排工作开展，寻找新的经济增长点，协调自然环境与社会发展的关系。全国人大环资委委员、中国工程院院士、生态环境部环境规划院院长王金南提出，要以碳中和目标制定 31 省区市、重点行业和部门碳达峰目标，加快建立地方二氧化碳排放总量控制"梯度"管理体系，分别进行全国、行业部门、地区达峰判断，全面建立自下而上的全国二氧化碳排放统计和核算体系。为实现国家整体降碳目标，碳排放水平成为中央对地方考核的重要标准，各省份积极制定发展目标，为实现降碳减排目标采取一系列措施，各区域碳排放水平差异因此增加。下文从八个重点省份（京、津、冀、苏、浙、沪、皖、粤）和三大重点区域（京津冀、长三角、粤港澳大湾区）开展分析，对中国整体碳排放现状进行细化研究。

3.2.1　八个重点省份

从综合碳排放总量、强度和人均碳排放量指标来看，除北京和上海外，浙江的低碳转型位于前列。2019 年，八省份以全国约 32.53% 的碳排放总量占比贡献了全国 43.43% 的 GDP。2015—2019 年，八省份的碳排放强度降幅大于全国整体降幅。从碳排放量与经济发展的脱钩情况来看，八省份的经济发展与碳排放量总体上均呈"脱钩"状态，但各省份"脱钩"程度存在差异。北京与上海为强脱钩，天津、广东和河北在 2018 年、2019 年出现了重新连接的趋势。从碳排放总量来看，北京、上海的碳排放量下降，浙江、天津的碳排放量微升，其他省份的碳排量仍呈上升态势，除江苏外，其余省份增幅均超过 10%。从碳排放强度来看，2015—2019 年八个省份的碳排放强度均有显著下降，降幅最大的依次为北京、上海、浙江与江苏。从人均碳排放量来看，北京、上海的人均碳排放量出现下降，其他省份则仍在增长，其中浙江增幅最小，安徽省增幅最大。人均碳排放量下降幅度最大的省份依次为北京、浙江和上海，其他省份的人均碳排放量则仍在上升。

3.2.2　三大重点区域

从京津冀、长三角、粤港澳大湾区三大重点区域来看,2015—2019年长三角地区的低碳转型成效最为显著,其碳排放强度降幅在三个区域中最高,人均碳排放量增幅在三个区域中最小。

粤港澳大湾区是我国的经济发达区,在碳减排工作开展方面起到了重要作用,部分粤港澳大湾区核心城市已经完成了碳达峰目标,不断优化能源消费结构和产业结构,在推动碳减排和绿色发展的同时带动经济实现高质量发展。部分城市碳减排的成功经验对推动我国整体碳达峰进程具有重要意义。粤港澳大湾区产业结构偏向制造业,但通过不断发展绿色低碳技术,淘汰高耗能、高污染产业,在碳减排方面取得了很大成就。在发展高新技术的同时,部分城市大力支持可再生能源的使用,采取各种节能措施协助节能减排工作。

就碳排放总量来看,长三角地区碳排放的集聚度高,碳排放总量规模偏大。韩传锋等(2022)研究指出长三角地区碳排放呈现显著空间正相关性,形成了"低者恒低、高者恒高"的局部空间格局,碳排放核密度呈现出明显的"单极"现象,碳排放存在显著的空间非均衡性特征,区域内部碳排放差异大。此外,产业结构、城镇化水平、经济发展水平等因素都会影响区域内部碳排放格局。长三角地区第三产业发展占较大比重,但是区域内部发展差异大,经济发展对煤炭等化石能源依赖性高增加了碳减排压力。

京津冀地区在我国政治、经济、文化等各方面都具有十分重要的战略地位,为实现绿色低碳发展,采取了一系列措施加强生态保护和环境治理。为优化能源消耗结构,河北推出工程减煤、提效节煤、清洁代煤等一系列措施,全面实施火电机组超低排放改造工程。2020年年末,河北火电占总装机比重降至61.74%,比2017年年末降低12.31个百分点。减少一次能源消耗的同时,河北还加快发展可再生能源,推动经济持续发展。2020年年底,京津冀地区清洁能源发电装机容量达到5 074.37万千瓦,比2017年年底增长19.61个百分点;2017年至2020年可再生能源发电量从389.77亿千瓦时提高到645.31亿千瓦时。河北优化产业结构，减少高耗能产业占比，钢铁、煤炭、建材、石化、有色金属行业用电下降趋势明显，占全社会用电比重由 2017 年年底的24.98% 下降至 2020 年年底的 23.78%。

3.3　重点行业碳排放

从全球视角来看，电、热生产活动，制造产业和建筑业、交通运输业是碳排放的主要来源，这些领域是未来减排的关键点。供电行业以煤炭、石油、天然气等化石燃料燃烧作为主要发电方式，供热行业以燃烧化石燃料作为主要的供热方式，而化石燃料燃烧会带来大量碳排放。2018 年，全球主要电、热生产活动产生的碳排放达到了 139.8 亿吨，占全球当年碳排放量的 41.7%。交通运输产业是全球第二大碳排放来源。陆上交通、航空、航海依然以燃油作为主要动力来源，对燃油的高需求也会带来大量碳排放。钢铁冶炼、化工制造、采矿、建筑等行业对能源需求量大，生产过程中原材料的分解也会产生碳排放。

低碳经济是在可持续发展理念指导下，以低能耗、低排放、低污染为基础的经济模式，与产业结构与行业发展存在密切联系。从中国整体来看，碳排放总量处于上升趋势。

从产业划分来看，不同产业之间的碳排放总量和碳排放强度存在差异。按照中国产业划分的规定，第一产业包含农、林、牧、渔业。第二产业是指工业（采矿业，制造业，电力、热力、燃气及水生产和供应业）和建筑业。第三产业即服务业，是指除第一产业、第二产业以外的其他行业，包括交通运输、金融、教育、信息技术服务业等。基于产业特征，第二产业能源消耗强度最大，因而始终在碳排放总量中占据较大比重。

从碳排放总量来看，我国工业二氧化碳排放量从 2005 年的 41 亿吨提升至 2019 年的 72 亿吨左右。2015 年，我国工业领域的碳排放量迎来了首次降低，较 2014 年降低 1.3%，2016 年较 2015 年降低 2.6%。连续两年的工业碳排放降低主要有以下原因：一是"节能减排"政策的实施，淘汰了部分落后的工业能耗设备，关停了部分高能耗、高排放企业；二是大力发展清洁能源，使清洁能源占比逐年提升；三是采矿业、制造业等增速相对放缓，对能源需求变化不大。2017年至2019年，工业领域能源需求有所增长，导致工业碳排放量出现小幅增长。2017年及2018年工业碳排放量低于2015年，2019年较2015年高2亿吨左右。

从碳排放增速来看，第三产业对整体碳排放增速影响最大。2011—2018年，第一产业碳排放增幅为14.41%，第二产业增幅为12.58%，第三产业增幅为50.43%。其中居民生活增加约52.68%，交通运输、仓储和邮政业增加约46.89%。2011—2018年第三产业是碳排放增量的主要"贡献者"。

3.4 碳排放的主要影响因素研究

碳排放研究分析涉及国家累计碳排放、碳排放总量、碳排放强度、碳排放增速和人均碳排放等概念。我国碳排放主要来源于能源、工业、交通等高耗能产业，工业和能源部门发展消耗产生的碳排放占全国碳排放总量的大部分。随着高耗能产业优化调整，实现转型升级，碳排放量显著减少，由此可见产业结构对碳排放量起到关键作用。统计数据显示，我国能源部门碳排放占碳排放总量的一半以上，煤炭与其他化石燃料等能源消耗成为碳减排工作的主要阻力，优化能源使用结构、开发可再生能源与清洁能源，对碳减排工作的开展具有重要意义。通过绿色技术创新提高高耗能、高污染能源利用率，并利用先进能源技术开展固碳、碳封存等工作，可以降低碳排放。除此之外，城镇化引起的劳动力转移、人口流动和居民消费结构变化对城市产业结构和社会经济发展的影响能够间接作用于碳排放。政府部门采取的行政手段也能够对碳排放量产生直接影响，制定与执行环境规制将直接影响碳排放量。因此，产业结构、能源结构、技术创新、城镇化水平和环境规制等因素都是影响碳排放的重要因素，深入了解其根源才能有效开展碳减排工作，推动碳减排政策落实。

3.4.1　产业结构

通过采取有力的政策措施，推动碳中和工作开展，我国碳减排取得了显著成效。统计数据显示，2019年我国碳排放强度比2005年降低48.1%，这与产业结构调整有直接关系。相关研究指出，产业结构调整对碳减排目标实现的影响程度达70%，是开展碳减排工作的重要途径。赵玉焕等（2022）从国家、区域、空间和影响路径方面实证研究了产业结构对碳减排的影响，结果表明整体来看产业结构能够推动实现碳减排，这一结果在东、中部地区更显著。余志伟等（2022）通过建立空间计量模型，发现产业结构高级化水平提升既能降低本地区的碳排放强度，也能降低周边地区的碳排放强度。张晨露和张凡（2022）基于长江经济带11个省份的数据，实证研究得出产业结构对碳排放的直接效应显著为负，说明产业结构优化升级能够显著降低地区二氧化碳排放量，且异质性分析得出产业结构对碳排放量的影响具有区域异质性。

产业结构优化调整问题错综复杂，包括三次产业占比、行业结构、产品结构、产业空间布局以及区域协调发展等多方面，应该从更加全面的角度审视产业结构变化对我国碳排放的影响。

改革开放以来，我国三次产业结构在调整中不断优化，生产结构中第一产业占比减少，第二、第三产业占比增加。就增长速度而言，第一产业相对增长缓慢，第二产业快速增长，第三产业不断扩大行业发展。就增加值比重而言，经济发展从主要由第一、第二产业带动转向由第二、第三产业带动，第一产业对经济发展的贡献度显著降低，产业结构出现明显倾斜。就就业比重而言，第一产业就业人员明显减少，第二产业就业人员增长缓慢，第三产业就业人员增速明显超过第一、第二产业。中国经济增长经历了从第一产业向第二产业的过渡发展阶段，也经历了第二产业向第三产业的持续性转型阶段。

第二产业的迅猛发展为我国的基础建设提供了保障，伴随工业发展而产生的碳排放问题不可避免。产业结构是影响碳减排工作开展的重要因素，学者就其对碳排放的影响进行了研究。Karen等（2006）和Matthew等（2007）的研究表明，第二产业比重增加是中国碳排放提升的主要原因。吴振信等（2012）基于2000—2009年的省级面板数据研究发现第二产业所占比重与碳排放成正比，在人均GDP保持不变的情况下，第二产业比重每下降1%，人均碳排放量下降0.3217%。第二产业作为我国碳排放的主要"贡献者"，在三次产业结构中的比重自然成为影响碳排放的关键因素，是链接产业结构与碳排放的重要角色。

环境库兹涅茨曲线提出碳排放与经济增长呈现倒U形的变化趋势，从发达国家的工业化进程来看，产业结构伴随经济增长呈现类似的变化趋势，即伴随经济增长，农业等第一产业部门占比下降，工业等第二产业部门占比先上升后下降，服务业等第三产业不断上升。碳排放伴随经济增长快速上升后达到峰值进入稳定期，而后逐渐下降。碳排放强度受碳排放总量与GDP水平影响。从碳减排强度来看，我国产业结构未达到低碳化发展要求，带动第二产业中"三高"行业发展的同时造成碳排放量增加，对碳排放强度的降低起到了阻碍作用，这主要是由于我国未实现经济发展与碳排放"脱钩"。经济增长的同时实现碳排放量的减少就达到了碳排放"脱钩"，是否"脱钩"是经济发展在碳排放达峰后能否深度脱碳的关键，这就需要依赖"脱钩型"产业结构的形成。"脱钩型"产业结构既能推动经济增长，也为降低碳排放提供了可行性。

3.4.2　能源结构

碳排放主要来源于能源消耗、工业排放、交通运输排污、农业排污等，其中能源消耗是最大的碳排放来源。能源结构优化调整不仅是我国能源发展面临的重要任务，也是保证能源安全、实现碳达峰碳中和的重要组成部分。我国生产结构依赖煤炭等传统能源，严重阻碍了我国碳减排工作的开展和"双碳"目标的实现。为此，我国应积极调整能源消耗结构，减少对煤炭、石油等化石能源的需求，大力发展可再生能源和新能源，降低能源消耗造成的碳排放。

现有文献针对能源结构与碳排放的关系开展了一系列研究。朱欢等（2020）实证检验了经济增长、能源结构和二氧化碳排放量之间的关系，指出实现能源结构转型和碳减排的前提是经济发展突破一定门槛。只有在经济发展到一定程度，能源消费中清洁能源的占比才会不断增加，碳排放逐渐减少。李绍萍等（2017）基于东北老工业基地的数据对碳排放与能源结构的关系进行了实证分析，结果显示煤炭的消耗对碳排放的影响最大，接下来依次是石油、天然气、一次电力。何凌云等（2017）运用调节效应模型、状态空间模型等研究发现可再生能源投资结构能够通过结构路径对碳排放产生抑制作用。Apergis（2010）指出可再生能源消耗与碳排放之间正相关。

从能源生产结构来看，我国降低煤炭等传统能源生产，持续推进能源优质先进产能发展。2021年，我国原煤生产量为40.7亿吨，比上年增长4.7%，比2019年增长5.6%；进口煤炭生产量为3.2亿吨，比上年增长6.6%；原油生产量为1 898万吨，比上年增长2.4%，比2019年增长4.0%；加工原油生产量为70 355万吨，比上年增长4.3%，比2019年增长7.4%；天然气生产量为2 053亿立方米，比上年增长8.2%，比2019年增长18.8%；发电81 122亿千瓦时，比上年增长8.1%，比2019年增长11.0%。多元清洁能源供应增加，是发展高质量低碳经济的重要基础，应从根源上推动新型能源替代化石能源、可再生能源替代一次能源，提高绿色化生产水平。

从能源消费结构来看，我国能源消费以化石能源为主，煤炭在一次能源中的占比过半，清洁能源消费比例在不断上升。2021年，我国GDP现价总量为1 149 237亿元，按不变价格计算，比上年增长8.4%。2021年，全国能源消费总量为52.4亿吨标准煤，比2012年增长30.4%，以年均3%的能耗增速支撑了年均6.6%的GDP增速。这表明我国能源消费结构调整取得初步成效，我国以较少的能源消耗支撑经济高质量发展，向经济发展与碳排放"脱钩"迈进。2020年，我国煤炭消费量占能源消费总量的56.8%，比上年下降0.9个百分点；天然气、水电、核电、风电等清洁能源消费量占能源消费总量的24.3%，上升1.0个百分点。2021年，天然气、水电、核电、风电、太阳能发电等清洁能源消费占能源消费总量比重比上年提高1.2个百分点，煤炭消费占比下降0.9个百分点。煤炭消费量不断降低，清洁能源消费比重增加，这表明能源消费在朝着低碳化、清洁化方向发展。

"双碳"目标背景下，我国要想实现经济发展与碳排放"脱钩"仍然受限于多种关联因素，即经济发展离不开能源消耗，经济发展依赖第二产业等高耗能部门，而能源消耗主要以煤炭等高污染能源为主。突破经济发展、能源消耗、第二产业和碳减排形成的闭环的关键是从大力发展新能源入手，实现清洁能源、新能源、可再生能源等非化石能源推动经济发展的同时减少高耗能能源消耗量，保证碳减排工作顺利开展。非化石能源包括水电、风电、太阳能发电、核电和生物质发电。我国95%左右的非化石能源主要通过转化为电能加以利用，推动电力行业实现低碳转变是"双碳"目标实现的关键所在。国家能源局发布的统计数据显示，截至2021年12月底，全国发电装机容量约23.8亿千瓦，同比增长7.9%。其中，火电装机容量约13.0亿千瓦时，同比增长约4.1%；风电装机容量约3.3亿千瓦，同比增长16.6%；太阳能发电装机容量约3.1亿千瓦，同比增长20.9%；核电装机容量约0.5亿千瓦时，同比增长6.8%；水电发电装机容量约4.0亿千瓦时，同比增长5.6%。由此可见，火电装机容量增速明显低于风电、太阳能、核电、水电等新能源，我国发电装机结构持续优化。

3.4.3　技术创新

绿色技术创新是我国实现可持续发展和低碳经济的重要保障，伴随中国绿色低碳循环发展经济体系的建立健全，技术创新日益成为绿色发展的重要动力。技术创新是碳减排工作开展的重要基础，为建立绿色低碳循环发展的经济体系和清洁低碳的能源体系提供了技术保障，是环境政策的一个重要部分。关于技术创新对碳排放的影响学者进行了以下研究：古惠冬等（2022）研究发现绿色技术创新对地区碳减排影响显著，能够通过结构优化效应和节能效应对碳排放产生间接影响；陈捷（2019）进一步细化研究得出以"技术模仿"为代表的技术创新能够有效抑制碳排放，而以"自主创新"为代表的技术创新对碳减排影响不显著；卢娜等（2019）认为突破性低碳技术创新比一般水平低碳技术创新对低碳转型的作用更大，并通过构建空间面板数据得出突破性低碳技术创新对本地区碳减排作用显著、对邻近地区不显著的结论。Wang等（2016）等对北京、上海、重庆和广州进行研究得出技术创新对碳排放产生负面影响的结论。徐德义等（2020）将技术创新划分为化石能源利用效率、碳减排、广义技术创新三个方面，探究技术创新对区域碳减排的影响，结果显示碳减排技术进步在技术创新抑制碳排放中的作用最显著，且在碳排放水平最高的江苏、河北、山东作用最大，广义的技术创新作用并不显著。

综上所述，技术创新影响碳排放的方式可以分为以下几种：

第一，技术创新推动能源结构优化调整。

技术创新对能源结构的作用主要表现在对能源生产和能源消费的影响方面，技术创新通过改进传统生产技术、发展新技术、推动可再生能源和新能源的开发利用，降低煤炭等高碳排化石能源使用率，为低碳经济发展提供支撑。统计资料显示，我国清洁能源消费总量占能源消费总量的比重从2007年的20.5%上升为2021年的25.5%，这表明我国的能源消费结构得到优化。

第二，低碳技术创新降低碳排放强度。

低碳技术是指针对电力、交通、建筑、冶金、化工、石化等部门以及在可再生能源及新能源、煤的清洁高效利用、油气资源和煤层气的勘探开发、二氧化碳捕获与埋存等领域开发的有效控制温室气体排放的新技术。低碳技术可以分为三类，包括减碳技术、无碳技术和去碳技术。减碳技术主要是指对煤炭等高污染、高排放的化石能源消费企业开展节能减排技术，提高用能效率，实现清洁利用；无碳技术是以无碳排放为基本特征的新能源技术或清洁能源技术，太阳能、风能、核能等可再生能源发电都是无碳技术；去碳技术包括二氧化碳的捕集、利用与封存。在低碳技术开发与应用的支撑下，截至2020年年底，我国单位GDP二氧化碳排放比2005年下降48.4%，超过了我国向国际社会承诺的40%~45%的目标，基本扭转了二氧化碳排放快速增长的局面。

第三，技术创新促进产业结构优化升级。

经济增长理论认为，要想实现稳定状态的均衡增长需要保证物质生产和劳动力的均衡增长以及生产效率的提高。在科技创新水平受限的情况下，实际总产出和生产效率不可能处于持续增加的状态。从我国的实际情况来看，技术创新带来的生产效率提升成为国民经济发展的最新动力。伴随着国民经济的提高与技术创新的发展，三次产业生产效率得到显著提升，提高总产出的同时降低第二产业高污染能源消耗，有助于碳减排工作开展。此外，资本积累与劳动力增加提高了人们生活质量与消费水平，相应地以服务业为主的第三产业在生产侧与需求侧发展迅速，成为带动经济发展的重要引擎。技术创新推动了第三产业中金融业、保险业、信息技术等行业的发展，同时也推动了产业结构优化升级。从前文产业结构与二氧化碳排放之间的关系可以看出，产业结构调整能够显著影响各产业及整体的碳排放总量。第三产业在就业人数、市场主体等方面迅速发展，使得低碳排、低污染、低耗能产业规模增加，对于低碳经济发展具有正向作用。

3.4.4 城镇化水平

城镇化是世界发展的重要趋势，也是中国社会经济发展的重要特征。第七次全国人口普查结果显示，截止到 2020 年 11 月 1 日零时，全国人口共 141 178 万人，与 2010 年第六次全国人口普查的 133 972 万人相比，增加了 7 206 万人，增长 5.38%，年平均增长率为 0.53%。居住在城镇的人口为 90 199 万人，占 63.89%；居住在乡村的人口为 50 979 万人，占 36.11%。与 2010 年相比，城镇人口增加 23 642 万人，乡村人口减少 16 436 万人，城镇人口比重上升 14.21 个百分点。流动人口中，跨省流动人口为 12 484 万人，流动人口增长 69.73%。随着城镇化的不断推动，我国城镇人口占比不断增加，人口流动比率提高，城镇化对经济发展、能源消耗和碳排放的作用逐渐显现。

许多学者针对城镇化对碳排放的影响开展研究。罗栋燊等（2022）研究发现城镇化初期促进碳排放，城镇化后期促进碳减排。陶良虎等（2020）以广东省为例研究了城镇化与碳排放之间的关系，结果显示产业城镇化对碳排放具有显著正向影响。Liddle（2004）对城市化碳排放进行了研究、Cole 和 Neumayer（2004）以多个国家为研究对象，均得出城镇化是影响碳排放的重要因素的结论。王峰等（2017）基于 STIRPAT 模型构建了人口城镇化、土地城镇化、经济城镇化维度下的碳排放影响因子空间杜宾面板模型并进行了实证分析。

城镇化的过程其实是农村人口向城市聚集,城镇人口、消费、产业规模不断扩大进而引起人口结构、经济结构、社会结构变迁的过程。从城镇化对人口结构的主要影响来看涉及人口年龄结构与家庭结构两方面。首先,城镇人口的逐渐老龄化引起劳动力结构的改变,生产率和劳动率降低导致经济发展缓慢,进而引起能源需求与碳排放量的减少。但是相关研究也证明,人口老龄化产生的医疗服务需求能够通过影响消费结构扩大碳排放。农村家庭结构受城镇化影响较大,传统的农村大家庭逐渐解散,家庭结构趋于小型化,空巢家庭、隔代家庭数量增加。其次,城镇化能吸纳农村劳动力到城市就业,提高了就业比例和居民收入,而居民收入的多少直接决定了其消费水平和消费行为,进一步影响整体消费结构。城镇化导致的家庭规模小型化、家庭户数增加等问题会通过影响交通出行等提高个人能耗和人均碳排放,进而影响碳排放。最后,城镇化还会影响整个社会经济结构和产业结构变迁。城镇化伴随着农村人口减少、城镇人口增加以及人口流动率提高,农村劳动力转移导致第一产业就业人口减少,第二、第三产业就业人口增加,产业集聚的同时过多的人口迁移对居住规模和城市基础建设都提出了更高要求,为满足住房及生活需求而进行的生产活动会导致碳排放的增加。城镇化过程带动经济社会发展,促进居民消费方式的转变。经济进步带动个人收入的增加从而提高个人消费水平,间接导致碳排放的增加。

总的来看,城镇化主要作用于消费结构和产业结构进而影响碳排放。从事传统劳作方式的农村居民在城镇化带动下从第一产业向第二、第三产业转移,不仅拉动就业、增加居民收入,也为产业结构高级化和合理化提供了大量的劳动力资源,推动实现产业结构转型。农村居民就业后不仅在物质层面提升了收入水平和生活水平,也在一定程度上提高了居民素质,使得居民消费观念发生转变,进而影响生产活动中的碳排放。

3.4.5 环境规制

随着工业化、城市化脚步加快,碳排放造成的大气污染问题日益严峻,经济进步与可持续发展之间的矛盾逐渐突出,采取措施扭转环境恶化态势，改善环境质量，满足人们对生活环境的需求变得十分迫切。环境是全社会的共同财产，是具有公共属性的物品，不容肆意破坏和浪费。仅仅依靠市场行为调和经济发展与环境污染之间的矛盾是不可取的，政府要进行约束与管制。

环境规制主要是指政府为谋求经济与自然的和谐发展，通过颁布行政制度、利用市场机制并发挥公众作用的方式，约束经济主体排污行为的制度安排。环境规制是政府规制的重要组成部分，有行政措施与市场经济措施之分（黄志基，2015）。有学者开展了一系列关于环境规制与碳排放关系的研究。黄清煌和高明（2016）等将环境规制划分为命令控制型环境规制、公众参与型环境规制和市场激励型环境规制，考察了环境规制工具的节能减排效应，结果显示命令控制型和公众参与型环境规制对节能减排效率的影响呈现倒 U 形结构，而市场激励型的表现类似于正 U 形结构。何苗（2021）通过分析省级碳排放空间格局特征实证研究了不同类型环境规制对省域碳排放的影响，结果显示命令控制型环境规制能够显著抑制省级碳排放，市场激励型环境规制则存在一定滞后性。孙帅帅等（2021）将环境规制分为命令型、市场型和自愿型，采用空间杜宾模型探究了不同环境规制对碳排放影响的空间异质性，研究发现市场型环境规制对碳排放的正向溢出效应最明显。李强（2018）以长江经济带为例，通过区分正式与非正式环境规制，研究得出两种类型的环境规制对长江经济带城市环境污染有影响显著的结论，表明正式与非正式环境规制都具有节能减排效应。张华和魏小平（2014）利用省级面板数据并采用两步 GMM 法实证分析了环境规制对碳排放影响的双重效应，结果显示环境规制对碳排放的直接影响轨迹呈倒 U 形曲线，"绿色悖论"效应转变为"倒逼减排"效应。部分学者针对环境规制影响碳排放的作用路径开展研究，发现环境规制不仅能够直接作用于地区碳排放，还能够通过产业结构调整（徐盈之等，2015）、能源结构、技术创新（步晓宁和赵丽华，2022）对碳排放产生直接影响。

从现有研究来看，基于环境规制对碳排放影响的相关研究通常会将环境规制分类，多数划分为命令控制型、市场激励型和公众参与型以及正式环境规制与非正式环境规制，结果为环境规制的类型对碳排放具有影响，因此开展基于个别碳减排政策对碳排放影响的研究十分必要。此外，环境规制对碳排放的影响通常包含以下观点：其一是环境规制对企业生产经营活动及成本的限制能够有效减少碳排放，具有"倒逼减排"效应；其二是环境规制的有效性有待考量，以减排为目的的环境规制可能加重环境污染，具有"绿色悖论"效应；其三是环境规制与碳排放具有"拐点效应"，拐点之前呈现"绿色悖论"效应，拐点之后呈现"倒逼减排"效应。

4　碳减排与可持续发展

4.1　碳减排的实现路径

　　所谓碳减排，就是减少二氧化碳的排放量。随着经济生产活动的开展，全球气候遭到温室气体破坏，必须通过减少二氧化碳排放量的方式缓解全球气候危机。实际上，提出碳中和、碳达峰的目标，开展碳减排的工作基本上指的是化石能源的碳。由于煤炭等高污染化石燃料消耗产生的二氧化碳占我国碳排放总量的75%以上，因此碳中和的主攻方向是能源。对于碳减排的实现路径，从供给侧和需求侧来看，一方面供给侧在降低化石能源使用比例的同时，提高了能源利用率，大力发展可再生能源，保证可再生能源在储能调峰系统方面的稳定性，实现能源革命；另一方面，从需求侧实现碳减排，则需要从电力、交通、工业、建筑等高耗能行业入手。例如，优化电力设备及技术，停止未应用碳捕集、利用与封存技术的电厂建设；提高建筑节能设计标准，改善电网灵活性；消除产能过剩，提高效率和创新能力，控制能源总需求；完善绿色出行系统，提高交通能效等。基于以上分析，本章将从发展低碳技术、提高非化石能源比重、加强低碳发展基础能力建设、加强节能减排重点工程建设和开展绿色低碳生活方式五个方面，对碳减排路径进行详细说明。

4.1.1 发展低碳技术

技术创新是绿色低碳发展的重要举措。由于我国仍处于社会主义初级阶段，工业化和城镇化还处于加速推进时期，我国的低碳技术与发达国家相比仍旧存在一定差距，因此要想实现碳减排目标必须加强低碳科技创新，促进低碳发展。

1. 加快低碳技术研发与示范

比尔·盖茨曾在《气候经济与人类未来》一书中表示，世界各国政府每年在清洁能源研发上的投入约为220亿美元，仅占全球经济规模的0.02%左右，未来10年应该将与清洁能源和应对气候变化相关的研发投入增加4倍。只有加快发展可再生能源等低碳减排项目和技术研发与投入，才能不断实现绿色低碳经济的高质量发展，而低碳技术创新和低碳减排项目的推广离不开资金持续投入，研发投入的增加可以加快实现从传统经济向低碳经济转变的目标。在应对气候变化问题上，人类能做的最重要的事情之一就是对研发活动进行持续投资，但政府在这方面的投入尚不能满足需求。就我国而言，"十四五"期间，能源研发经费投入年均增长7%以上，新增关键技术突破领域达到50个左右。目前，我国新型电力系统建设已取得阶段性进展，安全高效储能、氢能技术创新的能力显著提高，减污降碳技术加快推广应用。但是，电气化、氢能、生物质能以及碳捕集、利用与封存（CCUS）等关键技术领域创新所对应的投入，只是成熟低碳发电技术和能效技术研发资金的三分之一。未来，绿色低碳技术的研发投入需要进一步增加。

我国应研发能源、林业、海洋、工业和农业等重点领域所适用的低碳技术，并建立低碳技术的孵化基地，鼓励加大政府投资基金和政策补贴，从而加快推动低碳技术进步，引导创业投资基金等市场资金向低碳产业领域转移；排放后的二氧化碳或由自然界稀释，或靠森林蓄积吸纳，也可以由人类通过技术收集、储存和再利用。目前，被大家所赞同的做法是，为了碳保存和驱油增产，在油田开发中将收集的二氧化碳注入油气藏。因此，新一代二氧化碳驱油技术是未来我国加以研究和推广的重大举措之一。目前，我国的发电煤耗率仍旧较高，若维持这一供电煤耗水平，则难以推广诸如CCS或CCUS等碳减排技术。因为这些技术的应用将会大幅度提升能耗和投资成本，所以未来我国的紧迫任务就是将煤电行业的供电煤耗下降到一个较低的水平，使CCS或CCUS等碳减排技术落地可行。同时，清洁生产和煤炭的清洁利用技术等可以提高能源效率，从而不断减少碳排放，提高成本效益。

2.加大低碳技术的应用与推广力度

我国应定期更新国家重点低碳技术的推广目录和节能减排与低碳技术成果转化的推广清单；努力提高核心技术的研发、制造和产业化等能力，对减排效果好、绿色低碳和应用前景广阔的关键产品开展规模化生产；加快建立产学研有效结合的机制，积极引导企业、高校和科研院所建立低碳技术创新联盟，集中集体智慧形成技术进步、示范应用推广和产业化联动机制；增强大学科技园、企业孵化器和产业化基地对低碳技术产业化的支持力度。在国家低碳试点城市和地区、生态工业园区、碳排放权交易城市和国家可持续发展创新示范区等重点地区加强低碳技术集中示范应用，起到带头模范作用并逐步在全国推广。

3.加快示范项目的部署，推动科技创新示范工程的建设

习近平总书记指出："绿色转型是一个过程，并不是一蹴而就的事情。要先立后破，而不能够未立先破。"而示范项目的部署就是一个"先立"的过程。我国在第七十五届联合国大会上承诺，到2030年实现碳达峰、到2060年实现碳中和的目标，目前许多减排技术仍处于示范或原型开发阶段。在新技术的开发与试验阶段，政府通过加强对技术应用试点与示范项目的推广，不断降低成本，控制私人投资风险，积累技术经验。比如，对于可以为未来碳减排作出重要贡献的氢能技术，许多群众存在安全顾虑，而示范项目的开展将有助于群众加深对氢能应用的了解，打消顾虑。出于安全和升级的考虑，政府应不断提升群众认识，以促进群众接受科技创新示范工程的建设与应用。加快示范项目的部

署，还可以吸引更多私人资本流向科技创新项目，不断扩大未来部署规模。

4.构建低碳技术国际研发合作新格局

习近平总书记曾表示："国际科技合作是大趋势。我们要更加主动地融入全球创新网络，在开放合作中提升自身科技创新能力。"就碳达峰、碳中和目标而言，气候变化是全球性挑战。目前，对发达国家与发展中国家而言，在应对气候变化方面所具有的技术、资金等水平参差不齐，发展中国家在及时达到净零排放所需的资金和技术支持方面较为匮乏，因此国家间的合作与分享对推动各自的技术进步至关重要。只要国家间保持密切的国际协调与合作，如氢能推广，通过国际社会通力合作共同建设氢能市场，明确相关安全和环境标准，能源转型和气候保护就可以成为未来技术创新和经济可持续发展的增长引擎，占据经济发展的制高点。

5.构建绿色金融体系，形成市场激励

绿色发展需要形成市场激励，关键要发挥金融市场功能。2022年3月22日，经国务院批复同意的《"十四五"现代能源体系规划》明确应加大对节能环保、新能源、CCUS等技术的金融支持力度，完善绿色金融激励机制。中国人民银行也逐步通过货币政策、行业自律、监管政策、强制披露、绿色评价、信贷政策、产品创新等措施，不断引导金融资源向低碳项目、绿色转型项目、绿色创新项目等倾斜。未来，国家需要进一步发展绿色金融，构建可以对绿色技术企业进行有效支撑的金融服务体系，解决绿色技术发展面临的一系列融资问题，助力现代能源科技创新，同时发挥绿色金融体系在相关企业低碳转型过程中的作用。

4.1.2　提高非化石能源的比重

能源系统的绿色转型是绿色低碳转型的关键，而转型的重要途径就是发展非化石能源，尤其是可再生能源，提高非化石能源在能源消费总量中的比重，能够有效降低温室气体的排放量，加强环境保护，推进生态文明建设。因此，积极发展非化石能源是未来绿色低碳可持续发展的必然选择。

"十四五"时期及未来是世界能源转型的关键期，我国可再生能源发展正处于大有可为的战略机遇期，全球范围内的能源都将持续加速向低碳、零碳方向演进，可再生能源也将逐步成为支撑经济社会发展的主力能源，不同国家要想抢占未来经济发展的制高点，必须大力发展可再生能源。我国将坚决落实碳达峰、碳中和目标任务，大力推进能源革命。2022年6月1日，国家发改委等九部门联合印发了《"十四五"可再生能源发展规划》，提出到2035年我国将基本实现社会主义现代化，碳排放实现达峰目标后持续稳中有降，在2030年非化石能源消费占比达到25%和风能、太阳能发电总装机容量达到12亿千瓦以上的基础上，对各类指标提出更高要求。同时，《"十四五"可再生能源发展规划》明确了"十四五"期间可再生能源发展的主要目标，包括可再生能源总量目标、发电目标、电力消纳目标和非电利用目标。具体来看，可再生能源消费总量到2025年努力达到10亿吨标准煤，在"十四五"期间，可再生能源在一次能源消费增量中占比50%以上。可再生能源年发电量到2025年努力达到3.3万亿千瓦时，在"十四五"期间，可再生能源发电增量在全社会用电增量中的占比为50%以上，风电和太阳能发电量实现翻倍。全国可再生能源电力总量消纳责任的权重到2025年努力达到33%，其中电力非水电消纳责任的权重达到18%左右，可再生能源利用率保持在合理水平。地热能供暖、生物质供热、生物质燃料、太阳能热利用等非电利用规模到2025年努力达到6 000万吨标准煤以上。

2022年3月17日，国家能源局发布了《2022年能源工作指导意见》，指出在深入落实碳达峰、碳中和目标要求以及在《"十四五"可再生能源发展规划》的背景下，要大力发展非化石能源，培育能源新产业、新模式，不断优化能源结构，持续推动能源的绿色低碳转型。同时，《2022年能源工作指导意见》明确了2022年能源工作的主要目标，包括全国能源生产总量努力达到44.1亿吨标准煤，天然气产量努力达到2 140亿立方米，原油产量努力达到2亿吨。国家要保障电力供应充足，电力装机量努力达到26亿千瓦，发电量努力达到9.07万亿千瓦时，实现新增顶峰发电能力8 000万千瓦以上，"西电东送"输电能力努力达到2.9亿千瓦。推动2022年煤炭消费比重稳步下降，同时非化石能源占比努力提升到17.3%左右，新增电能替代电量1 800亿千瓦时，风电光伏等清洁能源的发电量占全社会用电量的比重达到12.2%左右。与此同时，在"十四五"期间，能耗强度的目标应留有适当弹性。

未来，我国需要采取有力措施推动能源绿色低碳转型。除了风电光伏发电外，我国应总结新能源发展的经验教训，有效推进光热的发、储、输电力，生物质发电潜力以及地热利用；大力发展风电光伏，加大力度规划和建设以大型风光基地为基础、以其周边清洁高效节能的煤电为支撑、以稳定安全可靠的特高压输变电线路为载体的新能源供给消纳体系；积极推进水风光互补基地建设，建立和完善可再生能源电力消纳保障机制，健全可再生能源发电绿色电力证书制度；有序推进水电、核电重大工程建设，积极有序推动新的沿海核电项目核准建设；积极发展能源新产业、新模式，加快"互联网+"充电的基础设施建设，合理优化充电网络的布局，因地制宜地开展可再生能源制氢示范项目，探索氢能技术发展路线和产业化应用路径；开展地热能发电示范，支持中高温地热能发电和干热岩发电，加快推进纤维素等非粮生物燃料乙醇产业示范；稳步推进生物质能多元化开发与利用，大力发展综合能源服务，推动节能提效减碳；持续提升国内能源生产保障能力，着重关注能源安全稳定供应的保障任务，加强煤炭、煤电兜底保障能力，提升油气勘探与开发力度，积极规划建设输电通道；通过提升能源储运能力和电力系统调节能力，不断增强能源供应链的弹性和韧性，大力提升能源储运、调节和需求侧响应能力，保障能源供应稳定。

4.1.3　加强低碳发展基础能力建设

实施低碳发展需要有坚实的基础能力，如排放数据、低碳专业机构、政策标准和低碳人才等。目前，我国在相关领域的基础条件尚不完备，离实现低碳发展目标的要求仍存在一定的差距，因此应加强低碳发展基础能力的建设。

1.完善应对气候变化的法律法规和标准体系

我国应不断推动制定应对气候变化的相关法律法规，适时修订完善应对气候变化的相关政策与法律法规；研究制定重点行业、重点领域和重点产品温室气体排放的核算标准，以及碳捕集、利用与封存标准，低碳运行标准等，不断健全与完善低碳产品标准、标识和认证制度；加强节能监察，促进能效提升，降低二氧化碳排放，努力实现碳达峰、碳中和目标。

2.提升温室气体排放的精准化统计与核算

我国要重视应对气候变化的统计工作，完善应对气候变化的统计指标体系和温室气体排放的统计制度，强化农业、工业、能源、林业等相关领域的统计，加强统计基础工作和能力建设；加强热力、电力、煤炭等重点领域温室气体排放因子的计算与监测方法研究，不断完善重点行业与企业温室气体排放核算指南；完善温室气体排放的计量和监测体系，推动重点排放单位不断健全能源消费和温室气体排放台账记录；定期编制国家和省级温室气体排放清单，构建与完善重点企业温室气体排放数据报告制度，构建温室气体排放数据信息系统；逐步建立完善省市层面能源碳排放年度核算方法和报告制度，保证数据的完整性与真实性。

3.建立温室气体排放信息的披露制度

定期公布我国低碳发展目标的实现程度及政策措施进展情况，及时总结分析经验与不足；构建和完善温室气体排放的数据信息发布平台，研究建立国家应对气候变化的公报制度；不断推动地方温室气体排放数据信息的公开，保证数据的完整性与真实性；推动建立健全企业温室气体排放的信息披露制度，鼓励企业主动公开温室气体排放的相关信息，而国有企业、上市公司和纳入碳排放权交易市场的企业要起到模范带头作用，率先公布温室气体排放的相关信息和减排措施。

4.完善低碳发展政策体系

我国应加大中央及地方预算资金对低碳发展的支持力度，推动出台综合配套政策，完善气候投融资机制，更好地发挥中国清洁发展机制基金的作用，发挥政府的示范导向作用，完善节能、低碳和环保等要求的政府绿色采购制度；研究和构建有利于低碳发展的税收政策，不断促进能源价格形成机制改革，规范并逐步取消不利于节能减碳的化石能源补贴，完善区域间绿色低碳发展协作联动机制。

5.加强机构和人才队伍建设

我国应加快培养在技术创新、政策研究和产业管理等方面的各类专业人才，积极扶植第三方服务机构以及市场中介组织，推动引导低碳产业联盟和社会团体的成立，加强气候变化研究后备队伍建设，为绿色低碳发展提供人才支撑；积极推进应对气候变化的技术研发等多个领域的国际合作，加强人员之间的国际交流，实施高层次人才培养和引进计划；加强对各级领导干部和企业管理者等人员的培训，增强政策制定者和企业管理者的低碳战略决策能力。

6.建设或改造低碳技术应用所需的基础设施

未来，我国需要考虑建设和改造相关技术需要的基础设施，因为它们对于能源系统转型至关重要；考虑到基础设施建设是一个系统性的工程，耗费资金高昂，需要持续性的资金投入，而且私人资本在其中的激励不足，因此许多新兴市场和发展中经济体主要依靠公共资金来推动新能源项目和工业设施的建设；单单依靠公共资金会对政府造成负担，因此政府也应该不断改革政策和监管框架，制定相关规划和激励措施，不断促进开发机构、投资机构、公共金融机构与政府之间的合作，稳定市场和投资者预期，吸引社会资本广泛参与，支持绿色低碳技术基础设施的投资建设。

4.1.4 加强节能减排的重点工程建设

加强节能减排的重点工程建设有利于实现经济高质量发展与碳减排的协同增效目标，推动绿色低碳高质量发展，最终实现"双碳"目标。节能减排的重点工程主要包括以下方面：

一是重点行业绿色升级工程。以钢铁、化工、建筑和有色金属等行业为重点，推进不同行业领域的节能改造、绿色低碳转型和污染物深度治理，实现降污减排目标；推进新型的基础设施能效提升，加快绿色数据中心建设；加强行业技术创新和工艺革新，实施高污染、高耗能和高排放产业集群分类治理，开展重点行业的清洁低碳生产和工业废水资源化循环利用改造。

二是园区节能环保提升工程。将工业企业引向园区集聚，从系统角度推动工业园区能源系统的整体优化和污染排放的综合整治；鼓励工业园区优先利用可再生能源，提高可再生能源占比，不断优化能源结构。

三是城镇绿色节能改造工程。全面推进城镇层面绿色规划、绿色建设和绿色运行管理，推动低碳试点城市、"无废城市"、海绵城市和碳排放权交易试点城市的建设，发挥其模范试点作用；全面提高建筑节能标准，加快发展超低能耗绿色建筑，积极推进既有建筑的节能改造建设。

四是交通物流节能减排工程。推动绿色港口、绿色铁路、绿色公路和绿色机场建设，有序推进港口机场岸电等基础设施建设；提高城市使用新能源汽车的比例，降低汽车尾气的排放量；深入实施清洁柴油机行动，鼓励重型柴油货车的更新替代；实施与推进汽车排放的检验与维护制度；加强船舶清洁能源动力的推广应用，推动船舶岸电系统受电设施改造；提升铁路的电气化水平，推广低能耗、低排放的绿色运输装备；促进智能交通的推广与应用，积极运用大数据优化运输组织模式；加快绿色仓储的建设，不断鼓励建设绿色物流园区。

五是农业、农村节能减排工程。加快风能、水能、太阳能和生物质能等可再生能源在农村生产生活中的应用与推广，有序推进农村取暖清洁化；推广应用节能环保农机、车辆和渔船，建造低碳节能农业大棚，推进农房的低碳节能改造和绿色农房建设；提升农村生产生活的污染防治力度，推广农药化肥减量增效和秸秆综合利用技术，对农膜和农药包装废弃物等进行回收处理；大力提升农村人居环境，推进农村污水和污染物处理能力等重点区域污染物减排工程。

另外，持续提升大气污染防治重点区域的污染防治水平，加大重点行业的产业结构调整和污染治理力度。以大气污染防治重点区域为重点，加强细颗粒物、温室气体和污染物协同控制的煤炭清洁高效利用工程。经过了一系列的节能减排措施，煤炭等化石能源占比逐年下降，但仍然处于主导地位。因此，要立足于我国的基本国情，严格控制煤炭消费的增长，做好煤炭清洁高效利用工程，持续推动煤电机组超低排放改造的环境基础设施水平的提升，加快构建集污水、垃圾和废弃物处置设施及监测监管能力于一体的环境基础设施体系，推动形成由城市向乡镇延伸覆盖的环境基础设施网络。

4.1.5 发展绿色低碳的生活方式

1.发展低碳绿色交通体系，推行绿色低碳出行方式

交通运输业是推动绿色低碳可持续发展，实现碳达峰、碳中和的关键领域和关键行业。我国在持续推动交通运输业的绿色低碳转型，着重调整运输结构，大力推广新能源汽车等交通工具的使用，并取得了积极成效。

2020年7月，交通运输部、国家发展和改革委员会联合印发了《绿色出行创建行动方案》，提出截至2022年努力实现全国范围内60%以上城市的绿色出行比重超过70%的目标，倡导绿色低碳的生活方式，明确通过开展绿色出行创建行动，倡导简约适度和绿色低碳可持续的生活方式，引导公众选择步行、公共交通和自行车等绿色的出行方式，降低私家车的通行量，减少汽车尾气的排放，整体上提高绿色出行水平。

发展低碳绿色交通体系。首先，要积极发展公共交通，优先选用性能优良、能耗低的新能源车辆，最大限度地减少对私家车的依赖，从而实现碳减排目标，建设合理有序的公共交通网络从而保证公共交通的通畅便捷；我国电动汽车的商业应用已经较为成熟，从长远来看，低碳绿色交通体系应该通过低碳燃料的使用，以及电动汽车、氢能等新能源交通的发展来实现低碳排放。其次，在城区内增加绿化面积推动碳固化，改善空气质量。"公共交通优先"无疑是践行绿色低碳理念的主要出行方式。

高铁也是现代化"绿色交通"的重要标志，自2008年京津城际铁路建成运营以来，一大批高铁相继建成投产，我国的高铁行业发展也逐渐进入快车道，建设了全球规模最大、现代化水平最高的高速铁路网。中国国家铁路集团有限公司的数据显示，在耗能方面，高铁每人百公里能耗仅为飞机的18%、大客车的50%左右；在占地规模与运输量方面，高铁占地仅为4车道高速公路的50%，完成单位运输量占地仅为10%；

在碳排放方面，高铁二氧化碳排放量仅为飞机的6%、汽车的11%。2012—2019年高铁增加的客运周转量与公路完成同样客运周转量相比，减少二氧化碳排放量2 320万吨。与此同时，高铁电气化技术的建设发展显著提高了铁路电气化率，国家铁路燃油年消耗量逐渐下降，碳排放也在逐渐降低。高铁在增加铁路运量、优化运输结构的同时，促进了交通运输业绿色转型的可持续发展。

在航空业，降低飞机油耗和碳排放是航空业绿色低碳发展的核心任务，打造全流程飞行节能模式，实现飞行全流程精细化管理，同时航空公司的无纸化出行也逐渐成为常态，为航空公司节约大量纸张和投资成本。

2.开展低碳饮食，减少食物浪费

目前，人们在食物的生产和消费过程中会产生大量的二氧化碳，同电力生产活动中产生的二氧化碳排放量不相上下。与调整人们的饮食习惯和饮食结构相比，可行的碳减排方式是减少食物的浪费。在世界范围内，每年大约有三分之一的食物被浪费，这与全球温室气体排放量息息相关，因此如何减少食物浪费以及妥善处理厨余垃圾是全世界人类共同面对的巨大挑战。从某种意义上来说，减少食物浪费所造成的温室气体排放是中国实现碳达峰、碳中和目标不可忽视的重要途径之一，因此我们要积极践行文明分餐和"光盘行动"，提倡"按需取餐"，"不多点、不多打"，厨房不多做，从源头上减少不必要的食物浪费。

在生活中人们要注重食物的营养搭配，合理膳食，在保证饮食合理健康的同时减少二氧化碳排放。科学研究发现，在同等重量条件下，食用肉类排放的温室气体要比蔬菜更多。因此，我们要合理膳食，不暴饮暴食，不过度吃肉，努力在保证身体所需营养的情况下减少二氧化碳排放。在购买食物时要选择简装的食物。研究发现，减少使用1千克包装纸相当于节能约1.3千克标准煤，相应减排二氧化碳3.5千克。我们也要注意减少一次性餐具，如一次性筷子、水杯和餐盒等的使用，提倡出门自带水杯，多用可循环使用的筷子、餐盒等餐具，甚至是自带餐具。

3.推动低碳生活

低碳生活是一项系统工程，在降低温室气体排放、阻止全球变暖的行动中，不仅政府、企业需要承担起社会责任，制定积极有效的对策，每一个普通人也可以扮演重要的角色，从小事做起，从身边的点点滴滴做起，减少个人碳足迹，养成绿色低碳的生活方式。这不仅是当前社会的潮流，更是个人社会责任的体现。全球气候变化正在影响我们的生存环境，因此需要每一位公民都践行低碳绿色的生活方式，为保护环境贡献自己的微薄之力。节能减排是关系到人类未来的重大战略选择与部署，因此提高节能减排意识，对人们的生产生活方式、行为习惯和消费习惯进行调整和改变，减少全球温室气体排放，改善气候变化带来的问题意义十分重大。低碳生活的节能环保行为，有利于减缓全球气候变暖和环境恶化的速度。减少二氧化碳排放，选择低碳生活，是全社会范围内每一个企业和公民应尽的责任与义务。

低碳是提倡借助低能量、低消耗、低开支的生活方式，减少能量和能源消耗，从而减少二氧化碳的排放，保护地球环境，保证人类长期舒适安逸地生活，推动全世界范围内的可持续发展。低碳生活既是一种经济、健康、幸福的生活方式，也是一种可持续发展的环保责任，它涉及人们日常生活的方方面面，因此生活中包含许多低碳生活的有效实践。例如，外出就餐时尽量使用消毒餐具或自带餐具，拒绝使用一次性餐具；市场买菜和超市购物时尽量选择可以多次循环使用的环保购物袋，尽量不用塑料袋，这样既环保又方便；推广无纸化办公，减少纸张的浪费，合理使用打印机，避免因文件内容的错误而重复打印，同时在打印时尽量选择双面打印，这样不仅可以减少纸张的使用，节省资源，还可以降低消耗；树立勤俭节约的理念，节约粮食反对浪费，倡导"光盘行动"，提倡适度消费；提倡绿色低碳的出行方式，减少私家车使用，尽量乘坐公共交通工具出行；树立节电意识，随手关闭电灯、电脑等设备，节约用电；空调温度适度；提倡节水行动，随时关闭水龙头，避免水资源的浪费，节约用水。

4.2 多维度视角下的可持续发展

4.2.1 可持续发展内涵

人类活动所产生的污染物排放只有控制在地球生态系统的自净化能力范围内，人类赖以生存的生态系统才能得以保障。而现实生活中，自工业化以来人类活动增加所导致的污染物排放，如二氧化碳已经超过了生态系统的自净化能力与承载能力，最终使得生态系统难以负荷，人类生存环境受到严重影响，地球生态系统及其功能承受着被破坏的巨大风险。因此，人类活动对生态系统的影响必须限制在可持续发展的基础上。

可持续发展的概念最早可以追溯到1980年由联合国环境规划署委托国际资源和自然保护联合会编纂的《世界自然资源保护大纲》——"必须研究自然的、社会的、生态的、经济的以及利用自然资源过程中的基本关系，以确保全球的可持续发展"。而被广泛接受且影响力巨大的是世界环境与发展委员会关于人类未来的报告——《我们共同的未来》中的定义。该报告正式使用了可持续发展概念，并作出了较为系统的阐述，将可持续发展定义为"能满足当代人的需要，但又不对后代人满足其需要的能力构成危害的发展"。1992年6月，联合国在里约热内卢召开的联合国环境与发展大会上通过了多项以可持续发展为核心的文件，如《里约环境与发展宣言》《21世纪议程》等。随后，中国政府编制了《中国21世纪议程——中国21世纪人口、环境与发展白皮书》，首次将可持续发展战略纳入我国经济社会发展规划中。1997年，在中国共产党第十五次全国代表大会上，明确了可持续发展战略是我国现代化建设中必须实施的战略。2002年，中国共产党第十六次全国代表大会上将不断增强可持续发展能力作为全面建设小康社会的目标之一。

可持续发展的内涵为：第一，突出发展的主题，发展不仅是代表追求经济增长，发展还是集经济、社会、文化、环境和科技等多项因素于一体的概念，是所有国家都享有的平等且不容剥夺的发展权利；第二，强调发展的可持续性，保证人类经济社会的发展不能超越资源和环境的承载能力，将人类活动所产生的污染物排放控制在地球生态系统的自净化能力范围内；第三，强调人与人之间关系的公平性，当代人在发展与消费时不应损害后代人的发展机会，同样，同一代人中一部分人的发展也不应损害另一部分人的利益；第四，强调人与自然之间的和谐共生，人类必须学会尊重自然和保护自然，并与之和谐相处。我国的"科学发展观"就是将社会的全面协调发展和可持续发展结合起来，以经济社会的全面协调可持续发展为基本要求，不断促进人与自然的和谐共生，实现经济发展与资源环境相协调，坚持走生产发展、生活富裕和生态良好的文明发展道路。

可持续发展是以保护自然环境为基础，以促进经济发展为条件，以改善人类生活质量为目标的发展，是建立在经济、社会、资源、环境和人口相互协调基础上的一种发展，其宗旨是既能满足当代人的需求，又不对后代人的发展构成威胁。可持续发展注重经济、社会、文化、环境和资源等各个方面的协调发展，是一种新型的发展观、道德观和文明观。既要实现促进经济发展的目标，又要保护好人类赖以生存的大气、森林、海洋、土地和水等自然资源和环境，为子孙后代能够永续发展、安居乐业创造条件。可持续发展与环境保护既有联系又有区别，环境保护是可持续发展的重要组成部分。可持续发展的核心是发展，但要求在保护环境、实现资源永续利用的前提下进行经济社会的高质量发展。

4.2.2　国家层面可持续发展

可持续发展的核心是"可持续"，最终目标是"发展"。当前我国实现可持续发展面临的主要任务就是治理环境污染、缓解自然资源的紧缺问题、提高人们的素质和实现经济社会的高质量发展。为此，必须加强环境污染防治力度，开发和利用可再生资源以及清洁能源，积极应对人口质量问题提高人们的素质，推进产业结构和能源结构优化升级和提升经济发展质量。

1.加强环境污染防治力度

党的十九大以来，我国社会的主要矛盾已经转变为人民日益增长的美好生活需要和不平衡不充分的发展之间的矛盾。随着经济社会的发展和人民生活水平的不断提高，人们对自然环境有了更高水平的要求。由于环境污染问题会影响到人们的身心健康，会影响经济社会的可持续发展，因此国家将打好污染防治攻坚战作为未来的"三大攻坚战"之一。污染防治攻坚战主要针对大气、水、土壤等方面的环境污染问题，抓住重点集中严格整治，着力实施一系列重大环境污染治理工程。

第一，提高清洁能源占比，加快改善大气环境。促进能源结构的优化升级，逐步降低化石能源在能源消费总量中的比例，降低温室气体和污染物的排放；在总结新能源发展的经验教训的基础上，有效推进光热的发电储存和输送电力、生物质发电潜力以及地热利用；大力发展风电光伏，加大力度规划和建设以大型风光基地为基础、以其周边清洁高效节能的煤电为支撑、以稳定安全可靠的特高压输变电线路为载体的新能源供给消纳体系；积极推进水风光互补基地建设，建立和完善可再生能源电力消纳保障机制，健全可再生能源发电绿色电力证书制度；有序推进水电、核电重大工程建设，积极有序推动新的沿海核电项目核准建设；着重治理污染严重的能源、重化工等燃煤污染行业企业，坚决取缔污染排放超标的钢铁厂、化工厂等不规范企业，大力发展新能源汽车，对现有房屋进行节能改造，加快发展低能耗绿色建筑，努力形成以新能源为主的能源供应体系。

第二，加快整治自然环境，打造优美自然的生态环境。治理农村土壤污染问题，推广精准施肥以及合理灌溉技术，遏制农业发展对土壤和地下水的污染；推广城市雨污分流技术，从而促进城市污水处理和循环利用；努力打造优美的自然生态环境，践行生态文明的观念，坚持尊重自然、顺应自然和保护自然，统筹区域系统治理，推动区域协同治理，全面提升生态环境质量。

第三，加快修复生态环境。要统筹国土空间规划总体布局，从国家大局出发，大力维护国家生态安全，强调重点区域、流域和海域的空间治理力度，有效应对各类重大自然灾害，减少灾害损失；严格管制和关注国土的空间用途，避免国土空间的过度开发与利用率低等问题，实现源头治理；完善生态保护修复实施指南，着重研究国家生态系统演替规律，明确不同区域、不同流域的生态保护修复目标与工作重点；建立生态保护修复与经济社会发展的协调联动机制，合理安排目标任务；建立生态状况的监测预警平台，不定时开展重大流域、重要战略区和重点生态功能区的生态状况评估，全面掌握基本生态情况，整合地方各级政府和相关部门生态状况数据，发布生态保护修复成效的年度报告，为科学研究提供可靠支撑；构建生态环境修复的顶层制度，加快法治建设，有效协调不同区域、不同方面的关系与利益冲突；同时，积极拓展生态修复工作所需的资金来源，开展生态产品价值核算研究，吸引社会资本参与生态保护修复工作；加强对各级各类生态保护修复项目的监管工作，建立第三方评估机制，严格权力与责任制度，确保生态保护修复工作的实施有效；构建与完善国家自然生态保护体系，稳步扩大自然保护区和国家公园面积，进一步推进荒漠化治理与水土流失治理，保护稀有濒危物种，扩大生物多样性；加快森林、湖泊、草原、湿地、河流和耕地等生态系统修复，推动重要生态系统的保护和修复工程的建设与发展，优化生态安全屏障体系，提升生态系统质量。

2.缓解自然资源短缺问题

目前，虽然我国许多自然资源的总量在世界排名较高，但是我国人口数量多，人均占有量低。另外，我国石油储量小，战略性资源总体不足，但煤炭、稀土和钨等矿产资源较为丰富，因此我国应基于自身的自然资源数量与结构现状统筹规划以缓解自然资源的短缺。

第一，以开发新资源、资源循环利用和国际贸易等多元途径化解自然资源不足问题。随着太阳能、水能、风能和核聚变能源的开发与利用，以及技术水平的不断提升，海水变淡水成为一种可能。因此，要加快研发低成本海水淡化技术，在保护海洋环境的基础之上，开发海洋的淡水资源。我国海洋的油气资源等传统化石能源的储量较大，同时海洋蕴含着数亿千瓦的温差能、潮汐能和波浪能等清洁能源，抓紧研发利用这些新能源对于优化能源结构、降低二氧化碳排放量及实现"双碳"目标意义重大。海水中的核聚变能源以及锰结核等可再生矿产资源可以极大缓解我国能源资源短缺问题，因此要大力开发海洋的能源和矿产资源。

第二，建立多元化、可替代的石油供应渠道，保证石油供应的安全稳定性，化解石油资源不足。建立中东以及其他石油国家的多元化石油进口渠道，保障石油的充足稳定供应。同时，加强海上和重点陆域的石油钻探开发，寻找可替代石油的新型能源，逐步减少经济社会对石油资源的过分依赖。

第三，发展高效特色农业，弥补水土资源不足。发展节水节地高效农业和具有我国作物特色的高附加值农业。同时，推广精准施肥以及合理灌溉技术，节约保护水土资源。推动农、林、牧、渔等各方面全面发展，提高农业的品质和效益。

第四，着力培养高水平人才。可持续发展归根结底是为了人类社会，而实现可持续发展也需要人类自身的努力，因此培养高水平人才可以为国家的经济社会发展提供人才保障。国家实现可持续发展的人口保障，并不能只强调数量，还应强调质量。我国应在教育培养过程中着力提高学生综合素质，着力培养学生的认知理解能力、团队合作能力、思维创造力以及解决问题的能力。在全社会形成"尊重人才、终身学习"的文化氛围，同时建立以创新业绩为导向的科研激励机制，为科研人员提供更多的空间，发挥他们的主观能动性，不断提高国家综合创新能力，构建面向社会的人力资源开发体系。

第五，建立高质量发展的绿色经济体系。绿色经济体系是绿色低碳循环发展的生产生活与消费体系，是实现可持续发展的基石与必由路径。绿色产业是典型的资源节约型和环境友好型产业，它包括生产清洁低碳能源的绿色能源产业、开发生态资源的生态产业、战略性新兴产业、文化创意产业、高端制造业和现代服务业等新型智慧产业，是未来产业发展的主要方向，对未来我国生产生活的绿色低碳转型和实现"双碳"目标具有重大意义，因此要加快构建和完善绿色产业体系。同时在全社会进行宣传引导形成绿色健康发展的观念与生活方式，建立可持续发展文化，夯实可持续发展的根基，倡导绿色生活方式。

4.2.3 区域层面可持续发展

当前，我国的经济已由高速增长阶段转向高质量发展阶段，高质量发展是以满足人民日益增长的美好生活需要为目标的低碳高效绿色可持续的发展，是经济、政治、生态、文化和社会全方位相协调的发展，推动高质量发展与可持续发展、建设社会主义现代化强国息息相关。在当前的社会发展过程中，经济发展与生态环境保护是主要矛盾之一，而区域的可持续发展必须平衡好二者之间的关系，忽略生态环境而仅追求经济增长最终会制约经济社会的发展，而只强调生态环境保护，抑制经济增长也不利于生产力发展。

区域可持续发展是区域社会与生态系统相互作用的一个理想状态，也是全球可持续发展的重要组成部分。中国地域广阔，人口众多，中部、东部和西部地区经济发展水平、技术水平和资源禀赋等存在较大差异。在地理环境方面，我国西部地势海拔较高，以畜牧业为主，同时种植如新疆的棉花、西藏的青稞等适应当地地理环境的农作物，而东部地区有广阔的平原，且总体海拔较低，拥有丰富的水资源，充沛的阳光和肥沃的土壤，这些都有利于农耕经济的发展，但其第一产业占比较少。在人文环境方面，我国人口众多且分布极其不均，总的分布特点是东部地区人口多于西部地区人口。而人口决定了劳动力密度和劳动力水平，西部地区人口分布较少，劳动密集型产业和高新技术产业分布也较少，经济发展水平与技术水平较低，而东部地区人口的数量和质量较高，这决定了东部地区的轻工业、第三产业和高新技术产业较发达，经济发展水平较高。在自然资源方面，西部地区以西藏自治区为例，拥有丰富的地热能、稀有矿产、太阳能和风能等自然资源，有利于当地地热经济以及矿业、冶金业的发展。东部地区土地资源和水力资源丰富，因此第一产业物种丰富、种类繁多，同时促进农业、房地产市场以及交通事业的发展。

因此，区域可持续发展应该关注不同区域可持续发展模式的差异以及可持续性驱动力，关注局域和全域之间可持续均衡与高效发展的相互作用关系。我们需要科学地确定生态系统服务的供需状况及其动态变化，明确生态系统服务的受益区域、受益对象和受益程度，实现社会和生态环境目标动态平衡的生态补偿机制，以实现不同区域间生态产品的流动，促进区域的可持续发展，实现经济的高质量发展与生态环境保护的协同增效。

1.中西部地区的可持续发展

根据中西部地区的城市特点和生态环境状况,遵循绿色低碳转型的发展理念,在不破坏中西部地区生态环境的基础上,积极有序承接东部地区产业迁入,建立科学有序的产业准入标准和产业承接负面清单,拒绝接受高污染、高耗能、高排放以及技术含量低的企业,促进地区经济、社会和环境的多重效应协同提升,实现区域层面的全方位提升。

以改善民生为目的设立中西部保障基金,实现社会和谐稳定发展。随着东部地区的产业转移以及务工人员返乡创业的增多,中西部地区对劳动力需求明显增加,但劳动力技能单一、素质低下和结构失衡等问题仍旧存在。因此,设立了中西部保障基金用于中西部地区城市未就业人员的就业培训、企业职工的生活保障和基础设施建设等。而中西部保障基金的资金来自中央和地方政府的财政补贴,以及当地部分成熟企业的利润分红和矿山环保收入等。以加大中西部地区职工人员的技能培训作为突破口,以完善中西部地区城市的基础设施为抓手,努力提高劳动力技能水平和劳动力就业率,减少跨区域间的人员流动。

以保护生态为抓手设立中西部可持续发展基金,实现生态环境可持续发展。中西部地区尤其是西部地区生态环境脆弱,而中西部可持续发展基金可以用于非化石能源的开发利用以及资源开采前后的生态环境修复工作。一方面,可以按照资源生产、加工和销售的一定比例征收资金,由政府实行专款专用、专户储存的管理方式,根据中西部地区城市转型的紧迫程度等因素统筹使用;另一方面,对于中西部地区具有产业链条长、生态效益显著特征的绿色低碳节能产业,可从中西部地区可持续发展基金中提取适当比例进行补贴,鼓励绿色低碳节能产业的发展,既能保护生态环境,又能实现中西部地区经济社会可持续发展。

以丝绸之路经济带为支撑,实现区位比较优势。目前,国家正在积极推进丝绸之路经济带核心区的高质量发展,中西部地区应充分发挥其毗邻中亚的地理位置优势,根据各地资源环境禀赋差异,开展资源的精加工和深加工。一方面,将从中亚等地区进口的原材料进行就地加工以增加当地就业和收入,进一步缩小当地与沿海地区的发展差距,促进社会和谐稳定；另一方面，应依托中西部地区的技术优势积极实行"走出去"战略，在中亚国家拓展市场，扩大市场份额，提高企业竞争力，扩大企业知名度。

2.东部地区的可持续发展

构建和完善落后产能淘汰机制，大力发展具有竞争优势的企业，促进资源的合理配置。首先，从供给侧入手，加快推进重要产业技术升级，以龙头企业为主导鼓励大批企业开展产业技术优化升级、生产设备更新完善，加速淘汰落后产能。其次，促进资源型产业转型。东部地区城市应以信息技术为载体，大力发展信息传输、软件和信息技术服务业，促进资源型产业转型。最后，以全面推行企业分类的综合评价制度为契机，着力研究资源要素价格的动态形成与优化配置政策，加快推进配套政策的落地与实施，利用市场价格机制淘汰落后产能、化解过剩产能。

推进和完善创新创业就业机制，提高劳动力就业率。首先，大力发展服务业创造更多岗位；其次，通过各种财政补贴与相关优惠政策引导创业；最后，构建和完善劳动者职业培训体系，提高劳动者的职业技能，预防失业、促进就业，通过政府引领与市场竞争相结合，实现就业可持续发展。

营造城市文化，提升城市形象，塑造城市品牌。首先，城市文化作为推动城市转型发展的重要力量，能够凝聚对转型发展的认知，不断激发动力、释放活力，引领转型发展方向。因此，东部地区城市在转型过程中要鼓励营造创新文化，引领城市向创新发展方向转型。其次，根据当地特色保护城市遗产，因地制宜营造城市发展特色，引领城市向个性化发展转型。最后，要不断优化城市产业结构，推动城市的多元发展。

以海上丝绸之路经济带为契机不断改善贸易结构，开拓贸易市场。东部地区应积极利用其区位优势，支持具有自主品牌、高附加值的产品出口，通过海上丝绸之路，带动地质勘探设备、技术劳务、资源开发设备和产品的出口，以海上丝绸之路经济带为平台，推动出口市场多元化，在巩固传统出口市场的同时，全方位、多层次和多领域地开拓新兴市场。

　　总体来说，坚持"全国上下一盘棋"，不断推进区域共富、东西部协作是实现共同富裕的必然要求。可持续发展目标及"双碳"目标可以释放巨大的低碳潜能，为东西部地区之间的互补融合发展提供一种新的共享与协同发展引擎，从而推动实现全国领域的共同富裕目标。因此，无论是可持续发展目标还是"双碳"目标，都要做好"全国上下一盘棋"。一是强调"西能东输"。重视西部地区清洁能源的开发和利用，努力把西部地区的清洁能源优势转变为经济优势，成为经济发展的重要引擎。随着东中部地区的能源需求增加，能源供给范围也逐渐向西部地区延伸，西部地区丰富的可再生能源和清洁能源在为东中部负荷中心提供绿色电力和替代化石能源等方面发挥了不可替代的作用。当到2060年实现碳中和时，我国的非化石能源发电量占比将会大幅度提高，西部地区的清洁能源将在其中发挥重要作用。但就目前来看，跨区域的消纳不足等客观因素仍在制约西部地区的能源资源优势向经济优势转化的速度，因此未来如何破解西部地区向东中部地区输送和售卖清洁能源的困境，是值得认真研究的。二是强调"产业转移"，不让西部地区在"存量减碳、增量避碳"方面的产业发展过程中落后和掉队。西部地区一些具有优势的产业如钢铁、水泥、石化等，都是东部地区产业结构优化升级后的碳排放密集行业。而随着"双碳"目标的提出，碳排放成为约束钢铁、水泥、石化等产业发展的重要因素，西部地区将会面临低碳转型成本提高、竞争力下降、技术创新不足、转型资金不足等问题。与此同时，西部地区会有产业升级的需求，从而使高效产能的发展获得更多的发展空间。面对"双碳"目标的约束，西部地区如何在产业转移中稳步开展工作，是时代给出的一道考题。三是重视"固碳增汇"，努力打通西部地区"点绿成金"的能源转化通道。西部地区的森林、草原、湖泊、湿地都是我国重要的生态屏障，具有一定的固碳潜力，而广阔的沙漠戈壁更是清洁能源发电的重要基地。因此，如何把绿水青山转变为金山银山，不断保护生态环境，重视生态保护补偿工作是一项值得关注的重要工作。

　　因此，未来我们要做到以下几点：一是加大跨区域之间可再生能源的配置建设，根据各地方政府不同的能力、资金、技术、资源禀赋等，不断落实各地区地方政府在清洁电力发展方面的合理责任。要重视西电东送通道的建设，保障清洁能源的大规模开发、远距离输送及合理应用。此外，一方面要稳步提升东部地区可再生能源的消纳占比，形成西部输电、东部消纳的长效机制和稳定局面；另一方面，要发挥东部地区的技术、资金、人才优势，支持西部地区的特高压输电和储能的发展。

二是以单位 GDP 碳排放考核为基础标准，让清洁能源产业逐步在西部地区发展壮大。西部地区要逐步摆脱对化石能源的依赖，降低火力发电的比重，警惕能源禀赋可能存在的产业锁定，减少惯性效应和锁定效应，逐渐把单位 GDP 碳排放作为产业承接的新标尺及标准，不断壮大风光电等产业的发展，逐步降低碳排放，发展低碳产业。同时，要鼓励政府和社会资本不断流向低碳产业，在中西部地区共建零碳、低碳产业园，吸引东部地区优秀企业加入，把零碳、低碳产业园绿色用电的优势，逐步转化为企业的竞争力和区域的经济优势，抢占更多的市场份额，获得更多的未来发展空间。

三是不断扩大西部地区风光电发展的土地供给，让一些减碳、储碳、固碳地区能够得到更多的支持、补贴和实惠，并加大重视力度。由于西部地区价值核算分摊困难，不可避免地存在生态补偿不足的问题，因此建议引入基于自然的解决方案，让西部地区的碳贡献可度量、可核算，逐渐形成合理的生态补偿机制。用市场化手段开展绿色发展，努力将西部地区的生态碳汇项目优先纳入全国碳市场，从固碳和增汇潜力中获得更多的实惠。

4.2.4　重点行业可持续发展

目前，我国经济发展趋势和成绩都持续向好，但我国是发展中国家，在工业化、城镇化快速推进的过程中，以重化工为主的产业结构、以煤炭为主的能源结构虽有所改善，但生态环境保护的根源性和结构性压力尚未得到根本缓解。

电力行业、钢铁行业和建筑行业等作为国家重要的产业，关系到整个国民经济的发展。电力、钢铁和建筑行业的可持续发展不仅是保证经济社会协调发展的需要，也是解决现存问题、增强市场竞争能力、进行绿色低碳转型开拓市场的必然战略选择，对于整个经济社会高质量发展、生态环境保护的实现都有十分重要的意义。在"节能减排，可持续发展"的战略背景下，研究电力行业、钢铁行业和建筑行业的可持续发展具有重要的引导作用。因此，应以实现降污减碳、协同增效为抓手，促进经济社会的全面绿色转型。生态环境问题实质上是生产生活方式问题，我们把碳达峰、碳中和纳入生态文明建设的总体布局可以倒逼产业结构、能源结构、交通运输结构等加快优化调整升级，持续推动全国、地方、重点行业和企业开展节能减排活动，坚决遏制高耗能、高排放、高污染项目的盲目开展，推动经济社会的绿色低碳高质量发展。

1.电力行业可持续发展

随着经济活动的增加，我国的自然环境面临较大压力，而作为高污染、高耗能、高排放的电力企业，也面临同样的环保压力。我国二氧化碳的排放主要来自能源部门，从我国二氧化碳的排放结构来看，由于我国的能源结构以煤为主，目前电力行业的电源结构以火力发电为主，据统计火力发电占比从2010年的80.8%降至2020年的67.9%，尽管比重有所降低，但仍处于主导地位，这表明电力行业的能源利用率有待进一步提升。而电力行业是全球最大的二氧化碳排放源，也是中国最大的碳排放源，因此要想实现我国低碳发展、可持续发展的目标，电力行业必须承担重大的减排责任。

我国在第七十五届联合国大会上承诺，实现2030年碳达峰和2060年碳中和目标。为降低碳排放，我国于2013年正式实施碳排放权交易政策，于2021年建立全国统一的碳市场，同时电力行业成为首个被纳入碳市场的行业，彰显了国家对电力行业的重视。从电力行业发展现状来看，各个电力企业全面贯彻节能减排理念成为未来行业发展的重要方向，目前我国电力行业的可持续发展研究尚处于起步阶段，因此电力企业在未来应积极进行节能减排的战略布局，优化能源结构，降低二氧化碳排放量，保证"双碳"目标的实现。

第一，不断优化电力结构，提高清洁能源占比。我国能源结构是以火电为主，煤炭需求量较大，尽管我国煤炭资源并不紧缺，但煤炭作为一种不可再生能源，其开发利用受到交通运输、环境保护等多方面限制。清洁能源，尤其是可再生能源环境污染小、储量较为丰富，开发潜能大，所以进一步优化我国的能源结构，加速开发可再生的清洁能源用以发电，有利于实现电力行业的节能减排目标。开发清洁能源必须加大相关资金补贴和政策扶持力度，稳步提升清洁能源发电占比。其中，核能、风能、水能和太阳能等具有较大开发潜能，且部分清洁能源利用技术非常成熟，可以作为重点发展对象。

第二，电力企业应根据自身的电力生产质量和水平进行全面分析，了解自身的优势、不足与未来发展方向，结合当前电力行业有关节能减排新技术的具体情况展开探索，寻找适合自身实际情况的节能减排新技术，同时不断加大资金投入进行科技研发。在引入新技术时，电力企业要结合自身发展情况积极进行新技术的可行性分析和经济效益预测研究，并据此制定较为完善的节能减排改造调整措施，明确电力企业贯彻节能减排体系的战略目标以及细化目标，做好节能减排的战略布局，实现电力企业的绿色低碳转型。

第三，电力企业完成节能减排战略布局体系的构建工作后，还要做好内部控制制度创新与业务流程再造，这就要求电力企业要拥有一支节能减排管理团队，可以在企业生产经营过程中做好跟踪监管工作，明确节能减排细化目标的执行情况，对其优势与不足进行成因分析，并在后续过程中进行针对性的优化调整，使节能减排模块更好地发挥作用，推动电力行业的可持续发展。

2.钢铁行业可持续发展

改革开放后，粗放式的经济发展模式导致水资源、矿产资源等自然资源过度开采，环境污染特别是大气污染也日益严重。其中，钢铁行业导致的大气污染占比较高。由于钢铁行业市场准入门槛低、过度依赖于经济杠杆，部分钢铁企业忽视技术创新与环境保护，其污染物超标排放，对自然资源与环境产生了严重的影响。随着《大气污染防治行动计划》《京津冀及周边地区落实大气污染防治行动计划实施细则》等一系列大气污染防治办法的出台，减少污染气体排放、防治大气污染成为保持钢铁行业绿色低碳可持续发展的关键。为承担起钢铁行业对国家经济社会高质量可持续发展的责任，加强有关钢铁行业的绿色可持续发展策略和方法的研究迫在眉睫。

作为高耗能、高排放产业的代表之一，钢铁行业的绿色低碳可持续发展受到大家的关注，而低碳技术是钢铁行业实现碳达峰、碳中和的关键与重要支撑。绿色低碳高质量发展是钢铁行业转型升级发展的关键，我国将钢铁行业碳达峰目标的时间定为2030年前，这将有效地防止"运动式"减碳问题的出现，稳妥有序、循序渐进地推进碳达峰行动，确保安全降碳，维护钢铁市场的平稳变化。冶金工业规划研究院率先开展了有关钢铁行业碳达峰及降碳的路径分析研究，并协助百余家公司制订了可落地的降碳减排方案，下一步将继续参与到行业低碳转型相关战略发展规划、未来行动方案和政策体系的分析研究，推动行业的低碳绿色高质量转型。同时，继续发挥政府、行业、企业的桥梁纽带及模范带头作用，不断宣传低碳理念，持续提升行业领域和企业的低碳转型意识。冶金工业规划研究院也会聚焦制约钢铁等领域低碳转型的瓶颈问题，推进前沿低碳技术的研发示范与应用，持续提升工业绿色低碳高质量发展水平。进一步构建和完善碳排放和污染物排放全过程的智能管控与评估平台，利用信息化、数字化和智能化技术，关注钢铁企业碳排放的精准监测与管控，提升企业碳排放管理水平。

第一，关注市场需求开发高端产品及生产技术。当前，随着高铁逐渐走出国门以及运营里程的不断增加，需要大量的齿轮钢和轴承钢等高端钢材以满足国内外日益增长的钢材需求。而河北等钢铁大省及时调整钢铁产业的合理布局，加强行业集中度，发挥行业的集聚效应，重点发展在全省占比较高的唐山市、邯郸市的钢铁行业，集中开发高铁运营需要的齿轮钢和轴承钢等高端产品，攻克高新产品的生产技术难题，提高企业的生产设备装备水平与技术水平。市场需求是企业及时调整经营与发展策略的指向标，企业要想保持健康可持续发展必须满足市场对产品的质量需求。因此，钢铁行业要以市场为导向，不断加大科学技术研发为市场供应高端产品，保证产品性能的稳定性。

第二，大力开发钢铁行业前沿技术，使我国的钢铁行业不仅在产量上，更在高端产品质量、设备装备和生产技术等方面处于领先地位。我国应不断提升铁矿石磁化、焙烧等技术以充分利用国内的铁矿石资源，降低生产成本，减少对国外矿石的依赖；开发低碳炼铁技术，减少二氧化碳、二氧化硫等污染气体排放以及对温室效应和大气污染的影响，实现钢铁行业的绿色低碳转型；开发利用钢渣等二次钢铁资源的冶炼技术，实现废物循环利用，缓解资源紧缺与环境污染压力。开发全流程一体化的智能生产技术，提升生产效率，优化材料性能。开发新技术取消传统的酸洗流程，从而减少酸洗废液的后续处理，既可以节约处理酸洗废液的人力、物力成本，又可以减少酸洗废液对员工的身体伤害和对周围土壤、水源等自然资源的污染。

第三，大力开发钢铁行业领域的关键技术，提升高端产品份额和产品质量的稳定性，加强知识产权保护。开发洁净钢的钢水精炼技术，不断简化工作流程，解决目前存在的效率低、流程长等问题。优化连铸坯生产工艺，提高钢铁材料的致密度以解决目前存在的裂纹、疏松等质量问题。优化热轧钢材的性能优化技术，降低原料以及能源的消耗，实现热轧钢材产品的升级换代，开发极限规格板材，如超厚和超薄板材的热处理工艺技术和装备，满足不同领域的需要。开发高精度冷轧板形控制核心技术，提高板形平直度，提高板形质量，解决冷轧板材生产领域的技术难题。开发先进连续退火与涂镀技术，减少对国外生产技术的依赖，实现高端退火和涂镀装备国产化，满足汽车、建筑等行业领域的生产需要，促进中国制造业高速、高质量发展。开发钢材智慧制造系统，改变过去传统的钢材冶炼铸造、热处理等生产模式，利用互联网和大数据处理技术实现钢铁的智慧制造，提高生产力水平和生产效率，实现钢铁行业绿色低碳可持续发展。

3.建筑行业可持续发展

改革开放以来，我国建筑业取得了快速发展，对国民经济发展和国内生产总值的提升贡献巨大，为广大人民群众提供了住房保障。但是建筑行业的高能耗、高污染的粗放发展模式给生态环境带来较大的损害，在"双碳"目标下，我国建筑行业的总能耗占比仍然较高，影响建筑领域碳排放的因素有：一是城市化、生产生活方式等宏观因素；二是建筑节能标准提升、节能技术改造和可再生能源应用等建筑技术因素；三是建筑逐渐减少煤气的使用，实现电气化等用能方式的变化。

建筑领域的碳减排是我国实现"双碳"目标的前提、实现路径和最佳选择，"双碳"目标将推动城乡建设领域的绿色低碳转型。而绿色建筑是未来建筑行业低碳可持续发展的必然选择。2022年3月17日，住房和城乡建设部印发了《"十四五"建筑节能与绿色建筑发展规划》，该规划明确表示，在2025年之前，努力将城镇新建建筑全面建成绿色建筑，持续提升建筑能源利用效率，优化完善建筑用能结构，从而有效控制建筑能耗和碳排放增长趋势，基本形成绿色、低碳、循环的建设发展方式、方法，为城乡建设领域2030年前碳达峰奠定坚实基础和提供重要支撑。该规划提出了到2025年实现既有建筑节能改造面积3.5亿平方米以上、建设超低能耗建筑0.5亿平方米以上、城镇建筑可再生能源替代率达到8%等多项行动目标。

同时，该规划明确了"十四五"时期建筑节能、绿色建筑发展的多项重点任务：大力提升绿色建筑的建设质量、提高新建建筑的节能水平、重视既有建筑的节能绿色改造转型、推动可再生能源的示范与应用、实施建筑的电气化工程推进、推广应用新型的绿色节能建造方式、促进绿色建材的广泛推广、推进区域范围内的建筑能源协同和推动绿色城市的建设完善。

第一，绿色建筑能够大幅度降低建筑能耗。绿色建筑应用节水、节材、节能和节地技术，节约了水资源、材料、能源和土地，实现建筑资源的循环利用和人力、物力资源的最大限度节约。为实现水资源的可持续利用，可采用节水设备控制水压，使用先进原材料避免"跑、冒、滴、漏"等现象，减少给居民带来的困扰，使用水资源循环系统收集利用雨水等。

第二，绿色建筑提供宜居、舒适的居住环境。基于建筑与人共生及可持续发展的理念，绿色建筑为居民提供一个宜居、舒适的居住环境，避免聚氯乙烯等有毒材料的使用，关注住户的身体健康。比如，可以引入新风系统等提高室内空气质量并及时进行检测，保证室内空气湿度，提高建筑的隔音水平。为了提升居住区域的绿化水平，可以在外墙、屋顶和公共空间等区域大量种植绿色植物，扩大绿化面积。采用智能化技术提升建筑的舒适性。比如，采用电气自动化技术对家电进行控制，采用定时技术对燃气、用电和门窗等进行控制，提升建筑的安全性和便利性，降低用户的生活成本，帮助用户节约水电，提高生活的智能化与生活质量水平。

第三，绿色建筑持续推动建筑业的绿色低碳升级转型。目前，我国建筑行业正在逐步推动更高水平的节能标准与要求，光伏一体化、节能风电建筑等形式层出不穷，不断创新升级。在建筑领域新型标准建立的过程中不断实现对废弃物的全过程管理，提升建筑的模块化水平和维护便利度，在技术研发与后续管理等方面满足长期发展的需求，不断优化技术水平提高建筑性能，实现建筑领域绿色低碳转型，构建和完善绿色建筑政策标准、市场培育与技术规范体系，满足建筑行业可持续发展的内在要求。

4.3 碳减排、"双碳"目标与可持续发展的协同关系

4.3.1 碳减排与"双碳"目标的关系

我国作为世界第二大经济体以及最大的发展中国家正面临既要控制碳排放量又要保持经济稳步高质量增长的巨大发展挑战，因此碳达峰、碳中和是我国绿色低碳发展的必然选择，为中国经济社会发展开创的兼具成本、经济和社会效益的绿色低碳发展路径，是实现经济社会低碳转型和高质量发展的里程碑。"双碳"目标成为我国新时期高质量发展的关键，它事关中国未来的经济增长模式、产业结构和能源结构的调整，对人们的消费模式、生产生活方式以及生态建设影响深远。碳中和就是将人类经济活动所产生的二氧化碳控制在生态系统的吸纳能力范围内。要想实现碳中和必须经历两个阶段：一是尽快改变碳排放不断增加的态势，越过碳排放量拐点逐渐达成碳达峰；二是使碳排放从峰值逐步减少直至达到碳中和。一方面，在中短期内生态系统的碳吸纳能力难以得到有效提高；另一方面，通过技术手段对碳排放进行末端治理所起到的作用极为有限。因此，无论碳达峰还是碳中和，其实质都是要求减少人类生产生活中排放的二氧化碳，实施碳减排行动，从而实现绿色低碳发

展。碳减排既是正确认识"双碳"目标的关键点，也是探寻推进"双碳"目标有效路径的关键所在。这不仅符合我国自身发展利益，还有利于形成国内碳减排行动与全球气候治理的良性互动和协同增效，对实现"双碳"目标，构建全新发展格局，推动经济社会的高质量发展具有重要意义。未来，"双碳"目标仍然是我国经济社会高质量发展的必然选择，那么"双碳"目标的实现路径有哪些方面呢？

第一，碳减排是推进"双碳"目标的根本路径。在中短期内生态系统的碳吸纳能力难以显著改变，在走向碳达峰的过程中，相对于工业化程度欠发达的区域、工业化程度有待完善的领域、工业化程度发达的区域、工业化程度已完善和技术水平较高的领域均应着力推进碳减排；在走向碳中和的过程中，各个行业、领域都必须持续推进碳减排。

第二，面向"双碳"时代做好节能减排，需要切实发挥政府主导作用。首先，要综合运用经济和法律等必要的行政手段，加强激励约束机制的构建与完善。作为节能减排重点领域的汽车行业，其优化生产方式、推进绿色发展和低碳转型对我国如期实现碳达峰、碳中和目标意义重大。因此，国家设置了重型柴油车的排放标准与限制，禁止生产和销售不符合排放标准的国产与进口重型柴油车。其次，在开展经济活动的过程中，需要对碳排放额度进行约束限制。具体的碳排放额度是由生态系统碳吸纳能力和达成碳达峰、碳中和的时间目标所确定的。只有通过碳排放额度的约束限制，才能倒逼企业在经济活动过程中选择碳减排，使碳减排活动得以实质推进。各经济活动主体拥有的碳排放额度是倒逼各主体选择碳减排行为的根本动力。

第三，受碳排放额度的刚性约束，经济增长已经不能单纯依靠劳动、土地和资本等要素的扩张来实现，技术进步成为提升碳排放额度使用效率的根本路径和必然选择。当前，全社会对绿色经济、低碳经济的需求正在呈现爆发式增长态势，继续探索高耗能、高污染和高排放领域、行业的转型与未来发展路径离不开技术创新。技术创新是绿色低碳发展的重要举措，由于我国处于社会主义初级阶段，工业化和城镇化处于加速推进时期，我国的低碳技术与发达国家相比存在一定差距，因此要想实现碳减排目标必须加强低碳科技创新，促进低碳发展。

　　许多行业利用新兴技术开展碳减排行动，通过自身技术的创新发展，其节能效果正在逐步显现，而碳减排的外部助力也必不可少。建筑行业和交通运输行业都在不断探索与互联网之间的融合，运用大数据、物联网和云计算等科学技术，提升分析、监测和行动能力，实现智能化碳减排。这就要求我国要重视科技人才，不断提升国家的科技创新能力，抓紧部署前沿的绿色低碳技术研究，同时加快推动新兴碳减排技术的应用，构建和完善绿色低碳技术评估机制和科技创新服务平台，通过发展清洁能源等举措有效降低能源消耗。

　　我国正努力研发能源、林业、海洋、工业和农业等重点领域所适用的低碳技术，同时建立低碳技术的孵化基地，鼓励加大政府投资基金和政策补贴，从而加快推动低碳技术进步，引导创业投资基金等市场资金向低碳产业领域转移；排放后的二氧化碳或由自然界稀释，或靠森林蓄积吸纳，也可以由人类通过技术收集、储存和再利用。目前，被大家所赞同的做法是，为了碳保存和驱油增产在油田开发中将储存收集的二氧化碳注入油气藏。因此，新一代二氧化碳驱油技术是未来我国加以研究和推广的重大举措之一。目前，我国的发电煤耗率较高，若维持这一供电煤耗水平，则难以推广诸如 CCS 或 CCUS 等碳减排技术措施，因为这些技术应用将会大幅度提升能耗和投资成本。因此，我国的紧迫任务就是将煤电行业的供电煤耗下降到一个较低的水平，使 CCS 或 CCUS 等碳减排技术落地可行。同时，清洁生产和煤炭的清洁利用技术也可以提高能源效率，从而不断减少碳排放，提高成本效益，助力"双碳"目标的实现。

　　第四，要实现碳达峰、碳中和目标不能仅仅依靠传统的节能减排措施，还要积极调整和优化升级产业与能源结构，推广和使用清洁能源，逐渐摆脱对化石能源的依赖，从而凭借更低的能源消耗、更清洁的能源支撑我国经济社会的稳步发展，可以在保障我国能源安全供应的同时，不断倒逼能源清洁转型，加速我国的能源转型和能源革命进程。因此，我们必须加快能源结构优化，鼓励相关领域的市场主体充分参与，把节能减排转化为企业和行业的内在需求，不断推动与绿色发展相关的新技术研发的投入，从而巩固我国在相关领域中的优势地位，进而倒逼产业的转型升级和实现绿色转型，不断提升经济增长的质量。

未来，我国需要采取有力措施推动能源绿色低碳转型。除了风电光伏发电外，我国应总结新能源发展的经验教训，有效推进光热的发、储、输电力，生物质发电潜力以及地热利用；大力发展风电光伏，加大力度规划和建设以大型风光基地为基础、以其周边清洁高效节能的煤电为支撑、以稳定安全可靠的特高压输变电线路为载体的新能源供给消纳体系；积极推进水风光互补基地建设，建立和完善可再生能源电力消纳保障机制，健全可再生能源发电绿色电力证书制度；有序推进水电、核电重大工程建设，积极有序推动新的沿海核电项目核准建设。积极发展能源新产业、新模式；加快"互联网+"充电的基础设施建设，优化充电网络的合理布局，因地制宜开展可再生能源制氢示范项目，探索氢能技术发展路线和产业化应用路径；开展地热能发电示范，支持中高温地热能发电和干热岩发电，加快推进纤维素等非粮生物燃料乙醇产业示范；稳步推进生物质能多元化开发与利用，大力发展综合能源服务，推动节能提效减碳；持续提升国内能源生产保障能力，着重关注能源安全稳定供应的保障任务，加强煤炭、煤电兜底保障能力，提升油气勘探与开发力度，积极规划建设输电通道；通过提升能源储运能力、电力系统调节能力，不断增强能源供应链弹性和韧性，大力提升能源储运、调节和需求侧响应能力，保障能源供应稳定。

4.3.2 "双碳"目标与可持续发展的关系

"双碳"目标，即碳达峰、碳中和，是我国绿色低碳发展的必然选择，二者之间存在非常紧密的关联。2030年前实现碳达峰是短期目标，是驶向碳中和目标的前提和基础；2060年前实现碳中和是长期目标，这是个艰巨而又长期的任务，碳排放达到峰值后需要更有力度的减排措施才能最终实现碳中和。碳达峰是以碳中和为目标的达峰，是在碳减排的同时保证经济高质量发展的达峰，是通过产业结构升级和技术创新推动碳排放强度逐步降低的达峰，而不是碳排放攀登高峰和冲向高峰。碳达峰、碳中和为中国经济社会发展开创了一条兼具成本、经济和社会效益的绿色低碳发展路径，是实现经济社会低碳转型和高质量发展的里程碑，成为我国新时期高质量发展的关键，也事关中国未来的经济增长模式、产业结构和能源结构的调整，对人们的消费模式、生产生活方式以及生态建设影响深远。

可持续发展是"既满足现代人的需求，又不损害后代人满足需求的能力"的发展战略，是以保护自然环境为基础，以促进经济发展为条件，以改善人类生活质量为目标的发展，是建立在经济、社会、资源、环境和人口相互协调基础上的发展。可持续发展注重经济、社会、文化、环境和资源等各个方面的协调发展，是一种新型的发展观、道德观和文明观。可持续发展战略既要实现促进经济发展的目标，又要保护好人类赖以生存的大气、森林、海洋、土地和水等自然资源和环境，为子孙后代能够永续发展、安居乐业创造条件。

"双碳"目标与可持续发展战略存在必然的联系。"双碳"目标的实现路径是低碳，而从低碳概念的提出到低碳行动的产生，无论是低碳经济、低碳社会还是低碳产业，都离不开可持续发展理念的支撑，低碳为可持续发展服务，是实现可持续发展的重要方法、手段和必然途径。低碳经济是实现"双碳"目标的重要抓手，与可持续发展联系十分密切。首先，二者的经济发展思想与科学发展观十分一致。其次，发展低碳经济是实现经济社会可持续发展的关键途径。低碳经济的发展可以改善企业的产业结构。在可持续发展理念的指导下，积极推进低碳经营，可以改变企业传统的能源结构，在节约成本的同时进一步减少能耗，优化升级能源结构，不仅可以增加效益还可以保护生态环境，实现经济高质量增长和生态环境改善的协同增效。

低碳经济与可持续经济发展之间是目标导向、共同进步的。首先，可持续发展为低碳经济提供了理论基础。低碳经济的经营发展宗旨贯彻了科学发展观。在市场经济快速发展的过程中，部分企业的生产活动对环境造成了一定的破坏，要想实现经济可持续发展就必须保护资源和生态环境，企业在经济发展过程中必须逐渐减少资源消耗和环境污染，坚持低能耗、低污染和低排放的基本原则。这就要求政府鼓励优先发展低碳经济，即通过发展低碳技术、提高科技创新开发清洁能源，逐渐改变经济的发展方式、产业结构和能源结构，进而保证国家能源安全。通过合理控制碳排放量逐步降低温室效应，建立环境友好型社会以实现人们的可持续发展目标，因此人类的可持续发展为低碳经济提供了理论基础。其次，发展低碳经济是可持续发展的必由之路。党的十八大以来，我国及时调整经济结构，经济增长方式发生了根本性变化，摒弃了以往片面追求经济高速增长的错误观念，逐步从只关注经济建设转变为同时关注物质与生态文明建设，推进了低碳经济发展和绿色转型，实现了人与自然和谐相处。推动绿色低碳可持续经济的全面发展，提升资源开发利用质量和效率，以实现经济社会可持续发展的目标，这是实现可持续发展的必由之路和根本途径。

目前，实行碳达峰、碳中和是我国贯彻的新发展理念，是推动国民经济高质量发展的必然选择，这不仅可以推进我国节能减排行动和低碳经济的发展，还可以共同推动世界生态平衡，最终实现经济社会的可持续发展目标。同时，我国低碳经济和可持续发展理念的提出，也为推动全球范围的环境治理贡献了中国智慧与中国方案。当前，我国的生态文明建设已进入了推动减污降碳、协同增效，促进经济社会的高质量发展、全面绿色低碳转型、生态环境质量改善这一关键时期。习近平总书记在第七十六届联合国大会一般性辩论上阐明要不断加强全球范围内的环境治理，积极应对气候变化带来的问题，构建人与自然的命运共同体。加快经济社会的绿色低碳转型，持续推动绿色复苏发展，并承诺中国将力争2030年前实现碳达峰、2060年前实现碳中和，碳减排形势十分严峻，任务也十分艰巨，要想实现"双碳"目标，则需要全社会各行业、各领域付出艰苦努力，这是中国基于人类命运共同体的责任担当、生态文明建设和实现可持续发展的内在要求作出的重大战略决策及部署，而"双碳"目标对中国经济社会绿色低碳高质量发展起到了引领性、示范性和系统性作用，可以带来环境质量改善和产业经济高质量发展的多重效应及协同增效。实现"双碳"目标，有利于推动经济结构、能源结构、产业结构的优化转型升级，有利于推进生态文明建设和生态环境保护，持续改善生态环境状况，加快形成以国内大循环为主体、国内国际双循环相互促进的新发展格局，推动经济社会的高质量持续发展，不断推动美丽中国建设迈出新步伐。同时，"双碳"目标也是可持续发展的内在要求。纵观全球，中国在推动经济社会的绿色低碳转型方面拥有较大的市场优势、产业优势和制度优势，形成了"双碳"目标，制订了战略规划及后续的行动计划。在努力实现第二个百年奋斗目标的征程中，我国站在实现中华民族伟大复兴的新高度，持续通过创新驱动和绿色驱动经济发展，定会在实现现代化建设目标的同时实现"双碳"目标，在人类应对气候变化、推动生态文明建设、构建人与自然命运共同体等方面作出巨大贡献。

5 碳减排政策的评估与变迁

5.1 公共政策评估概述

1.公共政策评估概念

（1）公共政策概念

公共政策是公共权力机关经由政治过程所制定的可以解决公共问题、达成公共目标、实现公共利益的方案。现代公共政策的本质是公共权力机关进行社会资源配置和社会价值分配的手段。公共政策是指国家通过对资源的战略性运用来协调经济社会活动及相互关系的一系列政策的总称。公共政策主要包括以下类型：一是管理政策。以实施罚款、奖励等规章为重点保证公民对公共必需品的平等使用。二是分配政策。通过安排部署各种公共计划达到全体公民都能享受和使用国家资源，并通过津贴和保险来分配财政资金的目的。三是再分配政策。把各种赋税收入引向各种援助计划以满足公民最低限度的物质需要。四是立法政策。注重运用权力和拥有的资源改变整个环境。

由于市场失灵和社会失灵等问题，社会成员在追求个人效用最大化的同时需要一定的激励和约束条件，而这些激励和约束条件就是经由政治过程所制定的公共政策。公共政策是通过提供一系列正式的约束规则及激励和惩罚等实施机制来界定人们的行为空间，规范各种社会关系从而降低社会环境中的不确定性，节省交易费用、促进经济社会的合作与发展，是对社会成员利益诉求进行政治决策的结果，是社会行动的共同规则。公共政策内涵主要包括以下方面：

第一，公共政策具有决定和决策的一般特征，因此是决定和决策的一种特殊形态。

第二，公共政策具有权威性和强制性的特征，是公共权力机关的基本活动方式和权力意志的表现。

第三，公共政策是经由政治过程而初拟、优化和择定的方案，主导这一过程的关键在于公共权力机关与公民的关系，即公共权力机关能否或者在多大程度上满足公民的愿望、意向和利益。

第四，公共政策的三大要素是公共问题、公共目标和公共利益。

第五，公共政策是一种权威性的价值分配方案，通过规范和引导公共部门、私人部门和公民个人的社会行为来有效分配各种自然社会资源。

第六，公共政策在形式上可以是积极的，也可以是消极的。积极形式的公共政策包括政府为解决某一问题而公然采取的行动。消极形式的公共政策是指政府就公民要求介入某一事务作出的不采取任何行动的决定。

公共政策的主体是政策系统的核心成分，是指直接或间接参与公共政策过程的个人、团体或组织。公共政策的主体不仅参与和影响公共政策的制定，还在公共政策的执行、评估、监控和终结等环节发挥积极的能动作用。公共政策的主体可分为两类：一是官方主体，主要包括执政党、行政机关、权力机关、司法机关、人民政协和事业单位等，可以参与政策的制定、执行和评估，保证政策的质量；二是民间主体，主要包括公民个人和利益集团等。

公共政策的客体是指公共政策发生作用的对象，主要包括社会问题、公共问题、政策问题以及目标群体。

第一，社会问题、公共问题和政策问题。社会问题是指各种各样需要解决的社会矛盾，是经济社会发展中遇到的某些偏差或者重大障碍。如果一个社会问题涉及大规模的社会成员或影响较大，那么这个社会问题就具有了公共属性，可转化为公共问题。当公共问题属于政府的政策范围并能够进入政策议程时，公共问题才能转化为政策问题。公共政策的客体主要包括四类政策问题：涉及国家的政治体制、政府行政、政府机构、政府人事、公民权利和义务、外交和军事等方面的政治政策问题；涉及生产、消费、市场和分配等方面的经济政策问题；涉及人口、福利、保障和环保等方面的社会政策问题；涉及科技、教育、文化、卫生和体育等方面的文化政策问题。而用于处理特定领域问题的措施或办法分别是政治政策、经济政策、社会政策和文化政策，这四类问题的界限通常是较为分明的，但在某些情况下它们又是交叉的，甚至是重叠的。

第二，目标群体。公共政策发生作用的对象是社会成员或社会团体，这些受制约的社会成员被称为目标群体。公共政策主客体的区分是相对的。由于公共政策在制定与运行过程中存在高度复杂性特征，在某些情况下公共政策的主体可以作为客体而存在，同样公共政策的客体也可以作为主体而存在。另外，在现代民族国家里，人民群众既是国家主权的拥有者，也是国家治理的对象。无论作为个体还是作为群体，民众往往兼具公共政策主体与客体的双重角色。

（2）公共政策评估概念

公共政策评估是评估主体依据科学的标准、程序和方法，对政策的效益、效率、效果和价值进行评估与判断，从而保证公共政策制定和执行等多个环节的质量。其目的在于将获得的信息作为决定政策变化与调整、政策改进、政策终结和制定新政策的依据。公共政策评估作为政策分析的重要方面，是一种具有特定标准、方法、程序的专门研究活动。公共政策评估主要包括以下方面的内涵：

第一，公共政策是一种以效果为导向的管理机制，它是由以过程为导向转变为以效果为导向的控制机制，通过对公共政策的效益、效率、效果和价值进行评估,将获得的信息作为决定政策变化与调整、政策改进、政策终结和制定新政策的依据,从而保证公共政策制定与执行的质量,促使公共政策主体不仅对公共政策制定和执行的过程负责,还对公共政策执行的结果负责。

第二,公共政策评估是一种强调服务与公众至上的管理机制。公共政策评估通过评估政策效率、效益和效果,纠正政策执行过程中出现的偏离与偏差,评估过程中的公民参与,可改善公共政策主体与公民关系,提高公民对公共政策主体的信任,充分体现了公共政策主体以公民的根本利益为中心,以公民根本需求为导向,维护公民的根本利益,为公众及时、有效地提供优质服务,强调了服务和公民至上的观念。

第三,公共政策评估是一种以提高公共政策绩效为目的的管理机制。公共政策评估的主要目的是分析和比较公共政策的实际效果与预期效果之间的区别与差异,二者在性质上是否一致,广度、深度上是否相符,存在偏差的原因以及相应的对策建议。同时,要分析和评估公共政策的制定和执行等活动所需付出的政策成本,对公共政策的效果进行成本效益分析,以此实现降低成本和提高效益的目的。

第四,公共政策评估是一种以过程控制为途径的管理机制。尽管公共政策评估强调以效果为导向,但并非完全抛弃过程控制,它通过评估公共政策的整个过程实现对公共政策各个环节的效果控制,通过对各个环节效果的追求,保证公共政策制定和执行等环节的质量。

2.公共政策评估的意义

公共政策评估在政策运行过程中具有极其重要的地位,它作为一种对政策的效益、效率、效果和价值进行判断的政治行为,是政策运行过程中的重要一环。长期以来,我国十分重视政策制定,但忽视了对政策实施效果的评估。事实上,政策评估对改进政策制定、克服政策运行中的弊端、提升政策的活力和效益有重要作用。

第一,公共政策评估是政策动态运行的必要环节。一项政策从产生到终结必然要经过政策评估阶段,没有评估结果就会缺少政策改正、终结和设立新政策的科学依据。从政策科学的理论研究来看,系统的基础理论将政策评估作为重要的研究与分析内容。作为政策动态运行的必要环节，政策评估在其运行过程中与政策的执行、改正、终结联系密切。政策规划、政策执行、政策评估和政策终结等环节缺一不可，如此才能构成政策动态运行的整体过程。

第二，公共政策评估是检验政策执行效果与政策方案优劣、考察政策执行过程的必要手段。一项政策执行效果的好坏取决于政策方案的优劣和政策执行系统的工作过程。因此，政策评估在检验政策执行效果的同时，必然要检验政策方案和政策执行过程。此外，政策的执行效果存在多样化特征，从某一方面来看，也许完成了指标取得了良好的效果，但是从其他方面来看，有可能引发了许多潜在问题。因此，要想全面准确地检验一项政策的执行效果，必然要通过全面、系统和科学的评估才能实现。如果没有政策评估，那么政策效果如何就不得而知，人们便不能形成对政策效果的正确认识。尤其是一项构思精良、科学的政策在执行以后，究竟是否达到了预期目标和效果，是否产生了非预期的连带效果等都需要我们进行科学有效的评估。也就是说，评估人员要积极收集相关的资料与信息，密切关注政策执行的动向，对其进行科学的分析与论证，从而得出可靠的结论，以确定该项政策的效果及其效益所在。

第三，公共政策评估是决定政策走向的重要依据。一项政策在执行过程中会呈现一定的走向与趋势。随着政策执行的不断推进，该项政策是应该继续或调整，还是终结都必须依据一定的客观数据与资料，后续活动的开展都要以政策评估的结果为依据。公共政策评估是政策实施活动的关键条件，贯穿于政策活动的各个环节。

政策的未来走向一般分为三种情况：一是政策继续。通过科学的评估发现政策所针对的问题还未得到解决，政策环境也没有发生较大的变化。基于此，可用原来的政策解决未完成的问题。例如，通过第五次全国人口普查了解到我国的计划生育政策已经取得了显著效果，但由于我国人口多、基数大，因此仍要继续执行该项政策。二是政策调整。如果一项政策在执行过程中遇到了新情况与新变化，原来的政策不再适应新情况与新变化，这时必须对原有政策进行调整和改进，以便更好地实现政策目标。三是政策终结。当政策目标已经实现，原有政策的存在没有了意义时，便是一个政策周期的自然终结；当政策环境或者要解决的问题本身发生了巨大的变化，原有政策已经不能解决问题，甚至原有政策实施后会使问题变得更为严重，且无法通过政策调整走上正轨时，就需要终结旧政策，以新的有效的政策替代。此外，旧政策的终结与新政策的出台最好能够同步，从而避免终结旧政策带来的混乱。总之，无论是政策继续、政策调整还是政策终结，都必须建立在科学有效、系统、全面的公共政策评估基础上。

第四，公共政策评估是合理配置资源的有效手段。公共政策作为社会资源配置的重要工具之一，是对社会价值的权威性分配。一个国家的财政税收数目有限，政府预算也存在一定限额，因此国家的资源是有限的。在此情形下，公共政策成为政府分配资源的权威性决定，而要想所有人都满意政府的政策并不容易，因此通过公共政策评估来评价社会资源分配是否合理、是否有效率是公共政策评估存在的首要意义。只有通过公共政策评估，才能了解政策的价值，并以此决定投入各项政策的资源优先顺序及比例，以实现资源的合理配置，寻求最佳的整体效果。同时，通过公共政策评估可以对以往的政策资源分配情况进行分析，比较其合理性，总结经验吸取教训，保证政策活动优质高效进行。

第五，从政治上来看，公共政策评估是社会公众参与政治生活的重要内容。公共政策的公共属性决定了公共政策与社会公众及其利益存在密切联系，因而社会公众必然会对公共政策高度关注并进行评价。不可否认，公众对公共政策的评价是政策顺利执行的基本条件，甚至是判断政策正确与否的最基本依据。对公众而言，政府的每一项政策都与他们的生活相关，影响他们的生活与利益，他们也需要了解政策的最终实施情况以此判断自身利益是否得到满足，这一切只有通过政策评估来进行，从而满足公众自身的利益要求。

第六，公共政策评估是公共决策科学化、民主化的必由之路。现代社会的复杂性、利益的多元化所产生的公众参与对决策的科学民主化提出了挑战，而公共政策评估则对这一挑战作出了回应。提高政策制定的效率和质量，必须依赖从政策评估中获得的信息，这也是政策制定的重要前提和基础。在现代社会，国家管理活动中重要的步骤就是通过公共政策来调整、组织社会生产生活。随着社会的发展，社会的复杂性特征决定了各种新情况和新变化的层出不穷，仅仅依靠传统经验来决策已经不能应付日益复杂的决策问题。经验决策向科学决策转变是未来的必然选择，而公共政策评估是使决策实现科学化的必由之路。通过公共政策评估不仅可以检验政策的效益、效率、效果和价值，还可以以此决定投入各项政策资源的优先顺序及比例，以实现资源的合理配置，寻求最佳的整体效果。同时，可以做到与时俱进，积极抓住情况变化对政策作出继续、调整或终结的决定。此外，通过科学评估得出的结论也为下一步的民主决策奠定了坚实基础。因此，公共政策评估是公共决策科学化、民主化的必由之路。

3.公共政策评估的原则与标准

（1）公共政策评估的原则

第一，坚持服从和服务于评估对象原则。尽管公共政策评估已经是一个发展较为成熟的学科领域，但它仍是一个相当笼统的概念。因此，在政策评估时要认清所要评估的政策对象并与之相结合，据此提出科学的评估标准。

第二，系统性原则。由于各项政策目标是多元化的，其效果必定也呈现多元化状态，即政策实施后会产生经济、社会等多方面效应，因此对政策的有效性进行评估时必须考虑各项政策目标的实现状况，必须从多方面系统评价政策效果的好坏。只有这样，才可以对某项政策的实施效果有全面、准确的认识，才可以为下一阶段的工作提供科学可靠的依据。

第三，客观性原则。客观性是利用客观标准而不是从主观出发来判断政策效果。由于目标是多元化的，政策效果也呈现多元化状态，因此政策评估任务较为艰巨。另外，由于不同的投资者出发点各不相同，他们所处的环境和自身实力等并不相同，如果全凭主观判断并不能得出科学可靠的结论，不利于发现真实的客观状况，因此政策评估必须依据一定的客观标准，以数据与资料为依据。此外，公共政策评估本质上是对公共政策的价值进行评估，公共政策评估标准是对公共政策效果进行价值判断的尺度。我国公共政策评估从过去到现在一直在强调价值性标准的重要性，容易忽视事实性标准。而学术界为解决这一问题提出了公共政策评估的科学发展观标准，认为它应当成为我国公共政策评估的首要标准。

第四，突出重点和具体可操作原则。随着国外公共管理学的发展、国内外学术交流以及国内学者和相关部门的不断学习与探索，我国在公共政策评估标准上的理论观点和学术流派纷呈，这对深化理论研究和促进公共政策评估实践具有重要意义。但是，针对某一实践性的政策评估项目，在公共政策评估标准上应当努力了解政策评估的目的，突出重点，有所取舍，不能"眉毛胡子一把抓"。

（2）公共政策评估标准

第一，目标标准。政策目标在政策执行过程中具有指导、约束、凝聚和激励的作用。政策目标是制定政策的起点，也是政策制定所要实现的终点。因此，评价一项公共政策是否成功就要看政策实施后能否实现预期目标，即在进行政策评估时，要将公共政策的预期目标与执行政策时所达到的实际目标相比较。

第二，投入标准。一项政策在提出、制定、执行和监控等各个环节上需要大量的人力、物力和财力等资源。投入标准要衡量一项政策所投入各类资源的数量和质量，实质上就是从资源投入的角度来衡量决策机构和执行机构所做的工作，即政策评估的成本问题。

第三，公平、公正标准。公共政策是政府依据特定目标，在提升与公平分配社会公共利益的过程中所制定的行为准则。由于市场本身的缺陷，社会资源的分配存在市场失灵问题，公共性作为公共政策的重要特征决定了政府的公共政策应该发挥调节作用，政府在制定公共政策的过程中应该以社会利益最大化为目标，尽可能保障广大公民的根本利益，实现帕累托最优。是否体现政策的公平与公正、是否体现和维护了广大公民的根本利益是公共政策是否成功的重要标准之一。

第四，效率标准。政策效率的高低可以反映政策的优劣与执行状况。一般来讲，政策效率标准包括政策的成本层次、政策的投入和产出层次、政策的全部成本与总体产出层次。在政策的成本层次上，必须清楚与掌握政策执行过程中的资金来源与支出，决策者与执行者的数量和花费时间等；在政策的投入和产出层次上，应重点关注如何利用较少的投入高效、高质量地实现政策目标；在政策的全部成本与总体产出层次上，应注意政策实施后所产生的直接效果以及附加效果、象征效果和非预想效果等间接效果。

第五，公民参与、回应政策的程度。由于公共政策的公共属性涉及大多数人的利益，因此在制定、执行政策的过程中公民的参与和回应必不可少，这也是衡量政策成功与否的重要标准。公共政策对社会需求的回应有利于国家维持自身稳定和发展。同时，通过公民的广泛参与，各种社会问题的不断输入，使政治系统能够不断制定各种政策去解决各式各样的社会问题，维护和实现公民的利益。因此，只有政策对象认为公共政策满足了自身的利益，才会对政策作出积极的回应；反之，则不同。

4.公共政策评估的挑战

（1）政策目标存在模糊性和多变性

公共政策评估的重要任务就是考察、检验政策是否达成了预期目标以及达成程度。但政策所要解决的问题较少是单一的，常常存在多个问题，而某个问题又包含许多方面，公共政策的目标并不总是清晰的，许多目标具有多重性特征，且不容易进行科学的具体的量化，难以确定真实的政策目标，这就决定了政策目标的多样性和复杂性。即使确定了政策目标，在执行过程中也可能因客观环境的变化随时发生变更。此外，政策目标是在多个利益集团、公众群体的利益协调中确定下来的，因此为了兼顾各方利益，政策目标只能宽泛。但政策目标过多、过于宽泛，就会增加政策评估难度，甚至难以判断政策实施后是否达到了预期目标。

（2）公共政策影响的多重性

政策实施后的影响往往涉及生产生活的方方面面，既有积极、短期的影响，也有消极、长期的影响。有些影响因素也难以测定，而且各种影响因素往往难以用计量标准衡量，这给公共政策评估带来了相当大的障碍与困难。政策影响的广泛性对政策评估十分重要，但是衡量一项政策实施后是否产生了影响、产生了哪些影响、影响的程度如何等并不容易。有些政策影响是显露的，有些是潜在的，有些是具体的，有些是抽象的，有些能迅速表现出来，有些则需要经过一段时间才能显现，有些是表层的象征性的，有些是深层的实质性的，而要想进一步弄清其影响程度就更为困难。

（3）多项政策资源的混合与信息的难以获得

公共政策并不是孤立和单独存在的，往往会有多个政策同时存在，并相互发挥作用。这就无疑导致了公共政策资源的混合和重叠，在政策评估实践中难以分清各项政策的实际效果和影响力。准确衡量政策投入对公共政策评估十分有利，但是政策资源的投入常常是混合的。常见的政策资源混合可分为同时投入混合和不同时投入混合。同时投入混合经常发生在公共机构资源投入共享上，某些资源是供多个政策同时使用和共享的，事实上很难做到把每项政策投入都清楚地区分开。不同时投入混合经常发生在新旧政策资源的共享上，在旧政策终结后原来投入的资源就成为沉淀成本，而新政策是在旧政策的基础上实施的，难以搞清究竟有多少沉淀成本转化为新政策投入，而无法准确加以计算与衡量，增加了公共政策评估的难度。

此外，政策运行过程和运行效果的信息是进行公共政策评估的前提和基础。因此，要对政策进行充分的、科学的评价，就必须拥有详细的、真实的统计资料和政策信息。如果评估主体没有完全掌握政策运行过程及其效果的信息，那么评估结论就不可能做到客观、公正、真实和准确。目前，我国对公共政策的信息管理并不十分重视，政策信息管理机制的构建并不健全，对政策信息的管理不够规范，存在资料与统计数据的不完整、不准确等问题，公共政策的评估者在分析政策的运行过程及结果时难以获得精确的信息。

（4）公共政策的评估队伍较为薄弱

与西方国家相比，我国的政策评估理论和实践并不十分成熟。虽然我国公共政策评估领域的研究从20世纪80年代就已开始，但是其评估重点主要集中在培养单位的办学条件、办学水平等方面，对公共政策评估的研究并不充足，政策评估者同样会受到公共政策评估理论和实践水平的制约。因此，我国公共政策评估的理论和实践水平尚不能满足公共政策评估的需要。

（5）公共政策评估投入不足与评估结论不被重视

公共政策评估需要较多的人力、物力和财力等资源，但目前从公共政策的决策机构或执行机构获得评估经费十分困难，因此评估活动也更加难以开展。此外，公共政策评估的结论缺乏影响力，不被有关部门重视，使得公共政策评估活动难以发挥应有的作用，这也造成了我国公共政策评估研究发展缓慢的局面。

当前我国利益格局的多元化以及环境的复杂化加大了公共政策评估的难度，由于政策的相关利益方自身经济水平、地位、职能和角色的不同，对待同一政策的看法也会有所不同，从而产生矛盾和冲突。政策评估是决策科学化和民主化必不可少的重要组成部分，因此公共政策评估应贯穿于政策的整个过程以确保政策的科学性和效率化。这就要求国家在制定政策时，对拟出台的政策进行评估；在执行政策时，对政策执行过程与效果进行评估；在政策执行结束后，对政策的产出、结果进行评估。在政策执行中强调过程评估，即对政策实施过程的各个阶段所产生的实际效果及作用作出评价，这是延续、调整、修正和终结相关政策的重要依据，只有这样才能避免政策受阻、政策反复带来的负面影响以及政策执行中的高成本，不断增强公共政策评估的科学性，提升政府的公信力和治理能力，从而满足新时代全面建设社会主义现代化国家的需求。

5.2 公共政策评估的方法与历史发展

5.2.1 公共政策评估的方法

公共政策评估方法是评估者对开展公共政策评估所采用方法的总称，研究公共政策评估方法有助于对比各评估方法特点，针对不同类型的政策选择合适的评估方法，提高评估的科学性和准确性。因此，本章主要针对成本收益分析法、比较法、归因法三个方法进行详细说明。

1.成本收益分析法

成本收益分析法是指以货币单位为基础对政策的投入与产出进行估算的方法，它可以克服由信息不对称所引发的道德风险，是许多国家政策评估沿革的重要方法。成本收益分析法作为一种基础的评价方式将"成本"与"收益"进行量化，可用于不同类型政策的横向比较，甚至形成不同政策的优劣次序。成本收益分析法主要包括：第一，可行性研究，即对市场失灵的界定，研究对产业结构、生产率、就业状况、健康卫生和环境保护等的影响。第二，成本估算，即对直接成本和间接成本的评估。直接成本主要是指中央、地方政府的直接拨款，间接成本则可以用机会成本衡量。第三，收益估算，即对政策实施后产生的收益进行评估。一般而言，经济收益可以直接用贴现法进行量化估算，但社会收益难以量化，需要相关部门用特定方法将其折合成货币收益。第四，比较总成本与总收益。

2.比较法

比较法主要将观测指标或参照系数相比较，从而评估政策的成效。比较法主要包括：第一，控制组，即比较受政策影响的实验组与不受政策影响的控制组的水平。第二，可接受的阈值，即比较政策实施后的某项指标与某一可接受阈值的差异，看是否低于或高于某一可接受阈值。第三，历史基准，即比较政策实施后某项指标与历史情况，看指标是否有所改善。第四，其他地区水平，即比较政策实施后本地区的某项指标与可比地区的差异，看本地区指标是否有显著提升。比较法的问题在于并不能解释情况变好或者变差的原因，因此也无法确定政策是否真正有效。

3.归因法

归因法是在一个反事实框架中证实观测指标的变化是否由某项政策实施造成。事实是指在某项政策A的影响下可以得到的某种状态或结果B，反事实则是指在其他条件完全一样的情况下不执行政策A时得到的某种状态或结果B1。而事实结果B与反事实结果B1之间的差异就是政策A的实际因果影响。反事实分析框架建立在逻辑推演的基础上，是一种理想化的政策评估方法。由于历史的不可回溯性，不可能同时观测到事实结果 B 和反事实结果 B1，但可以尽可能找到与待评估案例极相似的反事实案例，近似地完成评估。归因法需要使用科学可靠的指标进行，需要科学的研究设计与分析技术，还需要更多的可靠的观测数据。国际上，归因法主要由具有较高科研能力的高校、智库等完成，而政府部门作为执行主体，其政策评估则主要使用非归因式的评估方法。

总体来说，成本收益分析法是大多数国家采用的较为普遍的基础性政策评估方式。成本收益分析法通过将收益与成本进行量化，以最直观、有效和有说服力的方式来衡量某项政策是否真正有实施价值。此外，成本收益分析法可以针对不同类型的政策进行横向比较以此确定政策的优劣次序。但是，成本效益分析法要求分析对象的成本和收益必须进行量化和货币化，而安全、环境保护、健康和卫生等领域的成本和收益都极难量化，因此成本收益分析法在对重大公共政策进行评估时存在明显的局限性。许多国家都意识到了这一问题，因此在进行评估时除考虑成本收益外，政策的必要性、公平性和有效性等关键因素也应予以充分考虑。

比较法和归因法在一定程度上弥补了成本收益分析法的不足，但也各自存在缺陷。虽然比较法能直接观测政策实施前后指标的变化，但并不能解释指标变化的具体原因，也无法确定指标的变化是否由该项政策直接引起。与比较法相比，虽然归因法能够解释因果关系的问题，但是对数据分析、数据量的多少和模型的设定等有较高的要求，需要拥有更多的观测数据来支撑结论，可操作性最低。因此，许多国家主要委托具有较高科研能力的高校或智库完成归因法的评估。

5.2.2 公共政策评估的历史发展

1.国外公共政策评估的历史发展

20世纪50年代后期，政策科学研究开始兴起，其研究范畴从只关注决策前的政策分析扩展到政策制定、执行、评估和监控等多个方面，促进了政策中期与后期评估活动的开展。公共政策评估的产生和发展可以归因于以下四个方面：

第一，1951年美国学者拉斯韦尔第一次提出政策科学的概念，经过多数杰出学者的不懈努力，政策科学也日趋完善，而公共政策评估作为政策科学的重要组成部分也逐渐受到人们的重视，开始出现评估研究的专业协会以及有关公共政策评估的专业性杂志，许多大学和研究院也开设公共政策评估的课程。

第二，贫困问题、通货膨胀等一些重大的政策问题逐渐引起社会各阶层的普遍关注，人们不断要求政府对实施的政策作出说明并要求了解政策效果的全貌。社会问题、社会矛盾频繁出现迫使人们对于政府活动的有效性进行反思。

第三，政府与官员在长期的政策实践中逐步认识到公共政策评估的重要性。为了实现减少政策失误、提高政策效率、保证用较少投入获得较多产出的目标，政府十分关注政策的实际效果并积极倡导公共政策评估，认真地吸取评估成果以决定是否需要对政策作出调整。政府的重视保障了评估资金的来源，为政策评估者创造了机会，这也是公共政策评估快速发展的重要条件。

第四，科学技术的发展为公共政策评估提供了科学的分析方法和手段，是公共政策评估由传统迈向科学的关键，为公共政策评估的进一步发展打下了坚实的技术基础。例如，系统论为公共政策评估提供了新的方法论，数理方法为公共政策评估提供了更为科学可靠的依据，电子计算机为评估者提供了快速、准确的分析工具。

20世纪60年代后期，政府干预政策的兴起推动了中期和后期评估的迅速发展，成为监督政府、提升政策效益的关键。自20世纪80年代以来，以提高公共管理水平与公共服务质量为目标的"新公共管理运动"席卷全球，在此背景下公共政策评估受到越来越多国家及国际组织的重视，丹麦、芬兰、德国、日本、新加坡、新西兰、瑞士和澳大利亚等众多发达国家以及世界银行等国际组织相继开展了评估工作。而以印度为代表的发展中国家受国际援助项目的影响也相继借鉴发达国家经验并结合本国国情开展评估工作。

2.国内公共政策评估的历史发展

20世纪80年代，我国的事中、事后评估开始出现，随着国际上对华援助资金与外资项目的逐渐增加，原国家计委不断学习研究国际上的后评价理论与方法。1988年，原国家计委开展的第一批国家重点投资项目后评价，标志着后评价理论与方法在我国正式开始。随后，原国家经贸委、国资委、铁道部、交通运输部和国家开发银行等部门和重点企业开始了研究和实践工作。2003年，国家发展和改革委员会组织开展《国家"十五"计划纲要》的中期评估是我国战略规划评估的正式开始。随后在"十五"、"十一五"、"十二五"和"十三五"等规划的中期、后期评估工作的引领下，其他部委和地方政府纷纷开展了区域规划和行业规划等战略性评估工作。同时，西部大开发和实施振兴东北等具有战略引领作用的政策也开展了中期、后期评估等活动。

目前，公共政策评估成为一种潮流，层出不穷的社会问题与复杂多样的社会矛盾使公共政策评估逐渐成为一种迫切需要。英国、法国和美国等发达国家纷纷建立起专门的公共政策评估机构，出版有关公共政策评估的书籍与刊物，将公共政策评估运用到政府部门的日常工作中。许多发展中国家也逐渐认识到公共政策评估的重要性，积极开展公共政策评估的理论与实践研究，国际上大多数国家已经认识到公共政策评估的必要性和重要意义，公共政策评估成为一项十分重要的工作制度。

5.3 碳减排政策评估的常用指标与模型

国际能源署发布的报告显示，2021年全球能源领域二氧化碳排放量同比增长近6%，与2020年相比形势依旧严峻。2020年，全球二氧化碳排放量同比降低5.2%，减少了近19亿吨，同时在各国财政政策和货币政策的刺激下世界经济迅速复苏。尽管2021年可再生能源发电量加速增长成为有史以来最大年度增长，但能源需求的复苏不断刺激燃煤量增加。

从二氧化碳排放源来看，煤炭仍旧是二氧化碳的最大排放源。2021年，煤炭占全球二氧化碳排放总量增量的40%以上，其带来的二氧化碳排放量达到近153亿吨，比2014年的峰值高了约2亿吨成为历史最高水平；由于所有行业对天然气的需求都在增加，其所带来的二氧化碳排放量达75亿吨远高于2019年的水平；由于全球运输活动复苏有限，石油所产生的二氧化碳排放量约 107 亿吨低于 2019 年的水平。运输业对石油的需求量比 2019 年每日低 600 多万桶，二氧化碳排放量减少了 6 亿吨，国际航空产生的二氧化碳排放量仅为 2019 年的 60%，石油所产生的二氧化碳排放量呈现持续降低态势。

从不同行业来看，由于电力需求的增长，化石燃料的使用量增加，电力及供热行业的二氧化碳排放量近 146 亿吨为历史最高水平，二氧化碳排放量同比增长 6.9%，成为 2021 年二氧化碳排放量增加最多的行业；交通运输业成为全球二氧化碳排放量远低于 2019 年水平的唯一行业；受全球经济增长的推动，工业和建筑业的二氧化碳排放量反弹至 2019 年的水平。

自进入工业化时代以来，工业活动的增加使以二氧化碳为主的温室气体排放量持续提升。近年来，虽然全球碳排放量增速有所放缓但全球的碳排放总量仍未到达顶峰，这就意味着未来的气候变化形势依旧严峻。温室气体浓度的升高逐渐形成更强的温室效应，从而造成温室气体排放与气候变化之间紧密相关的局面。气候变化势必对人类赖以生存的自然环境产生各个方面的破坏性影响，如极端天气增加、全球变暖、物种减少和海平面上升等。温室气体的过量排放会使温室效应显著提升，继而造成气候变暖以及灾害增加，这已成为全世界的共识。目前，全球每年向大气排放近百亿吨的温室气体，而二氧化碳作为温室气体中的主要组成部分，减少碳排放被当作解决气候问题的最主要途径，如何减少碳排放以减缓全球气候变化，从而促进人类社会健康发展和保护地球也成为了全球性的重要议题。因此，要避免气候灾难，各个国家必须不断调整策略采取措施来降低碳排放，而实施碳减排政策成为世界各个国家的必然选择。

碳减排政策实施的主要目的是降低二氧化碳的排放量，因此在进行相关碳减排政策的评估时，许多学者以二氧化碳的排放量为衡量指标，以此判断碳减排政策的有效性。在实施碳减排政策的过程中，低碳产业和低碳生活也在不断发展和推进，也会存在产业结构和能源结构升级、环境污染情况改善和绿色低碳经济高质量发展等溢出效应，因此有学者将经济发展水平、产业结构升级、环境改善等作为碳减排政策的评估指标，具体可以将碳减排政策评估的常用指标分为经济指标、环境指标和其他指标。

5.3.1 经济指标

第一，从创新角度来看，肖振红等（2022）以双重差分为模型利用2004—2019年中国30个省份的面板数据研究分析了碳交易试点政策对区域绿色创新效率的影响，研究发现碳交易试点政策可以有效提升区域绿色创新效率水平，且影响其水平的关键因素是地方政府效率、地方财政分权水平和数字金融使用深度。碳交易试点政策的作用机制在于通过改变能源消费结构和产业结构来不断提升区域绿色创新效率，为全国碳排放权交易市场的进一步完善提供启示。郭红欣等（2021）通过空间相关系数、自然断点法构建双重差分模型，利用2010—2017年中国30个省份的面板数据分析检验了碳排放权交易政策对低碳技术创新的影响，结果显示在东中部地区碳交易试点政策显著提升了低碳技术创新水平，存在明显的空间集聚效应。因此，全国碳排放权交易市场的进一步完善与试点范围的不断扩大，可以增强低碳创新技术的空间溢出效应，以此助力碳达峰、碳中和目标的实现。

第二，从投资角度来看，郭蕾等（2022）通过构建双重差分模型，利用2010—2019年中国30个省级单位的面板数据研究分析了碳交易试点政策是否提升了对外直接投资水平，研究发现碳交易试点政策确实显著提升了我国的对外直接投资水平，其潜在作用机制是碳交易试点政策满足"污染避难所假说"与"波特假说"，从而提升了对外直接投资水平。张涛等（2022）通过构建多期双重差分模型，利用中国沪深A股上市公司的数据分析研究了碳交易试点政策对企业投资效率的影响，研究结果表明碳交易试点政策有效提升了企业的投资效率，其作用机制是通过减轻企业融资约束、提升企业技术创新和减轻政策性负担等途径对企业投资效率产生积极影响，为全国统一碳市场的建设提供借鉴，助力实现"双碳"目标。

第三，从产业结构升级角度来看，逯进等（2020）通过构建PSM-DID模型，利用2003—2016年中国213个城市的平衡面板数据分析讨论了低碳城市政策对产业结构升级的影响及作用机制，结果表明低碳政策可以显著促进产业结构的升级，且具有正向空间溢出效应，可以通过财政分权、技术创新和绿色消费观念等进一步推动产业结构升级。谭静和张建华（2018）采用合成控制法，基于2005—2016年中国省级层面的平衡面板数据评估分析了碳交易试点政策对产业结构优化升级的影响，结果表明碳交易试点政策可以显著倒逼产业结构升级，其效应大小也会因试点地区的情况不同呈现出差异性特征。碳排放权交易机制可以通过技术创新、FDI流入和投资需求等对产业结构升级产生影响，未来政府应推动全国碳排放权交易市场的完善，通过促进技术创新、合理利用外资和优化投资结构不断促进产业结构的优化升级。

5.3.2　环境指标

第一，从二氧化碳减排的角度来看，苏瑞娟等（2022）利用包含溢出效应的合成控制模型研究分析了中国6个碳交易试点省份的二氧化碳减排效果，研究发现碳交易试点政策确实存在二氧化碳减排效应，但各试点省份无论在减排时间还是在减排程度上，都存在显著的差异，因此对各试点省份单独分析十分必要，为全国统一碳排放权交易市场的构建与完善提供科学有效的定量依据。张华（2020）通过构建双重差分模型，利用2003—2016年中国285个城市的面板数据分析研究了低碳试点城市建设对二氧化碳排放量的影响，分析研究发现低碳试点城市建设可以显著降低碳排放水平。同时，低碳试点城市的碳减排效应在西部城市和低经济发展水平城市更加显著，且可以通过降低电力消费量和促进技术创新水平等途径实现碳减排，为后续低碳试点城市的推广提供了经验支持。

第二，从环境污染治理的角度来看，彭璟等（2020）通过构建倾向得分匹配与双重差分模型，利用2003—2016年中国280个城市的平衡面板数据分析了低碳城市试点政策对城市废气、废水排放量的影响，研究发现低碳城市试点政策确实可以降低二氧化硫废气排放水平且存在技术效应的升级，但结构效应并不显著。低碳城市试点政策对不同人口规模、经济发展水平、城市化水平、外商直接投资水平、研发投入水平的影响各不相同。宋弘等（2019）通过构建双重差分模型，利用2005—2015年中国115个城市的面板数据分析探讨了低碳试点城市建设对空气质量的影响及其作用路径，结果发现低碳试点城市建设显著降低了城市空气污染，且可以通过企业排污的减少、工业产业结构优化升级等提升空气污染治理效应，通过成本–收益分析发现低碳试点城市建设的资金支出远小于收益，说明低碳试点城市建设有利于实现污染治理与经济高质量发展的"双赢"目标。

5.3.3 其他指标

第一，从碳交易价格的角度来看，公维凤等（2022）利用GARCH-BP组合模型以北京、广东、湖北、上海和深圳5个碳交易试点城市为对象，研究分析了中国碳交易价格波动、波动的影响因素和碳交易价格收益率的波动特征，结果显示碳交易试点城市均存在波动聚集性的特征且持续性较长，只有广东的碳排放权交易市场存在收益率与风险正相关、碳交易价格收益率波动非对称性、全国碳排放权交易市场发展程度高的特征。白强等（2022）通过构建ARMA-GARCH模型和变截距固定效应模型，以北京、上海等8个碳交易试点城市为研究对象实证分析了我国碳交易价格的波动特征和影响因素，研究发现这8个城市的碳交易价格波动特征各有差异，且每个市场的波动都极不稳定，南方原油指标、日平均气温和欧元兑人民币汇率等指标对碳交易价格的影响较为显著，而动力煤指数和空气质量指数等指标对碳交易价格的影响并不显著。

第二，从劳动力需求的角度来看，任胜钢和李波（2019）利用倾向得分匹配和双重差分法估计碳排放权交易政策对企业劳动力需求的影响及作用路径，研究发现碳排放权交易政策可以显著减少工业碳排放量，且对企业劳动力需求存在显著正相关特征，可以通过促进生产规模扩大来进一步影响企业劳动力需求，从而实现环境保护和促进就业的"双赢"目标。

第三，从产业集聚的角度来看，王敏和胡忠（2020）采用双重差分法和三重差分法，利用数据模型分析研究了碳排放权交易政策对产业空间集聚的影响，碳排放权交易政策可以显著促进试点地区的产业空间集聚程度，且碳排放权交易政策在不同地区、不同行业存在异质性特征，可以通过促进企业技术创新提升产业集聚程度。

　　综上所述，目前有关碳减排政策有效性评估的研究较多，尽管碳减排政策的目的是减少二氧化碳的排放，但是在政策实施过程中会产生环境污染治理、产业结构升级、劳动力需求增加、投资增加和技术创新等溢出效应，因此在进行碳减排政策评估、衡量其有效性时也会从经济指标、环境指标和其他指标等方面开展。

5.4　碳减排政策的定量分析方法

　　定量分析在公共政策评估中扮演着重要的角色，从研究目的来看政策评估主要在于通过分析和预测提高政策执行效率，而定量分析将实验观察与数据分析加入到理论层面的分析中，通过设计数据模型、分析数据等方式量化政策执行效果，有效提高了政策分析效率。此外，定量分析相较于定性分析，在研究对象的选取上具有更高的客观性，不带有任何价值判断或主观情感，以公共政策执行的事实为研究对象。因此，定量分析所具有的准确性、客观性、规范性和可检验性在我国当前公共政策评估领域中具有重要作用，推动公共政策评估更加科学化。定量分析最强调的就是研究对象选取的客观性和独立性，分离"事实"与"价值"，在理论基础上排除各类主观因素开展实证研究。通常定量分析都有一套严谨的实验程序，根据已有事实提出研究假设，开展模型设计和数据收集，依据模型进行数据分析得到的最终结果具有较高的准确性和规范性。除此之外，为保证研究结果的准确性通常还会设计一系列的检验标准，进一步体现了定量分析的严谨程度。在得到研究结果的同时，分析研究过程可以得出政策执行中某一部分的效率和经济程度，以帮助决策者作出政策调整，尽可能减小政策预期与落实效果之间的差距。定量分析的特性符合公共政策分析的要求，对效率的追求创造了其在公共政策评估中的优势。基于此，本书对公共政策评估中常用的双重差分法、三重差分法、匹配倍差法以及其他计量模型方法进行简要说明。

5.4.1 双重差分法

双重差分法是公共政策评估的经典方法，是估计某项政策给作用对象带来净效应的一种定量分析方法。依据是否受政策影响，双重差分法可以分为实验组和对照组，且保证在政策实施前实验组与对照组没有显著差异，即对照组可以作为实验组的反事实结果（若政策未实施，实验组会如何发展），对比实验组与对照组在政策实施后的结果，即政策作用效果。目前，双重差分法的理论与实践应用已经较为成熟，可应用于政策评估的多个领域。

目前，学者们在使用双重差分法进行政策研究时会选择不同的数据范围。有的学者使用不同企业的微观层面数据进行分析研究，如 Chan等（2013）利用2001—2009年欧洲国家5 873个企业的数据，实证分析了碳排放权交易政策对企业竞争力的影响，研究发现碳排放权交易计划可以显著提升电力行业的企业竞争力。有的学者基于省级层面数据进行分析研究，如薛飞和周民良（2022）基于2006—2019年中国30个省份的面板数据，通过构建双重差分模型，实证分析了用能权交易制度对能源利用效率的影响，研究发现用能权交易制度确实可以显著提升能源利用效率，且通过绿色技术创新真正发挥作用。还有的学者对城市层面数据进行分析研究，如张治栋和赵必武（2021）运用双重差分法，基于2006—2017年中国161个城市的平衡面板数据评估了智慧城市对经济高质量发展的影响，研究发现智慧城市的建设可以显著提升经济增长动能和高质量发展水平。

尽管双重差分法已经较为成熟，但是由于一些不可观测的因素容易产生偏差，对实证分析结果的可信性造成不利影响。因此，学者们在使用双重差分法进行实证分析时需要进行严格的稳健性检验，对数据的范围与质量也提出了更高的要求。

5.4.2 三重差分法

三重差分法的基本思路是，在没有政策影响时，处于政策实施区域内的处理组和控制组的个体在时间趋势上的差异，可以利用在非政策实施区域处理组和控制组的个体在时间趋势上的差异来清晰反映。三重差分法和双重差分法有相似之处，但是又有所不同。三重差分法要比双重差分法的使用条件更为严苛，必须找到两个合适的控制组样本。双重差分法必须满足平行趋势检验，有时在实践研究过程中难以满足，因此可以采用三重差分法来解决这一问题。赵志华和吴建南（2020）运用三重差分法，基于2010—2015年中国275个城市的平衡面板数据实证分析了大气污染协同治理对污染物排放的影响，研究发现大气污染协同治理可以降低污染物排放，但是对不同污染物减排的影响存在异质性。刘晔和张训常（2017）通过构建三重差分模型实证分析了碳排放权交易政策对企业创新的影响，研究发现碳排放权交易政策可以通过企业现金流和资产净收益率的提升促进企业创新。

5.4.3 匹配倍差法

匹配倍差法的基本思路是，通过将处理组与对照组的个体依照二者之间的相似程度进行匹配，不断消除两组个体在特征上的系统性差异，最后进行差分的运算。匹配倍差法可以解决双重差分法中估计量可能存在的偏差，但是该方法存在的问题是，一些学者将面板数据看作混合数据进行处理，容易导致在匹配过程中无法消除处理组与对照组之间的系统性差异。

目前，匹配倍差法在国内外政策评估的多个领域得到了充分的应用。Zhang等（2019）运用双重差分法和匹配倍差法实证分析了碳排放权交易政策的碳减排效应，研究发现碳排放权交易政策可以显著降低碳减排且呈现逐渐增强态势。张亚斌等（2018）通过构建倾向匹配倍差模型，实证分析发现地方补贴性竞争可以显著提升产业过剩率。张墨等（2017）运用倾向得分匹配倍差法实证分析了二氧化硫排污权交易制度对二氧化硫排放量的影响，研究发现二氧化硫排污权交易制度可以显著降低二氧化硫排放量。

5.4.4 其他计量模型方法

除了以上定量分析方法与模型之外，还存在许多常用的计量分析方法被广泛采用，其通过构造科学的模型与系统的变量指标来分析研究政策在某方面的影响。有些学者使用动态面板数据模型进行实证分析，Abrell 等（2011）基于动态面板数据模型实证分析了欧盟的碳排放权交易体系所产生的碳减排效应，研究发现碳排放权交易体系可以显著降低碳排放量。有些学者使用多元回归模型分析研究了碳排放权交易体系对企业的影响。Zhang 等（2018）基于 2014—2017 年中国 10 家上市企业的实证分析，发现碳价格确实会显著影响企业的股票价值。

5.5 碳减排政策变迁

自 1965 年以来，我国碳排放量占全球碳排放总量的比重不断增加，为实现节能减排，降低污染耗能，协调经济发展与环境保护之间的矛盾。从 20 世纪 80 年代开始，我国就出台了一系列节能减排方针政策，逐渐形成完善的节能减排政策体系。碳减排相关政策目标的实现手段主要包括减少碳排放和加强碳吸收、碳捕获。其中，碳减排政策通过协调供给侧与需求侧的发展，对碳排放量减少起到直接作用。此外，碳减排政策的发展从通过单一的行政命令手段进行管控和限制到出台各种市场激励型政策促进企业自发实现低碳发展。纵观我国碳减排政策发展变迁历程，政策目标逐渐从实现"节能减排"转变为"低碳"发展到如今的"双碳"目标，既是对我国节能减排工作的肯定，也是对实现低碳经济提出了更高的要求。

5.5.1 初始形成阶段（1980—1994 年）

改革开放以来，能源成为推动国家经济发展的重要动力，面对飞速发展的经济态势，能源紧缺成为我国经济发展的一大限制，中国政府开始意识到节能对国家经济发展的重要性，提出"开发与节约并重，近期把节约放在优先地位"的长期指导方针，确立节能的重要战略地位。碳减排政策发展变迁的初始阶段最突出的特点就是以行政命令手段为主，通过颁布各种实施办法、措施和条例等强制推行节能环保工作开展。

节能减排政策形成初期，政府节能和减排两头抓，在限制能源消费的同时，推动我国环保事业的开展，完善以节能为主要目标的法律法规，开展节能技术改造，降低能源消耗。自1980年起，节能工作开始纳入国家经济规划，国务院出台的《关于加强节约能源工作的报告》《关于逐步建立综合能耗考核制度的通知》，确立了节能在我国能源发展中的重要战略地位。1984年，我国颁布的《中国节能技术政策大纲》，引导各行业企业研发和使用节能技术，推动了我国节能降耗工作的开展。1986年，国务院发布的《节约能源管理暂行条例》，为我国节能工作的开展提供全面指导。开展节能政策活动的同时，加强对环境保护的管控与宣传。1983年，《中华人民共和国环境保护标准管理办法》的颁布确定了环境质量标准、污染排放标准、环保基础标准和环保方法标准在内的环保标准。1984年，我国颁布的《中华人民共和国水污染防治法（试行）》将水环境保护工作纳入计划，反映了我国政府对水污染的重视。1985年，国务院环保委员会颁布的《工业企业环境保护考核制度实施办法（试行）》，规定工业企业应避免生产活动中的污染行为，减少污染物排放。1989年，我国颁布的《中华人民共和国水污染防治法实施细则》加强了对水环境的保护工作。1990年，我国颁布的《国务院关于进一步加强环境保护工作的决定》强调了环境保护工作的重要性，将环保落到实处。1991年，《中华人民共和国大气污染防治法实施细则》的颁布对大气环境保护提出了更高要求。1994年，我国颁布的《中国21世纪议程——中国21世纪人口、环境与发展白皮书》规定了要合理利用资源和保护环境，减少因环境污染引发的危害。

除了行政命令手段，政府部门也采取了有限性市场化手段提高对节能减排的重视。1982年，我国颁布的《征收排污费暂行办法》中明确了排污收费对象，全面开展排污收费工作，提高了各行业企业对排污工作的重视，加强经营管理。对节能基建投资，最初为财政拨款，1983年将拨款改为低息贷款，年息只有2.4%，而当时一般的商业贷款年利率为5%左右，即所谓的"拨改贷"资金。

强制型的行政手段对排污行为进行严格控制，提高对环保的重视度，在我国经济发展关键时期起到重要作用，在技术升级、节能减排和污染治理方面都取得了重大成效。然而，命令性的行政手段使得政府在节能减排工作中的定位模糊，在一定程度上抑制了企业参与的积极性，政府负责制定政策、开展工作和对企业进行管控，不能充分发挥企业的自主性。同时，由于行政管理落实不到位，使得节能减排工作开展过程中存在能源利用率低、环境保护不彻底、经济效益受影响等一系列问题。例如，钢铁、建材、化工等行业的主要产品单位能耗较高，与发达国家相比差距较大，规模经济效益不够理想，节能潜力巨大。

5.5.2 发展变革阶段（1995—2007年）

由于能源利用率低、经济效益受影响等问题的存在，节能减排政策取得的部分成就难以补偿经济快速发展导致的高水平能源需求。推动经济发展的重工业对化石能源的消耗、对生态环境的污染，使得能源结构调整和能源利用率提高成为节能减排这一大方向下的又一重点任务。在这一阶段，节能减排已经发展成为我国的基本国策，坚持节能优先，推出了一系列提高能源利用率和能源消费结构调整的针对性政策，由此形成了以节能环保法律法规为主体、以相关能源单行法和节能环保措施为支撑的节约能源法律框架体系。

为形成节能环保的法律框架体系，我国于1995年开始制定节能法，1997年全国人民代表大会通过了《中华人民共和国节约能源法》，对推行节能减排工作开展，节约社会能源，提高能源利用率，保护社会环境，推动经济环境协调发展具有重要作用。1995年，国务院批准了《1996—2010年新能源和可再生能源发展纲要》，在《国家"十五"计划纲要》中提出积极发展风能、太阳能、地热能等新能源和可再生能源，促进能源消费结构转变，提高可再生能源在能源消费中的占比，避免一次能源消耗带来的环境污染问题。1999年，我国推行《重点用能单位节能管理办法》，对重点用能单位进行界定，规范重点用能单位用能行为，加强节能管理，促进技术进步，提高能源利用率，降低环境污染。2000年，我国颁布的《中华人民共和国大气污染防治法》将大气环境污染治理提上日程，有计划地控制各地方主要大气污染物的排放总量，规定地方各级政府对本辖区的大气环境治理制订规划采取措施。2002年，《排污费征收使用管理条例》的颁布规定所有排污企业都需缴纳一定数额的排污费，以市场化的手段对企业的排污总量进行控制，但这一费用缺乏对污水排放造成的外部环境成本的衡量。同时，2002年我国还出台了《电力体制改革方案》，重点针对电力行业开展能源消耗的管控，引导电力、冶金、建材等重点行业的大型企业制定了节电改造和优化用电方案。2004年，在国务院常务会议上讨论并原则通过了《能源中长期发展规划纲要（2004—2020年）》，会议肯定了能源在经济社会发展和中国现代化建设进程中的重要作用，提出把能源作为经济发展的战略重点，为全面建设小康社会提供稳定、经济、清洁、可靠、安全的能源保障，以能源的可持续发展和有效利用支持我国经济社会的可持续发展。2005年，我国发布的《国务院关于做好建设节约型社会近期重点工作的通知》，强调以提高资源利用效率为核心，以节能、节水、节材、节地、资源综合利用和发展循环经济为重点建设节约型社会。2006年，我国发布的《国务院关于加强节能工作的决定》，提出了能源问题成为制约我国经济社会发展的重要因素，推进节能降耗，提高能源利用率是解决能源问题的关键。2007年，国家发展和改革委员会发布的《能源发展"十一五"规划》，明确了我国能源发展目标，对能源消费总量和能源消费结构都提出了要求，推动了我国节能减排工作的开展。2007年，我国发布的《国务院关于印发节能减排综合性工作方案的通知》，明确了加快能源消费结构转变在节能减排工作开展中的重要地位，提倡大力发展新能源和可再生能源，遏制高污染、高消耗企业的发展。2007年，国家发改委发布的《"十一五"资源综合利用指导意见》，提出了2010年资源综合利用的目标、重点领域、重点工程和保障措施。

这段时期的政策发展逐渐由行政命令手段向市场激励手段转变，市场机制作为节能减排政策的补充，调控重点排污单位生产行为。例如，排污收费制度的推行，在一定程度上减轻了政府环境治理的负担，同时通过市场机制的运行限制"双高"企业排污行为。截至2010年，我国节能减排效果显著，国内生产总值实现了10.3%的增长，增幅比上年加快1.1个百分点，单位GDP能耗下降19.1%。受到宏观经济拉动，能源经济正朝着向好态势发展，主要污染物排放总量得到控制，环境保护工作取得重要成果。我国能源消费结构得到优化，通过市场激励政策的实施，企业开始重视技术开发以提高能源利用率，降低因污染物排放而产生的生产成本。政府部门出台的相关能源单行法，推动了新能源和可再生能源的生产和消费，降低了煤炭、石油等一次能源的使用比例，2010年，我国煤炭消费量约占能源消费总量的69%，相较于2000年下降了3%，一次电力及其他清洁能源的占比则由7.2%提升至9%。但相对而言，我国的节能减排成效受到宏观经济的带动。然而，盲目地追求经济增长是节能减排工作开展的一大阻碍因素。在发展变革阶段，我国节能减排的法律法规体系设计不科学以及低能耗、低污染的先进生产力的缺乏，导致我国难以实现经济与环境协调发展，经济的发展往往会以一定的环境污染为代价或者高强度的环保措施限制经济发展速度。此外，这一阶段逐渐实现行政命令手段向市场化手段的转变，但是市场调节力度不足。例如，排污费制度规定向所有排污企业收取污染治理费用，但忽略了生产行为产生的外部环境负效应，激励作用不足，难以调动企业的积极性。

5.5.3 深化改革阶段（2008—2016年）

能源消耗和过度排污导致的环境问题逐渐显现，全球气候变化形势严峻，因为化石能源消费等生产生活中产生的二氧化碳等温室气体导致的全球变暖问题严重威胁到经济发展和人们的正常生活，所以降低二氧化碳排放量成为这一阶段的主要任务。发展低碳能源和开展低碳减排工作成为降碳减排的重要途径，也对节能减排政策的科学性提出了更高要求。

完善节能减排政策体系，提高政策科学性。2007年，国务院发布了《中国应对气候变化国家方案》，将应对气候变化工作提上日程，是中国第一部应对气候变化的政策性文件，也是发展中国家颁布的第一部应对气候变化的国家方案。2008年，我国修订了《中华人民共和国节约能源法》，细化节能减排管理的具体方针，明确节能主体和节能义务，强化节能目标责任考核，使节能减排政策体系的得到完善。2008年，在《可再生能源发展"十一五"规划》中强调了优化能源结构的重要性，指导可再生能源开发利用，引导可再生能源产业发展。此外，在2014年的《政府工作报告》中提出了加大节能减排力度，提高节能目标，控制能源消费总量，大力发展清洁能源、新能源，支持绿色低碳技术研发，推动低碳经济发展。2014年年底，国务院颁布了《能源发展战略行动计划（2014—2020年）》，提出了以电力为中心的能源消费结构调整，降低煤炭消费比重，提高天然气消费比重，重视和大力发展风能、太阳能、地热能等可再生能源。针对实现低碳发展的目标，制定更具针对性的政策。2016年，在《"十三五"节能减排综合性工作方案》中提出了在优化能源消费结构的同时，要优化产业结构发展，促进"双高"产业实现产业升级，强化重点领域节能。

在推动节能减排工作开展的同时，探索低碳发展模式。2007年，在《中国应对气候变化国家方案》中提到要控制温室气体的排放，反映了国家对低碳发展的重视。2010年，国家发改委发布了《关于开展低碳省区和低碳城市试点工作的通知》，确立了首批低碳试点城市，分别包括广东、辽宁、云南、天津、重庆、深圳等5省8市，将低碳发展引入城市范畴。同时，要求低碳试点城市要制定绿色发展配套政策、形成低碳发展产业模式，各试点地区纷纷采取行动落实中央决策。基于第一批试点城市的实施成效，国家发改委分别在2012年和2017年发布关于开展第二批和第三批试点城市的通知，并于2020年在全国范围内推广试点地区的成功经验。为发展低碳技术，2011年我国发布了《"十二五"控制温室气体排放工作方案》，明确提出了综合运用各种手段支持低碳技术研发与应用，大力推广先进低碳技术和产品，加快形成低碳发展的产业结构体系。

在完善法律体系的同时，加强市场化经济激励政策的引导力度。政府市场化激励手段主要有财政政策、税收政策、金融政策和价格政策。其中，财政政策是推动节能减排和环境治理工作开展的最有力的措施。财政政策主要包括政府部门的财政投入和绿色采购。财政投入主要包括发展绿色节能技术和政府部门采购节能环保产品。"十一五"期间，中央投资300多亿元用于发展节能技术；"十二五"期间，中央财政设立了节能减排专项资金，主要用于节能技术升级和淘汰落后产能。2007

年，列入政府强制采购清单的节能产品总计33种类别，涉及539家企业和14 551个产品型号，加大了政府对节能新产品的倾斜力度，有效激励企业向生产节能产品的方向发展。此外，实行税收优惠和税率调整也能够促进企业积极参与节能减排工作。过去的节能减排税收优惠政策局限于企业所得税、消费税等环节，自2010年起，为鼓励企业加大节能技术改造的工作力度，对节能服务公司实施的合同能源管理项目，暂免征收营业税和增值税，有效降低了企业节能技术成本。在促进节能企业发展的同时，通过调整税率提高"双高"企业税负，推动企业实现技术升级和能源消费转换，达到节约能源、减少排放的目的。金融政策成为支持国家节能环保工作开展的又一创新政策，政府监管部门号召各金融机构推出支持节能减排技术发展的信贷管理模式，通过绿色信贷助力节能。2010年，央行、银监会提出要严格管控"双高"企业的信贷投入，提高信贷融资对绿色环保企业的支持，改善环保领域的直接金融服务等。此外，2015年，银监会、国家发改委联合印发《能效信贷指引》，指导银行业金融机构通过提供信贷融资，支持用能单位提高能效、降低能耗。20世纪90年代，政府部门通过制定差别电价政策来提高高耗能、高污染企业的生产成本，在此基础上进一步提高了限制类和淘汰类企业的电价，并首次提出对能源消耗超过规定限额标准的企业实行"惩罚性电价"，各地可在国家规定基础上，按程序加大差别电价、惩罚性电价的实施力度。例如，河北省对钢铁、水泥行业实施的差别电价和惩罚性电价政策高于国家规定的标准，并执行更加严格的能耗限额标准，起到了抑制高耗能行业过快增长和淘汰落后产能的作用。此外，政府部门还通过价格激励保证可再生能源的投资回报，对可再生能源发电按照规定的上网价格实行全额强制性收购，促进了清洁能源领域大量的资金涌入。对于取得显著成效的价格政策，无论在国际市场上还是在中国市场上，碳定价机制成为控制温室气体排放的重要手段，对提高碳排放成本、降低企业碳排放量具有显著作用。碳定价机制就是将生产活动产生的二氧化碳排放进行定价，本着"谁污染谁付费"的原则将温室气体排放造成的环境污染内部化，有效推动了绿色低碳技术发展和产业结构优化升级。碳定价的主要方式包括碳税和碳排放权交易体系。其中，碳排放权交易体系在我国实践中取得了良好经验。2011年，国家发改委发布了《关于开展碳排放权交易试点工作的通知》，批准了北京、上海、天津、重庆、湖北、广东和深圳7个省份开展碳排放权交易试点工作。碳排放权交易政策在我国经过几十年的实践，取得了显著效果并积累了实践经验，2021年开启全国范围的碳排放权交易市场，碳排放权交易政策在我国降碳减排工作中的作用逐渐显现。

5.5.4 从"低碳"到"双碳"（2017年至今）

随着气候问题的频发，二氧化碳排放问题日益受到国家、社会的关注，各国积极制定相应政策和管理措施实现降碳减排目标。我国也在关注二氧化碳过度排放所带来的不利影响，在保证经济稳步发展的同时，开展降碳减排工作，重视低碳发展在节能环保工作中的关键作用。2020年，在第七十五届联合国大会上我国提出了2030年实现碳达峰、2060年实现碳中和的"双碳"目标，即2030年实现碳排放量增长最高峰，以后呈现逐年下降的趋势，2060年实现生产经营活动产生的二氧化碳总量与各类节能减排手段吸收的二氧化碳相抵。由此，这一阶段降碳减排成为我国环境政策的重点。

政策重心从节能减排聚焦于更为迫切的降碳问题，将低碳发展提到更高的战略地位。其中，能源结构调整作为一种从根源上限制碳排放总量的手段，对开展降碳减排工作显得更为重要。关于能源结构的调整，大致可分为促进化石能源清洁化和清洁能源的推广使用。2017年，国家发改委和国家能源局印发的《能源生产和消费革命战略（2016—2030年）》，强调了能源革命的紧迫性，明确了能源革命的目标，提出推动能源供给、消费、技术、体制革命，推动化石能源清洁化。大力发展可再生能源和清洁能源，降低化石能源在能源消费中的占比是实现"双碳"目标的重要途径，也是低碳经济发展的必由之路。2020年，全国能源工作会议提出加快风电光伏发展，大力提升新能源消纳和存储能力。2021年，我国在《关于完整准确全面贯彻新发展理念做好碳达峰碳中和工作的意见》中提出了以能源绿色低碳发展为关键，并对能源消费结构提出了具体要求：到2025年非化石能源消费的比重达到20%左右；到2030年非化石能源消费的比重达到25%左右，风能、太阳能发电总装机容量达到12亿千瓦以上；到2060年能源利用效率达到国际先进水平，非化石能源消费的比重达到80%以上，碳中和目标顺利实现。

与此同时，碳排放权交易政策效果显现，成为重要的市场化降碳手段。2017年，我国在《全国碳排放权交易市场建设方案（电力行业）》中提出了在发电行业正式启动全国碳排放权交易体系建设工作，逐步扩大市场覆盖范围、丰富交易品种和方式。2021年7月，全国碳排放权交易市场正式启动，成为全球覆盖温室气体排放规模最大的碳排放权交易市场。2020年，生态环境部印发了《纳入2019—2020年全国碳排放权交易配额管理的重点排放单位名单》，其中被纳入发电行业的重点排放单位共计2 225家，涵盖了火力发电、热电联产、生物质能发电等企业，同时包含了多家自备电企业。全国碳排放权交易市场开市首日成交量为410.4万吨，成交额为21 023.01万元，成交均价为51.23元/吨。

首先，通过淘汰落后产能，创新研发先进产能，提高"双高"企业对化石能源的清洁化使用，以及通过低碳技术发展可再生能源，调整能源消费以及二氧化碳捕获和埋存技术。其次，全国碳排放权交易市场促进企业通过技术创新降低碳排放成本对生产活动的影响，因此技术创新对能源结构调整和碳交易都有重要的影响，我国出台了相应的政策以加强对低碳技术的支持。2020年，我国在《中共中央关于制定国民经济和社会发展第十四个五年规划和二〇三五年远景目标的建议》中提出了加快推动绿色低碳发展，强化绿色发展的法律和政策保障，发展绿色金融，支持绿色技术创新，推进清洁生产，发展环保产业，推进重点行业和重要领域绿色化改造，推动能源清洁低碳安全高效利用。

在低碳政策演变的过程中，市场手段的作用愈发凸显，行政与市场化手段结合推动降碳减排工作的开展。其中，政府部门出台严格的行政命令型政策限制高污染、高耗能企业能源消耗及排污行为，甚至在政策影响之下钢铁、水泥等多个行业被要求限电、限产、停产。通过价格政策、投资政策和碳排放权交易机制等市场化手段激励企业发展低碳技术，使用清洁能源和环保产品。其中，碳排放权交易市场的核心就是市场调节机制，通过合理配置碳排放资源，将碳排放成本内部化，促使企业从技术升级等多个角度减少能耗和排污。

在投资政策方面，通过政府引导构建与低碳相关的投融资体系，加大对碳中和相关绿色低碳投资项目的支持力度，为市场主体的绿色低碳投资增添活力。在财税和价格政策方面，以加大对绿色低碳产业发展、技术研发的财政投入为主要手段，广泛推行绿色采购制度，助力企业高效生产绿色低碳产品和开发技术；研究碳减排相关税收政策，实行税收优惠，助推绿色低碳经济发展；强化价格约束引导，严禁对"双高"行业实施电价优惠，加大差别电价等政策的执行力度以体现价格的激励作用。目前，电力行业已率先被纳入全国碳排放权交易市场，发放碳排放配额，未来在化工、建材、钢铁等高耗能行业也将逐渐实行。碳排放权交易机制有利于淘汰落后产业，实现产业优化升级，也能够倒逼企业使用新能源，减少对碳排放的需求，从而达到节能降碳的效果。

6 碳减排政策的环境治理效果评估
——以低碳试点政策为例

6.1 引言

自从进入工业化时代之后，工业活动的增加促使以二氧化碳为主的温室气体排放量持续提升，其主要源自能源、废物处理、农业和工业过程部门，其中又以化石能源燃烧和工业过程中所排放的二氧化碳为主要来源。虽然近年来全球碳排放量增速有所放缓，但全球的碳排放总量仍未达到顶峰，这就意味着未来的气候变化形势依旧严峻。温室气体浓度的升高逐渐形成更强的温室效应，从而造成温室气体排放与气候变化之间紧密相关的局面。同时化石能源的大量使用也会使全球温室气体的浓度升高，其引发的气候问题使得低碳发展之路成为人类社会可持续发展的必经之路。

政府间气候变化专门委员会曾在第 5 次评估报告中指出二氧化碳等温室气体浓度的升高是气候变化的主要原因。全球的地表平均气温与二氧化碳排放量之间呈现出相对一致的变化态势。气候变化势必对人类赖以生存的自然环境产生各个方面的破坏性影响，例如极端天气增加、全球变暖、物种减少和海平面上升等各种生态与气候问题日益频发，威胁到人类的可持续发展。温室气体的过量排放会使温室效应显著提升，继而造成气候变暖以及灾害增加，这些已经成为全世界的共识。目前全球每年向大气排放近百亿吨温室气体，而二氧化碳作为温室气体中的主要组成部分，减少碳排放被视为解决气候问题的最主要途径。如何减少碳排放量以减缓全球气候变化，从而促进人类社会健康发展和保护地球，也成为全球性的重要议题。因此，要避免气候灾难，各个国家必须不断调整策略，采取措施来降低碳排放量。

20世纪末至今，国际社会相继通过《联合国气候变化框架公约》、《京都议定书》和《巴黎协定》，在全球实施碳减排政策，低碳发展之路应运而生，逐步被世界各国认可并付诸实施。其中《巴黎协定》要求联合国气候变化框架公约的缔约方立即明确自身的责任，使碳排放量尽早达到峰值以减缓气候变化，努力在21世纪中叶实现碳排放净增量归零的宏伟目标，在21世纪末相对于工业革命前将全球地表温度的上升幅度控制在2℃以下。中国为履行全球的环境污染治理责任，于2016年4月在联合国签署了《巴黎协定》，并承诺在2060年实现"碳中和"目标。2020年党的十九届五中全会召开，对生态环境保护和生态文明建设作出重大决策部署，明确提出"十四五"时期"生态文明建设实现新进步"的远景目标。为有效改善空气质量，我国持续不断地开展《大气污染防治行动计划》、推行生态文明先行示范区及低碳城市试点等整改措施。2021年3月15日，习近平总书记在主持召开中央财经委员会第九次会议时再次点明"碳达峰"和"碳中和"的重要性，并将其纳入生态文明建设整体布局。国家发展和改革委员会为实现有效控制温室气体排放的目标，在经济增长和国际减排要求的双重压力下于2010年7月19日发布《国家发展改革委关于开展低碳省区和低碳城市试点工作的通知》，在5个省份8个城市开展低碳城市试点工作。在取得显著成效后，国家发展和改革委员会又于2012年和2017年分别开展了第二批和第三批低碳城市试点工作。基于此，本章试图回答以下问题：低碳试点政策是否会存在溢出效应？通过降低环境污染物排放能否产生环境污染治理成效？不同城市之间政策的影响是否会存在异质性？低碳试点政策又会通过何种途径影响环境污染水平？

目前，有关低碳试点政策的研究文献较多，低碳试点政策实施的主要目的是降低碳排放量，因此许多学者在进行低碳试点政策评估时以二氧化碳的排放量为衡量指标，以此判断政策的有效性。低碳试点工作在开展过程中需要不断发展低碳产业、推动产业结构的优化升级，以此达到降低二氧化碳排放量的目的，在此过程中必然会出现改善环境污染、产业结构升级和经济发展等溢出效应，因此许多学者将经济发展水平和环境改善等作为低碳试点政策有效性的评估指标。参考已有文献，将文献分为以下几个方面。

6.2 文献综述

6.2.1 环境视角

第一，从二氧化碳减排角度看，苏涛永等（2022）利用多期双重差分法，基于2009—2017年285个城市的平衡面板数据实证分析了低碳城市和创新型城市政策对碳排放量的影响。研究证明，双试点城市的碳排放量显著降低，碳减排效应在东部城市和以主导产业为第三产业的子样本中更加显著，且双试点城市可以通过提高绿色创新技术水平和优化升级产业结构等手段抑制碳排放量。张华（2020）采用双重差分法，利用2003—2016年中国285个城市的面板数据，实证分析了低碳城市建设对碳排放的影响。研究发现，低碳城市建设确实降低了碳排放水平，且碳减排效应在西部城市和经济发展水平较低的城市中更加显著，可以通过降低电力消费量和促进技术创新水平等方式抑制碳排放量。

第二，从环境污染治理角度，董梅（2021）运用合成控制法，利用2001—2018年84个城市的平衡面板数据，实证分析了低碳试点政策的工业污染物净减排效应。结果显示，低碳试点政策确实显著影响了工业废水排放强度、二氧化硫排放强度、工业烟尘排放强度和工业固体废物利用率，且经济发展水平、经济结构和行政等级也会对低碳政策效应产生影响。陈启斐和王双徐（2021）利用2003—2016年中国285个城市的平衡面板数据研究分析了低碳试点城市服务业比重和PM2.5强度之间的关系，研究发现低碳试点城市服务业占比与PM2.5强度呈现负相关关系，且低碳城市服务业的发展对非国有企业的影响更为显著，可以不断促进企业技术创新。彭璟等（2020）采用双重差分模型利用2003—2016年280个城市的平衡面板数据，实证分析了低碳试点政策对城市废气排放量的影响。研究表明，低碳试点城市建设显著降低了二氧化硫废气排放水平，存在技术效应和效率升级效应，但结构效应并不显著，对于人口规模较大、高经济发展水平、高城市化水平、高外商直接投资水平、高研发投入水平的城市影响更为显著。

6.2.2 经济视角

第一，从技术创新角度，胡求光和马劲韬（2022）构建了多期差分模型实证分析了低碳试点政策对绿色技术创新效率的影响，结果表明低碳试点政策确实可以有效提升绿色技术创新效率，且对东部城市、重点科教城市和大规模城市的作用更为显著。熊广勤等（2020）通过构造三重差分模型检验了低碳试点政策对高碳排放企业绿色技术创新的影响，结果显示低碳试点政策显著提高了高碳排放企业的绿色技术创新水平，且对东、西部地区和非国有高碳排放企业的影响更为显著。

第二，从经济发展角度，赵振智等（2021）采用渐进双重差分法，基于2008—2019年沪深A股上市企业的数据以及企业所在城市的面板数据，实证分析了低碳试点政策对企业全要素生产率的影响，结果显示低碳试点政策确实能够提高企业全要素生产率，会降低高碳排放行业企业和提高非国有企业的全要素生产率，且可以通过缓解企业融资约束、提升企业技术创新和优化企业资本配置效率的方式来提升企业全要素生产率。臧传琴和孙鹏（2021）构建了双重差分模型，利用2007—2016年204个城市的平衡面板数据实证分析了低碳试点政策的绿色发展效应，结果显示低碳城市的建设确实能够促进地方绿色发展，且非资源枯竭型和东部地区城市的绿色发展效应更为理想，可以通过产业结构高级化和技术创新促进地方的绿色发展。

6.2.3 能源视角

范丹和刘婷婷（2022）利用MinDS模型科学计算城市全要素能源效率，利用双重差分法实证分析了低碳试点政策对能源利用效率的影响。结果证明低碳试点政策显著提高了全要素能源效率，异质性分析发现对于要素市场化程度高的城市效果更为显著，并可以通过优化产业结构、促进技术创新等方式进一步提升城市能源利用效率，助力我国实现"碳达峰"和"碳中和"的目标。张兵兵等（2021）利用双重差分模型，将三批低碳试点政策作为准自然实验，实证分析了低碳试点政策对城市全要素能源效率的影响。研究显示，低碳试点政策能够显著提升城市全要素能源效率水平，且对不同资源禀赋、工业特征、金融发展水平和区域城市的全要素能源效率具有异质性，可以通过产业结构升级、技术创新来提升城市全要素能源效率，为实现节能减排目标提供重要保障。

6.2.4 路径选择视角

目前，有关低碳试点城市发挥作用的路径选择研究尚未形成统一的范式，许多学者针对不同研究对象使用不同的方法提出具有借鉴意义的路径。例如，佘硕等（2020）研究发现低碳试点政策能够通过提升城市技术创新水平、优化产业结构升级的渠道提升城市的绿色全要素生产率。禹湘等（2020）采用STIRPAT模型研究分析了经济规模、能源结构、产业结构和城镇化水平等因素与碳排放量之间的关系，研究发现对于低碳成熟型城市，发展可再生能源和加大研发资金投入是实现碳减排的关键；对于低碳成长型城市，优化产业结构和提升城镇化的质量是实现碳减排的关键；对于低碳后发型城市，需要不断加快淘汰落后产能，推进产业结构升级转型是关键。

综上所述，目前有关低碳试点政策的文献研究较多，许多学者不只从碳减排角度，也从经济发展、环境污染治理和能源利用率提升等多个角度分析低碳试点政策的有效性，进行实现路径研究并提出具有借鉴意义的未来发展建议，同时既有文献研究为我们深入了解低碳试点政策及后续工作的开展提供了重要经验。中国人口众多,地域广阔,某一项政策在执行过程中将会遇到许多困难且存在不确定性,从而使执行效果偏离既定目标。因此有关低碳试点政策的研究不仅具有学术价值,而且可以在获取前期经验成果的同时拓展未来发展空间,具有一定的现实意义。

本章可能存在的边际贡献在于:第一,低碳城市建设的主要目的是实现碳减排目标,因此许多学者主要以碳减排作为低碳试点政策有效性的衡量标准,也有部分学者将研究重点聚焦于产业结构升级、外商投资等溢出效应,因而本章主要考察了低碳试点政策的溢出效应即环境污染治理成效。第二,许多学者对第一批、第二批低碳试点城市的样本数据联合进行分析,为了在更细致的范围内探讨低碳试点政策的有效性,本章选择对第二批低碳试点城市的样本数据进行研究。第三,本章为未来进一步扩大低碳城市的试点范围提供了科学的依据,为在经济高质量发展过程中实现环境污染治理和绿色可持续发展等综合目标奠定坚实的基础。

6.3 低碳试点政策

6.3.1 中国低碳试点政策与实践

中国地大物博,经过多年的建设发展,各地区呈现出多样化发展模式。从自然资源来看,各地区本身所处的地理环境和特有的资源禀赋具有明显的差异性,在此基础上发展起来的地区经济发展水平、城市化水平、产业结构等也呈现地区差异,同时经济活动的开展也会对地区本身的资源禀赋产生消耗进而影响地区环境,两者相互作用。由此可见,地区环境受到各因素多方面影响,环境治理也应考虑到我国经济发展存在的显著差异,因地制宜地发展绿色经济。各地区发展基础和潜力不同,实现低碳发展的进度也存在差距,各城市作为实现低碳发展的主体,要依据自身现状制定差异化政策,合理配置资源和调整产业结构,实现经济发展与绿色低碳协调发展。中国自21世纪初开始对低碳城市建设进行理论研究和实验探索，并针对中国特色的低碳策略开展系统研究，启动了众多实质性项目，涵盖政府职能、主体功能区、工业发展、绿色建筑、公共交通、环境管理等多方面内容。

低碳试点城市就是在部分经济基础、产业发展、资源条件合适的城市率先形成低碳发展模式，推动经济与碳排放实现脱钩，实行低碳经济，包括低碳生产和低碳消费，建设资源节约型社会和环境友好型社会，促进绿色可持续发展。建设低碳城市就是对试点城市加强引导和支持，结合本地特色大胆探索，发展低碳经济，倡导低碳生活，建设低碳社会。

2010年7月19日，国家发展改革委发布《国家发展改革委关于开展低碳省区和低碳城市试点工作的通知》（以下简称《通知》），《通知》表示，根据地方申报情况，统筹考虑各地方的工作基础和试点布局的代表性，经沟通和研究，确定首先在广东、辽宁、湖北、陕西、云南五省和天津、重庆、深圳、厦门、杭州、南昌、贵阳、保定八市开展试点工作。2012年4月，为落实《国务院关于印发"十二五"控制温室气体排放工作方案的通知》的精神，国家发展改革委气候司提出在第一批试点城市范围的基础上，进一步开设低碳试点示范省市。2012年11月，国家发展改革委发布《国家发展改革委关于开展第二批低碳省区和低碳城市试点工作的通知》，加设北京、上海、海南和石家庄等29个城市和省份成为我国第二批低碳试点城市。2017年，国家发展改革委发布了《国家发展改革委关于开展第三批国家低碳城市试点工作的通知》，提出按照"十三五"规划纲要、《国家应对气候变化规划（2014—2020年）》和《"十三五"控制温室气体排放工作方案》要求，再次扩大我国低碳试点城市范围，鼓励更多的城市探索和总结低碳发展经验，组织各省、自治区、直辖市和新疆生产建设兵团发展改革委开展了第三批低碳城市和省份试点的组织推荐和专家点评。经统筹考虑各申报地区的试点实施方案、工作基础、示范性和试点布局的代表性等因素，确定内蒙古自治区乌海市等45个城市（区、县）为第三批低碳城市试点地区，并逐步在全国范围内推广试点地区的成功经验。

低碳发展模式成为未来社会发展主流方向，低碳城市建设是未来城市发展的必经之路，但我国低碳城市建设面临众多障碍。

1.各社会主体对低碳发展观念认识不足

相较于低碳发展先进的英国、美国和新加坡等国家，低碳发展观念对我国而言还属于新理念，政府、企业以及公民认知不足。对于政府部门工作人员而言，突如其来的低碳工作指标打破了原有的经济发展模式，他们认为开展环境保护和低碳发展工作必须牺牲一定量的经济发展，甚至认为低碳与经济发展不可兼得，产生低碳发展就是不发展经济、停下经济建设脚步一心改造环境的抵触心理。而从表面来看，低碳发展对企业生产经营活动提出的限制性和约束性条件提高了企业生产成本，威胁到了企业短期利益。对于公众而言，参与低碳建设主要通过自身道德要求，政府部门为实现低碳经济发展而制定的法律法规无法限制公民日常生活。而在低碳建设初期，由于政府宣传教育不到位等原因，公民对低碳消费、低碳生活等观念认知不清晰，意识不到二氧化碳过度排放对人们日常生活逐渐产生的影响，不能够自觉主动地参与到低碳建设中来。政府、企业和公众的生产和生活行为是环境污染与治理的主体，他们对于低碳发展观念认知的不足将直接阻碍低碳城市建设过程。

2.我国产业与能源结构低下

产业结构与低碳发展是相互作用的关系，产业结构直接影响低碳建设效果，而低碳发展目标也能够有效促进产业结构优化升级。我国工业化与城市化进程起步较晚，2013年以前呈现以工业为主的特征，产业结构优化过程缓慢。中国是目前世界上第一能源生产国和消费国，基于我国的能源禀赋一直呈现"多煤缺油少气"的特征，能源消费结构仍然以煤炭为主。从2021年能源消费结构来看，我国能源消费以一次化石能源为主，其中煤炭消费总量占能源消费总量的56.0%。高耗能、高污染的工业部门发展是造成二氧化碳过度排放的主要原因，经济对工业的依赖给低碳发展带来了更大的压力，尤其是能源、汽车、钢铁、交通、化工、建材等六大高能耗产业的发展，将导致高碳态势很难改变。

3.重点行业碳排放严重

城市交通是温室气体的一大重要来源，随着社会经济进步，城市化进程加快、消费水平提升以及社会老龄化对家庭规模与消费结构的影响,导致城市机动车数量不断增加。由于机动车多数是以汽油、柴油为动力,提高了整个社会生产生活对化石能源的需求量,增加了碳减排压力。从能源消耗产生的碳排放来看,建筑部门与交通部门的碳排放量大体相当。但建筑部门碳排放包括隐含碳排放和运营碳排放,其中隐含碳排放仅包括建筑过程中的碳排放,而运营碳排放则包含建筑运行过程中的碳排放。建筑全过程碳排放总量占全国碳排放总量比重过半,由此可见,建筑领域为我国主要碳排放来源之一。

6.3.2 国内外低碳试点政策

1.国内低碳试点典型城市

城市能源消耗是温室气体排放的重要来源之一,也是开展碳减排工作和发展低碳经济的重要主体。目前为止,我国已经开展三批低碳试点城市共87个,其中一线、新一线城市以及部分重点省会城市成为低碳实践重点关注城市。2016年在联合国气候变化会议上,中国代表团副团长谢极表示中国已有多个城市表示在2030年左右实现城市碳达峰,甚至有城市承诺2020年前实现碳达峰目标。实现"双碳"目标的直接措施就是降低能耗,包括调整产业结构和能源消耗结构。第三产业万元GDP能耗最低,因而许多城市关注城市产业结构转变对能耗的直接作用,大力发展第三产业,其中北京市第三产业比重已经超过80%,在北京市低碳发展取得的成果中具有重要作用。发展低碳经济并不意味着盲目发展第三产业、降低工业占比,能源消费结构的调整也具有重要意义,其中上海市于2011年实现工业能源终端消费量峰值,且这一过程中工业增加值呈现上升趋势,这表明上海市已经实现工业结构升级和节能增效,大大推动了上海市低碳实践。2021年以来,双碳"1+N"政策反复被提及,其中"1"表示顶层设计,就是要出台一个实现碳达峰目标与碳中和愿景的指导性文件,指明主要方向;"N"表示各地政府部门和各企业行业依据顶层设计细化发展目标,就是根据不同的领域,出台一系列指导性的政策和方案。杭州市针对此政策提出发展对策"1+1+N+X",进一步细化自身发展目标,在低碳城市发展过程中取得显著成果。

（1）北京

"双碳"目标的提出使得早日实现碳达峰、碳中和成为各省市开展低碳建设的指向标，其中北京市在"十三五"期间提出要争取在2020年前实现碳达峰的目标，比中国在国际社会上提出的2030年实现碳达峰的目标还要提前。数据显示，北京市在2020年的PM2.5年均浓度为38微克/立方米，较2015年下降超过50%，单位地区生产总值能耗和二氧化碳排放也较2015年分别下降24%左右和23%以上。由此可见，北京市对于碳排放的管理取得了显著成效。此外，北京市还重视能源转型对实现碳达峰目标的重要意义。2017年，北京成为全国第一个远离煤电、采用清洁能源的城市，其最后一家大型燃煤电厂已下线备用。2018年，北京市近3 000个村庄实现燃煤改用清洁能源，平原地区实现"无煤"。2020年，北京的碳强度比2015年下降23%以上，超过"十三五"规划设定的目标，在中国省级地区中排名最低。统计年鉴数据显示，北京煤炭消费量从2012年的2 179.6万吨下降到2021年的150万吨以下，占北京能源消费的比重从2012年的25.2%下降到1.5%以下。在"十四五"规划纲要中，北京市提出了"十四五"规划的高目标，即在减少碳排放的同时保持稳定，扎实推进碳中和，为北京应对气候变化树立榜样。这一说法可能预示着北京的碳排放已经达到或即将达到平稳状态，并将在未来几年寻求下降。

（2）上海

到2025年，上海市要实现"两稳定、两初步"，做到"三达、两保、两提升"。"十三五"期间，上海市坚持控制碳排放总量和强度。煤炭消费量继续下降，天然气消费量稳步增长，光伏、风电等可再生清洁能源继续发展。上海一直大力支持光伏产业的发展。2015年以来，出台了光伏补贴、光伏规划建设、电价调整等一系列政策。2021年1月，上海市生态环境局局长程鹏表示，到2025年，上海碳排放总量要力争达到峰值，实现"两个稳定、两个初步"，做到"三达、两保、两提升"。"两个稳定"是指"生态环境质量稳步改善"和"生态服务功能稳步恢复"。"两个初步"是资源节约和环境保护的空间格局，是指产业结构、生产方式和生活方式的初步形成，以及环境治理体系和治理能力现代化的初步实现。"三达"包括三个达标的目标，即大气环境质量全面达标、水环境功能区基本达标，以及碳排放总量力争达峰。"两保"是指"土壤和地下水环境质量保持稳定"和"近岸海域水质保持稳定"。"两提升"则是指"受污染耕地、地块安全利用率持续提升"和"森林覆盖率、人均公园绿地面积持续提升"。

（3）杭州

"1+1+N+X"和"2021年碳达峰碳中和工作任务清单"的政策支持体系，为杭州市推进碳达峰碳中和工作指明了方向。第一个"1"是《杭州市全面贯彻新发展理念做好碳达峰碳中和工作实施意见》，明确了到2030年高质量实现碳达峰，到2060年率先建成零碳城市，提出了实现碳达峰碳中和的十大重点任务。第二个"1"是《杭州市创建碳达峰碳中和试点城市实施方案》，确定了"围绕一个目标、推进一项改革、落实六项绿色发展规划、加强四个支撑、开展一项合作、落实四项清单、展示五项成果"的建立和实施路径。"N"是N个碳达峰行动计划，即碳达峰总体行动方案、"6+1"领域碳达峰行动方案以及各区、县（市）的实施意见和行动计划。"X"是指X项配套政策，包括清洁能源发展、能耗双控、减污降碳、财税支持、绿色金融支持、市场机制等18项系列配套政策。

2.国外低碳城市实践

城市低碳、生态、绿色发展是解决资源能源危机、缓解生态环境恶化、应对气候变化的重要途径。由于理念、政策、技术、管理体制尚未形成标准体系，我国许多城市在不同程度上存在着空气污染、资源短缺、交通拥堵等问题，而国外许多城市都以建设生态城市作为公共政策来推动和引导城市发展，并积累了许多成功的经验，因此，国外低碳城市的发展经验可以借鉴。

（1）英国：生态城镇

英国在生态小镇建设方面有着良好的传统和实践经验。从19世纪乌托邦式的新城到霍华德的"明日花园城市"，他们正在探索能够提供充足就业机会、贴近自然、提供各种服务、化解社会矛盾的小城镇。在全球气候变化的背景下，为了实现碳减排目标，2008年英国提出了生态城镇建设目标，并要求各地自愿报名，最终确定了4个生态城镇。这些生态城基本上是公共交通覆盖的大城市的卫星城，发展目标是探索零碳排放开发建设运营模式，要求每个生态城至少在一个环境可持续性领域具有示范意义。该项目要求每个城镇至少容纳5 000~10 000户家庭，并配备学校、商店、办公室和娱乐等高质量服务。生态小镇30% ~50%的居住建筑应为低价或低成本住房，销售与租赁配置合理、面积适中、功能混合，能满足不同人群的需求。各乡镇应设立管理机构，负责生态城镇的开发、建设和管理，完善建设目标和措施，为居民提供各种服务。

英国的生态小镇在技术层面上也有比较完整的规范，其生态小镇的规划政策分别从碳排放、气候变化、住房、就业、交通、生活方式、服务设施、基础设施、绿色景观和历史环境、生物多样性、水、防洪、垃圾管理、总体规划、实施、交付、社区控制等方面提出了具体的要求，如在能源方面呼吁普及可再生能源系统，实现城镇零碳排放或低碳排放；在交通方面，建设多功能社区，增加步行、骑行和公交出行的比例，使居民10分钟内就能到达间隔较短的公交站点或社区服务设施。在绿色基础设施方面，建设高质量的绿色开放空间网络，绿地面积占比达到40%以上，其中公共绿地占比达到一半；在社会和经济方面，应制定可持续的经济发展战略，确保当地居民就业，并提供优质的生活设施。

（2）美国：波特兰

波特兰市是美国俄勒冈州最大的城市，2000年被评为"创新规划之都"，2003年被评为"生态屋面建设先锋城市"，2005年被评为"美国十大宜居城市"和"美国第二大宜居城市"，2006年被评为美国步行环境最好的城市之一。波特兰在生态城市建设方面有很多值得借鉴的创新实践。

在城市规划方面，波特兰是美国第一个以城市增长边界作为城市与郊区土地边界、控制城市无限扩张的城市。城市生长边界具有法律效力，可以在控制城市蔓延的同时提高城市土地利用效率，保护边界外的自然资源。波特兰都市圈GIS规划支持系统是美国最先进、最复杂的规划信息系统。早在1980年就开始利用GIS模拟城市交通，用城市发展模型预测未来交通发展。它不仅为都市圈的城市管理提供信息服务，还为决策者和规划者提供长期城市规划中土地利用、人口、住房和就业的未来变化的预测。

在土地利用政策上，波特兰遵循精明增长的原则，强调高密度和混合的土地开发模式，提倡以公交为导向的土地开发。20世纪50年代，为了促进老城区的繁荣，有轨电车的修建使老城区对私家车的依赖减少了35%。1988年，波特兰成为第一个为TOD建设提供联邦拨款的城市。波特兰的交通系统以其紧密相连的公共汽车系统和缓慢的交通而闻名。公共交通系统以轻轨和公共汽车为主，辅以示范性的有轨电车和缆车系统。轻轨系统连接区域内的主要节点，如城市中心、机场、住宅和就业中心等。该公共交通系统采用智能化管理，实时显示车辆运行时间，并使用智能手机进行公交计费。

在可再生能源利用和节能方面，波特兰主要利用风能和太阳能发电，主要通过发展绿色建筑来提高能源效率。波特兰有很多非营利组织为绿色建筑提供无偿的技术支持、材料咨询和政策建议。波特兰通过发展电动汽车及电力储能等相关产业，实现运输节能。

（3）丹麦

丹麦被认为是全球低碳经济的领先者，丹麦首都哥本哈根更是发展低碳经济的典范。哥本哈根曾被联合国人居署选为"全球最宜居的城市"，并给予"最佳设计城市"的评价。同时哥本哈根是世界首座"自行车之城"。2012年，哥本哈根整体气候计划以减碳为出发点，争取在2025年成为首座碳中和城市。

第一，城市设计规划。在1962年以前，哥本哈根这座城市的市中心挤满了机动车道，造成了拥堵的现象，后来随着机动车辆的猛增，市中心的步行条件逐步恶化。在这种情况下，市政府逐渐控制进入市中心的机动车数量，并且限制市中心停车场的面积。在这个循序渐进的改革过程中，人们逐步放弃以私家车作为出行工具，取而代之选择城市公共交通或是自行车。为了方便城市居民使用自行车这一交通工具，政府在1995年设立"城市自行车系统"，用温和的整治手段逐步改善城市街道环境，通过努力实现了高质量的空间利用率。

第二，绿色能源。2012年，哥本哈根提出《CPH2015气候计划》，该计划既是一份整体规划，又集合了四个领域的具体目标和倡议，包括能源消耗、能源生产、通勤以及市政倡议，以实现世界第一个碳中和城市的目标。其具体措施包括：建立100台风力涡轮机；热消耗量和商业用电量均下降20%；骑车、步行或是乘坐公共交通工具的外出，要占到出行总量的75%；全部有机废物实现生物质气化；架设6万平方米的太阳能电池板；哥本哈根的取暖需求百分之百由可再生能源满足。

此外，发展节能建筑、开发新能源、提升垃圾回收率、扩展森林面积也是节能减排的举措。

6.3.3　中外低碳试点政策比较研究

中外城市为应对气候变化将实现产业升级和能源转型、找到新的经济增长点作为发展重点，其中发展低碳城市成为实现目标的必然选择，城市发展中都十分重视低碳城市建设。但很显然，由于经济基础、发展阶段和自然条件等因素的不同，国内外城市低碳建设存在显著差异。

1.发展动机

国外低碳城市建设的主要动机还是应对气候变化对经济生活带来的影响，其中城市活动成为能源消耗和二氧化碳排放的主体，是气候问题的重要影响因素之一。因此，转变城市能源消耗和发展方式成为必要手段，同时国际社会对因经济发展对大气环境带来的过度影响强调，各国要承担相应的社会责任。在被动承担社会责任与主动转变发展方式的双重作用下，各国开启低碳城市建设发展。此外，导致国外开展低碳城市建设的另一大动机是提升城市竞争力，从环境、生活、消费等各方面落实便利与低碳观念，能够有效吸引从事高生产力产业发展的人才，提升城市综合竞争力。

相对于国外低碳城市建设发展动机的主动性，我国低碳城市建设过程中更多是被动发展的成分。不同于西方发达国家的经济发展阶段，中国正处于实现中华民族伟大复兴的关键时期，气候环境问题的频发对我国经济发展提出新的要求，要实现由高速发展到高质量发展的转变。为承担相应国际责任，我国经济必须在实现低碳发展的过程中找到新的经济增长点，推动低碳经济发展。

2.发展途径

通过梳理国外低碳城市建设案例发现，实践内容主要集中于能源更新、交通减排、建筑减排和城市规划等方面。对于能源更新而言，英国的生态城镇建设提出要呼吁普及可再生能源系统，实现城镇零排放和低碳排放等；波特兰主要通过利用风能和太阳能实现可再生能源利用和节能目标；丹麦通过精准规定可再生能源设施建造数量扩大对太阳能和风能的利用。对于交通减排而言，英国生态城镇建设多功能社区，增加居民绿色出行比例，在保证便利的情况下发展绿色出行；新加坡通过电子收费限制非公交车辆在高峰时期进入市中心，并出台汽车限购政策减少汽车使用量；哥本哈根被称为世界首座"自行车之城"。对于建筑减排而言，波特兰有很多非营利组织为绿色建筑提供无偿技术支持、材料咨询和政策建议，促进绿色建筑使用；新加坡也提出了绿色建筑最低标准，限制建筑污染。对于城市规划而言，波特兰发展技术支持城市管理，提高土地利用率。

由此可见，国外低碳城市建设多关注于居民生活减排的消费性、服务性部门，而中国则注重对生产性部门的低碳发展限制，主要是对于产业结构升级、能源消耗结构转型和发展低碳技术等的建设。

3.政策工具

比较国内外建设低碳城市相关政策体系发现，国外所用到的政策工具具有一定的组合性和多元性，除了运用强制性政策工具之外，还会用到激励性工具和自愿性工具，如英国生态城镇的建设就是各地自愿报名产生。而国内的低碳城市建设多是服从整体的降碳目标颁布命令控制型政策，强制各地区依据自身情况制定相应的管理和发展措施以实现政策目标，相较而言，政策工具类型单一。此外，在相关保障措施方面，国外可以通过政府机构出台相关法令、标准以及设立基金的方式保障低碳政策的落实，相较而言，我国低碳试点城市多停留于宏观策略层面，缺少相关保障措施。

6.3.4　低碳城市发展国际经验借鉴

通过对比国内外低碳城市案例可以看出，我国在发展动机、发展途径和政策工具的选择上相较于西方国家还有所欠缺。国内外城市开展低碳建设的最终发展目标就是协调经济与环境的关系，实现人与自然和谐相处，调整能源消耗结构，降低消费量，提高能源利用率，加强可再生能源的开发利用，寻找新的经济增长点。这些目标的落实，少不了从生态经济政策体系、能源结构转型、低碳技术开发与应用、城市运行管理、产业结构升级等方面全面探索低碳城市建设方向。中国低碳城市建设相对晚于部分西方发达国家，因而应根据我国实际情况借鉴和学习国外城市先进管理理念和创新实用政策与技术，加强把握多部门、多学科共同合作的力量，在学习中创新管理方法与技术，推动我国"双碳"目标的实现，为世界环境问题贡献中国智慧和中国力量。

第一，在生态经济政策体系方面，综合运用各类政策工具，通过制定法律法规和实施政策激励等方式形成科学灵活的生态经济政策体系。如在社会经济发展方面，要保障公共基础设施，创造就业机会，解决住房问题，提供方便、绿色、低碳的出行方式，为低碳发展模式提供基本保障，尽可能创造公平和谐的社会环境。低碳城市建设涉及规划、设计、管理、运营等多个专业领域，需要用系统的思维全面地推进。

第二，在低碳技术应用方面，首先关注低碳技术在开发可再生能源方面的重要作用，利用低碳技术发展新能源代替高碳排、高污染的一次能源，实现能源消费结构转型。另外，还要注重发展碳捕获与封存技术，直接减少碳排放对城市环境的影响。低碳技术推广中国家与地方政府的政策支持必不可少，从财税支持、税收优惠、价格政策、节能减碳标准、节能低碳标识等各个角度制定法律法规促进低碳技术推广应用。

第三，在城市运行管理方面，首先交通运输系统与车辆技术、信息网络技术在城市发展建设过程中的综合应用对低碳城市建设具有重要作用。国外低碳城市建设多关注对交通与建筑这两大高碳排行业的管理，其中进行科学的城市规划具有关键性作用，规划形成用地集约、结构紧凑、功能混合的空间布局，高效低碳、循环再生的资源能源利用体系，建设通畅便捷的公共交通体系和宜居舒适的绿色建筑社区。此外，提倡低碳生活理念和方式是低碳城市发展的基础。引导公众认可低碳观念，将低碳生活方式贯彻到生活的方方面面，真正体会到低碳生活带来的好处。

6.4　研究设计

6.4.1　假设提出

许多高污染、高排放和高能耗行业在生产过程中会产生废水、废气和固体废弃物，但由于技术创新不足、资金短缺、处理成本高昂和环保意识不足等多个因素，所产生的污染气体和污染物质不经处理便被排放出去。含二氧化碳和二硫化碳的废气和含重金属的废水一经排放便会对土壤、水源等环境要素造成不同程度的污染，最终将会危害到动植物甚至人类的生命健康安全。中华人民共和国成立之后，中国企业的排污行为易受到政策的引导，缺乏内部的自主性，呈现出典型的被动推进特征，而低碳试点政策的实施给了企业一个自发激励的契机。低碳试点政策的具体任务包括五项：编制低碳发展的规划；制定支持低碳绿色发展的相关配套政策；加快构建以低碳排放为特征的产业体系；构建温室气体排放的数据统计与管理体系；积极倡导低碳绿色的生活方式和消费模式。从逻辑上看，经济发展、能源节约和空气质量改善之间并不是毫无关联的，尽管低碳试点政策实施的主要目的是实现碳减排，但随着低碳产业发展、低碳生活方式的实施、能源利用率提升和能源结构优化等措施的开展，经济高质量发展、能源节约和空气质量改善等溢出效应也会随之而来。低碳试点政策主要针对的是降低二氧化碳的排放量，但是在政策实施过程中由于二氧化碳、二氧化硫等的同根同源性，企业生产经营活动受到低碳试点政策限制的同时，二氧化硫的排放量相应也会下降，即低碳试点政策能够通过碳减排对区域污染协同减排，达到改善空气质量的效果。

综上所述，本文认为低碳试点政策有利于改善空气质量。

6.4.2　模型介绍

本章通过构建双重差分模型来实证分析低碳试点政策对环境污染水平的影响，同时为解决许多现有文献存在的内生性问题，选择在控制城市固定效应和时间固定效应的前提下研究政策实施前后试点与非试点城市的环境污染水平差异。设定的模型如下：

$$Y_{it} = \alpha + \beta \cdot treat_i \cdot post_t + X'_{it} \cdot \gamma + \mu_i + \delta_t + \varepsilon_{it} \qquad (6-1)$$

其中，将被解释变量即环境污染水平设定为 Y_{it}，以工业废水排放量和二氧化硫排放量的对数来衡量。将模型的核心解释变量设定为 $DID_{it} = treat_i \cdot post_t$。当 $treat_i = 1$ 时，表示已设立为低碳试点城市；当 $treat_i = 0$ 时，表示不是低碳试点城市。由于国家发展改革委于2012年末下发《国家发展改革委关于开展第二批低碳省区和低碳城市试点工作的通知》，考虑到政策的时滞性，政策应会在2013年真正发挥作用。因此当 $post_t = 1$ 时，表示时间大于等于2013年；当 $post_t = 0$ 时，表示时间小于2013年。当 $DID_{it} = 1$ 时，表示城市 i 在时间 t 是低碳试点城市；当 $DID_{it} = 0$ 时，表示城市 i 在时间 t 不是低碳试点城市。X'_{it} 代表控制变量，μ_i 和 δ_t 依次代表城市固定效应和时间固定效应，ε_{it} 代表残差项。

6.4.3　数据说明

1.变量说明

（1）被解释变量

被解释变量 Y_{it} 为环境污染水平，用城市工业废水排放量和二氧化硫排放量的对数来衡量。

（2）核心解释变量

本章将是否为低碳试点城市作为划分城市组别的虚拟变量，将政策实施前后作为划分时间组别的虚拟变量，核心解释变量即为城市虚拟变量和时间虚拟变量的乘积，公式设定为 $DID_{it} = treat_i \cdot post_t$。当 $DID_{it} = 1$ 时，表示城市 i 在时间 t 为低碳试点城市，当 $DID_{it} = 0$ 时，表示城市 i 在时间t不是低碳试点城市。

（3）控制变量

本章的控制变量 X'_{it} 包括以下几个方面：经济发展水平（lnGDP）采用地区生产总值（万元）的对数衡量；人口规模（lnpop）采用年末总人口数（万人）的对数衡量；产业结构采用第三产业占GDP的比重（terin）衡量；金融发展（finde）采用年末金融机构各项贷款余额（万元）与地区生产总值（万元）的比值衡量；政府研发投入（lngovin）采用人均政府财政科技支出（万元）的对数衡量；人力资本（lnhumca）采用普通高等学校在校学生数的对数衡量。

（4）中介变量

本章的中介变量包括：产业结构升级（structure）采用第三产业与第二产业之比衡量；技术创新（innovation）采用复旦大学产业发展研究中心发布的《中国城市和产业创新力报告2017》中的创新指数衡量。变量的描述性统计如表6-1所示。

表6-1 变量的描述性统计

变量	变量符号	变量名称	样本数	平均数	标准差	最小值	最大值
被解释变量	lnwaswa	废水排放量	2 955	8.366	1.090	1.946	11.37
	$lnSO_2$	二氧化硫排放量	2 954	10.55	1.117	0.693	13.12
控制变量	lnpop	人口规模	2 979	5.846	0.715	2.795	7.279
	lnGDP	经济发展水平	2 973	10.05	0.818	4.595	12.46
	finde	金融发展	2 977	0.799	0.484	0.0753	7.450
	terin	产业结构	2 975	36.41	8.999	8.580	85.34
	lngovin	政府研发投入	2 977	3.061	1.725	−2.076	7.765
	lnhumca	人力资本	2 873	10.25	1.346	5.442	13.70
中介变量	structure	产业结构升级	2 976	0.846	0.626	0	19.21
	innovation	技术创新	2 982	6.002	37.65	0	1 061

2.数据来源

本章利用中国2003—2016年213个城市所组成的平衡面板数据来估计低碳试点政策的环境污染治理成效，所使用的数据均来自于EPS数据库和《中国城市统计年鉴》。由于2010年的第一批试点城市大多以省为单位，且经济发展水平较高，研究意义并不明显，为了在更细致的范围内合理探讨低碳试点政策的环境污染治理成效，选择对2012年第二批低碳试点城市进行研究。同时为了排除2017年第三批低碳试点城市的干扰，选择2003—2016年的时间跨度，在样本中剔除了第一批低碳试点城市即广东、辽宁、湖北、陕西、云南五省和天津、重庆、深圳、厦门、杭州、南昌、贵阳、保定八市以排除其干扰。由于数据缺失本章以除大兴安岭地区、儋州市和三沙市等之外的第二批低碳试点城市为实验组，以除西藏自治区、哈密市和吐鲁番市之外的城市为对照组，形成了最终样本。

6.5　低碳试点政策的效果评估

6.5.1　适用性检验及基准回归

1.适用性检验

使用双重差分法进行适用性检验必须满足两个前提条件：第一是随机性，在选择低碳试点城市都是随机的，并不存在城市由于拥有某种因素而被选为低碳试点的情况。国家发展改革委专家康艳兵就曾指出，在选择中国低碳试点城市时主要考虑区域的代表性和地方的工作基础等多个因素，虽然不像抓阄一样随机，但与当地的低碳发展情况并无关系。第二是平行趋势检验，即观察低碳试点政策实施之前实验组和对照组是否存在相同的变化趋势。平行趋势检验的方法有很多，本章借鉴綦建红（2021）、石大千等（2020）、陈启斐和钱非非（2020）的做法，运用事件分析法进行平行趋势检验，选择真正实施年份的前三年即2010、2011和2012年为试点城市虚拟实施年份以观察其显著性。结果显示并不显著（如表6-2所示），满足了平行趋势的假定，因此使用双重差分法较为合理。

表6-2   基于事件分析法的平行趋势检验

VARIABLES	2010 $\ln SO_2$	2010 $\ln SO_2$	2011 $\ln SO_2$	2011 $\ln SO_2$	2012 $\ln SO_2$	2012 $\ln SO_2$
DID	−0.103 (−0.74)	−0.085 (−1.58)	−0.062 (−1.14)	−0.057 (−1.05)	−0.081 (−1.45)	−0.077 (−1.38)
lnpop		0.255 (1.32)		0.258 (1.33)		0.258 (1.34)
lnGDP		0.163*** (2.71)		0.165*** (2.73)		0.165*** (2.74)
finde		0.053 (1.48)		0.055 (1.53)		0.054 (1.53)
terin		−0.006** (−2.30)		−0.006** (−2.39)		−0.006** (−2.38)
lnhumca		−0.012 (−0.38)		−0.012 (−0.38)		−0.011 (−0.36)
lngovin		−0.088*** (−4.27)		−0.089*** (−4.33)		−0.089*** (−4.32)
Constant	10.372*** (287.95)	7.755*** (5.86)	10.372*** (327.48)	7.739*** (5.85)	10.372*** (327.52)	7.724*** (5.84)
Observations	2 954	2 840	2 954	2 840	2 954	2 840
R-squared	0.212	0.233	0.212	0.232	0.212	0.233
City FE	YES	YES	YES	YES	YES	YES
Year FE	YES	YES	YES	YES	YES	YES
F	53.36	39.56	52.34	39.47	52.41	39.52

注：***、**、*分别表示1%、5%、10%的显著性水平。

2.基准回归结果

如表6-3所示，列（1）和列（3）是在不加入控制变量的情况下对城市工业废水和二氧化硫排放量分别进行回归，列（2）和列（4）是在加入控制变量的情况下对城市工业废水和二氧化硫排放量分别进行回归。研究结果显示，无论是否加入控制变量低碳试点城市的建设与二氧化硫排放量之间都呈现显著负相关关系，这就意味着低碳试点政策实施后会使二氧化硫的排放量显著减少，验证了前文的猜想，与一些既有文献的结论即低碳试点政策确实可以发挥积极作用保持一致。例如韦东明等（2021）通过实证分析发现低碳试点政策的低碳治理可以显著推进试点城市的绿色经济增长。张华（2020）通过实证分析发现与非试点城市相比，低碳试点政策可以显著降低试点城市的碳排放水平。王华星等（2019）研究发现，低碳试点政策可以显著降低PM2.5的排放量。此外，回归结果显示低碳试点政策对城市废水排放量的影响并不显著，这与彭璐等（2020）和梁平汉等（2014）的研究结果相似，后者认为"政企合谋"容易影响非法排放污水的行为。

表6-3　　　　　　　　　　　基准回归结果

VARIABLES	（1） lnwaswa	（2） lnwaswa	（3） $lnSO_2$	（4） $lnSO_2$
DID	−0.022 （−0.43）	−0.034 （−0.65）	−0.112* （−1.90）	−0.107* （−1.82）
lnpop		0.210 （1.23）		0.258 （1.34）
lnGDP		0.056 （1.05）		0.166*** （2.76）
finde		0.025 （0.79）		0.055 （1.54）
terin		0.005* （1.96）		−0.006** （−2.37）
lnhumca		−0.048* （−1.77）		−0.010 （−0.34）
lngovin		−0.040** （−2.20）		−0.088*** （−4.31）

续表

VARIABLES	（1）lnwaswa	（2）lnwaswa	（3）lnSO$_2$	（4）lnSO$_2$
Constant	8.276*** （298.32）	6.859*** （5.86）	10.372*** （327.61）	7.706*** （5.83）
Observations	2 955	2 841	2 954	2 840
R-squared	0.085	0.096	0.212	0.233
City FE	YES	YES	YES	YES
Year FE	YES	YES	YES	YES
F	18.21	13.93	52.55	39.62

注：***、**、*分别表示1%、5%、10%的显著性水平。

6.5.2　稳健性检验

1.安慰剂检验

在研究低碳试点政策对环境污染治理成效的影响时会存在各类随机性因素对其进行干扰，为避免这种情况，本章通过反事实分析的方法进行稳健性检验，参考张华等（2020）的做法将低碳城市试点时间设定为真正实施时间即2012年之前的2011年重新进行回归。逻辑上用错误的时间进行基准回归的结果并不应该显著，而结果如表6-4所示，说明在低碳试点政策实施之前并不会对环境污染产生影响。

表6-4　　　　　　　　　安慰剂检验

VARIABLES	（1）lnSO$_2$	（2）lnSO$_2$
DID	−0.062 （−1.14）	−0.057 （−1.05）
lnpop		0.258 （1.33）
lnGDP		0.165*** （2.73）

续表

VARIABLES	(1) lnSO$_2$	(2) lnSO$_2$
finde		0.055 (1.53)
terin		-0.006** (-2.39)
lnhumca		-0.012 (-0.38)
lngovin		-0.089*** (-4.33)
Constant	10.372*** (327.48)	7.739*** (5.85)
Observations	2 954	2 840
R-squared	0.212	0.232
City FE	YES	YES
Year FE	YES	YES
F	52.34	39.47

注：***、**、*分别表示1%、5%、10%的显著性水平。

2.改变控制组的样本

不同的城市会在经济发展水平、技术水平、产业结构和资源禀赋等特质方面存在差异，而这些城市特征可能会潜移默化地对结果产生影响，从而在研究低碳试点政策的环境污染治理成效时产生误差。因此借鉴 Abadie et al.（2003）和王亚飞等（2021）的做法，通过改变控制组的样本观察结果是否稳健，为了排除由于不同城市特征产生的误差剔除了不存在试点城市的省份，重新进行回归。如表6-5所示，回归结果与基准回归的结果一致，低碳试点政策确实对二氧化硫的影响呈现显著负相关。

表6-5 改变控制组样本

VARIABLES	（1） lnSO$_2$	（2） lnSO$_2$
DID	-0.106* (-1.84)	-0.108* (-1.90)
lnpop		0.123 (0.62)
lnGDP		0.102* (1.68)
finde		0.055 (1.54)
terin		-0.010*** (-3.54)
lnhumca		-0.000 (-0.01)
lngovin		-0.094*** (-4.42)
Constant	10.419*** (315.44)	9.146*** (6.57)
Observations	2 523	2 427
R-squared	0.231	0.256
City FE	YES	YES
Year FE	YES	YES
F	49.82	38.24

注：***、**、*分别表示1%、5%、10%的显著性水平。

3.排除其他环保政策的干扰

其他环保政策的实施也会影响分析结果的可靠性和真实性，本章依据《国家发展改革委关于推进国家创新型城市试点工作的通知》（发改高技〔2010〕30号）和《国家发展改革委关于扩大公共服务领域节能与新能源汽车示范推广有关工作的通知》（财建〔2010〕227号）等文件，搜集整理了两项环保政策即创新型城市试点（innocity）和节能与新能源汽车示范推广试点（newene），如表6-6所示，在控制两项环保政策的情况下重新进行回归，结果仍旧显著。

表6-6　　　　　　　　　　排除其他环保政策的干扰

VARIABLES	（1） lnSO$_2$	（2） lnSO$_2$
DID	−0.112* （−1.90）	−0.120** （−2.04）
lnpop		0.264 （1.36）
lnGDP		0.165*** （2.73）
finde		0.055 （1.53）
terin		−0.006** （−2.34）
lnhumca		−0.011 （−0.34）
lngovin		−0.083*** （−4.04）
innocity		−0.241*** （−2.76）
newene		0.217** （2.47）
Constant	10.372*** （327.61）	7.673*** （5.80）

VARIABLES	（1） $lnSO_2$	（2） $lnSO_2$
Observations	2 954	2 840
R-squared	0.212	0.236
City FE	YES	YES
Year FE	YES	YES
F	52.55	36.57

注：***、**、*分别表示1%、5%、10%的显著性水平。

6.6 本章小结

目前气候变化是世界各国应共同面临的重大挑战之一，将会深刻影响未来人类社会的生存与发展。积极应对气候变化是我国未来发展的一项重大战略，也是转变经济发展方式和优化调整结构的重大机遇。我国正处在工业化和城镇化持续推进的重要阶段，能源需求仍在持续增长，能源结构有待进一步调整。如何在保证经济高质量增长的同时有效控制温室气体排放是一项艰巨而又紧迫的任务。我国应立足国情从实际出发，统筹兼顾和综合规划，加强示范推广，努力构建和完善以低碳排放为特征的产业体系与消费模式。我们充分调动各方积极性，不断积累对不同地区和行业的工作经验，推动低碳省区和低碳城市试点建设，是实现我国控制温室气体排放目标的重要抓手。

低碳试点政策的主要目的是在能源需求持续增长、能源结构不断优化和实现高质量发展过程中有效地控制温室气体排放。笔者认为，低碳试点政策不仅可以控制温室气体的排放，还存在环境污染治理的溢出效应。因此，本章采用2003—2016年中国213个城市所组成的平衡面板数据来实证分析低碳试点政策的有效性。从整体回归结果来看，在考虑到不加入控制变量和加入控制变量的情况下，低碳试点政策对二氧化硫排放的影响都在10%的水平上显著为负，这说明低碳试点政策能够显著影响二氧化硫排放量，具有溢出效应。低碳试点政策在加入和不加入控制变量的情况下对工业废水影响系数不显著，即低碳试点政策并不会影响工业废水排放。可能的原因是政府部门对低碳试点政策执行的局限性，对政策效果评估的单一性，以及有学者提到的"政企合谋"观点。

7 碳减排政策的经济转型效果评估
——以碳交易政策为例

7.1 引言

　　2021年召开的全球气候大会指出，2021年全球平均气温（1月至9月）比 1850—1900 年高出约 1.09 摄氏度，目前被世界气象组织列为全球有记录以来第六个或第七个最温暖的年份。数据显示，2020年全球温室气体浓度已达到新高，而这种增长态势在2021年仍在继续。气候形势恶化导致全球极端天气频发，全球的气候变暖已经严重威胁到地球的生态系统和人类的可持续发展事业，引起了全球社会层面的广泛关注。全球气候变化问题在不同发展阶段、不同领域、不同地区的应对措施有所差异，2021年11月，在英国格拉斯哥召开的《联合国气候变化框架公约》第二十六次缔约方大会（COP26）在全球关于应对气候变化问题上取得新进展，197个国家共同达成《格拉斯哥协议》，对推动气候问题解决具有重要意义。各缔约国在格拉斯哥会议上重申《巴黎协定》目标，达成紧迫性共识，推进全球气候治理进程。此外，各国就减少煤炭等高碳排能源使用达成一致，逐步取消低效能、高碳排能源补贴政策，减少化石能源消耗产业盈利空间，促进清洁能源和绿色低碳产业发展。倾向于全球碳交易市场规范性建设，允许国家之间开展碳交易，以更有效的方式实现碳减排目标。最后，推动全球气候政治实现公平正义也十分重要，加大资金支持力度，帮助发展中国家和小岛屿国家有效应对气候变化。

随着国际社会对气候问题的关注，全球气候变化问题成为涉及经济、政治的综合性问题，政治社会变动对全球气候问题解决有重要影响，全球气候问题也面临新的挑战。英国脱欧事件给全球气候政治发展和气候治理带来很大不确定性，英欧变局对经济和社会的冲击拖慢了环境治理进程，激发了环境治理与经济发展之间的矛盾。此外，美国霸权也不断冲击全球气候治理，打破了气候治理行动实践的连续性，阻碍了全球气候治理进程。总的来看，全球气候治理面临系统性危机与治理碎片化的矛盾，将环境保护与经济发展置于对立面，不断加大的南北国家应对气候问题的能力差异等问题亟待解决。

面对极端天气和气候变化带来的影响，中国致力于兑现承诺。2020年第七十五届联合国大会上，中国向世界郑重承诺力争在2030年前实现碳达峰，努力争取在2060年前实现碳中和。在保证经济发展的前提下实现碳减排的目标要克服重重阻碍。首先，我国的资源条件决定了中国的能源结构以煤为主，高碳能源占据绝对统治地位；其次，我国产业结构合理化、高级化程度低，新旧动能转化不足，阻碍了经济高质量发展。而且经济主体为第二产业，整体技术水平落后进一步加重了碳排放压力。习近平总书记多次强调，应对气候变化是我国可持续发展的内在要求，要主动承担应对气候变化国际责任、推动人类命运共同体的责任担当。由此可见，发展低碳经济是中国经济和社会可持续发展的必然选择。低碳发展对中国的国际形象、中国企业的发展和中国人民生活方式的转变具有不可估量的作用。2011年，中国国家发展改革委办公厅根据党中央、国务院关于应对气候变化工作的总体部署，为落实"十二五"规划关于逐步建立国内碳排放交易市场的要求，推动运用市场机制以较低成本实现 2020 年我国控制温室气体排放行动目标，加快经济发展方式转变和产业结构升级，开展碳排放权交易试点。2021 年 7 月 16 日，全国碳排放权交易市场正式上线。研究前期试点城市的政策效果及经验能够推动全国碳交易市场的建立，对于可持续发展战略具有重大意义，同时也是建设生态文明社会的重要途径，推动经济高质量发展。深入研究碳排放权交易政策对于城市产业结构的影响及其作用机制，对于推动我国产业调整和创新发展，走向合理化、高端化与绿色化的中国特色新型工业化道路，加快落实人才强国战略具有重要意义。

随着各类环境规制政策的实施，在经济产业发展方面取得了积极成效，为进一步推动经济绿色可持续发展，各相关领域的研究者都越来越关注碳交易的政策效应，开展了大量研究并取得了许多推动政策实施的有益成果。从宏观层面来看，对于环境规制的政策效果，多数学者侧重于研究环境规制对产业结构的影响。王正明等（2018）利用结构方程模型探究环境规制影响产业结构的传导路径，研究表明环境规制不仅会对产业结构产生直接的促进作用，还会通过中介变量的传导对产业结构产生间接影响。产业结构是社会经济的重要组成部分，产业结构升级也是实现高质量发展的重要支撑。国内外学者针对产业结构开展了大量研究，以往宏观方面的研究主要从投资、技术及政策等角度进行讨论。首先，基础设施投资是经济社会的基础和保障，多数学者认为投资是影响产业结构优化升级的重要因素。贾妮莎和申晨（2016）认为对外直接投资促进了制造业产业结构升级，且投资于发达国家会更有利于母国的发展；郭凯明等（2017）认为产业结构转型是经济发展的一个重要特征，而投资构成技术变革导致的投资商品"服务化"可能是产业结构转型的重要原因；郭凯明和王藤桥（2019）也通过建立多部门一般均衡模型分析得出基础设施投资可以通过影响价格、投资和收入效应来影响产业结构升级，且能够从集约边际效应和广延边际效应方面提高劳动生产率的增速。其次，科技是第一生产力，相关研究者研究指出技术创新在产业结构升级过程中的重要作用。李政和杨思莹（2017）在运用面板三阶段最小二乘法分析认为，科技创新、产业升级和经济增长三者之间具有互动关系，该关系在东部地区更为明显，具有地区异质性。上官绪明和葛斌华（2020）借助构造的空间 Durbin 模型以及工具变量法研究发现，科技创新和环境规制在促进经济高质量发展方面具有直接提升和协同效应，进一步研究发现该影响在小城市更为显著。虽然以往研究会涉及环境规制对于产业结构和经济高质量发展的影响，但是他们只关注了宏观层面的环境规制，并未落实到具体政策。刘和旺等（2021）在以往研究的基础上运用中国地级市面板数据聚焦于"两控区"政策对产业结构转型的推动作用，实证得出环境规制可以通过技术创新这一途径来影响产业结构。

随着全球气候问题日益受到重视，低碳经济逐渐成为世界各国的发展目标，中国也不例外，对碳交易机制效应发挥的正确把握成了全国碳交易市场顺利开展的关键。因而本文从碳交易政策出发，深入研究分析碳排放权交易政策的政策效应，从以往学者的研究来看，学术界对于碳交易政策效应的研究结论是多样化、多角度的，大致可以分为以下两类：

第一，碳交易政策的绿色效应。Cheng 等（2015）通过建立一般平衡模型评估了碳交易政策对减少广东省空气污染物的影响，结果表明碳交易政策具有协同减排效应；任亚运和傅京燕（2019）认为，中国碳交易政策在促进了试点地区碳排放强度下降的同时还具有协同减排效应，降低了二氧化硫的排放量，促进了区域绿色发展，进一步分析得出该作用的主要路径是技术升级；刘传明等（2019）采用合成控制法得出碳排放交易试点的实施减少了二氧化碳排放，但各地区因产业结构、经济发展的不同而产生异质性。孙振清等（2020）在此基础上运用 DID 和 PSM-DID 方法研究得出产业结构调整和技术创新效率在碳交易政策影响区域碳排放的过程中具有中介作用。

第二，碳交易的经济效应。Calel & Dechezlepretr（2016）研究发现，欧盟的碳排放交易系统能够显著增加企业的低碳创新；王倩和高翠云（2018）研究发现，碳交易政策的实施使得降低碳排放量和经济增长实现脱钩即碳交易政策不会损害试点地区经济发展；谭静和张建华（2018）基于省域面板数据，采用合成控制法评估了碳交易政策对产业结构的影响，认为碳交易政策能够通过影响技术创新和增加 FDI 流入推动产业结构升级；于向宇等（2021）采用30个省份的面板数据分析得出碳交易机制能够通过能源结构、技术创新和产业结构来影响试点省份的碳绩效，且因经济发展水平不同呈现异质性。

综上所述，以往研究多数关注宏观的环境规制层面的政策效果研究，在碳排放交易政策的微观层面上，产业结构变量往往是作为中介变量在影响机制分析中或者作为控制变量出现，缺少碳排放交易政策对产业结构政策效果的研究分析。此外，在以往学者关于碳交易政策的研究层次中，往往注重省域数据的分析研究，缺少城市层面的微观视角；我国各省份存在的内部差异会对研究结果产生影响；研究内容中也极少关注碳交易在政策影响城市产业结构的作用机制，难以获得研究结果相关的具有可操作性的经验。鉴于此，本章尝试从单一的环境规制——碳排放权交易政策出发，基于2010—2019年的市级层面数据，运用双重差分法（DID）评估研究碳交易对于城市产业结构的影响，并探究技术创新、外商投资和人力资源在其中的中介作用。本章可能的边际贡献在于将产业结构作为研究对象，聚焦于城市层面研究，为产业高质量发展、提高科学技术水平、合理利用外资和协调人力资源提供了微观证据，对推广全国的碳排放交易市场，加快完善碳交易制度、优化我国的产业结构具有重要意义。

7.2 碳交易政策

碳排放权交易（简称碳交易）是由20世纪经济学家提出的排污权交易的概念而来，是国家开展环境治理运用到的市场激励型政策工具。关于排污权交易的实践，美国国家环保局最先用于大气污染和河流污染的治理，此后英国等西方先进国家相继施行。其中碳排放权交易就是将碳排放权视为一种商品，促进企业为降低生产成本加入碳减排工作，实现对碳排放总量的控制。具体做法是，将二氧化碳排放权视为一种商品，将指定配额的碳排放量分配给各企业，超出碳排放配额的企业需要付出成本购买碳排放权，从而形成碳排放权交易。这种方式的目的是控制二氧化碳排放总量，应对气候问题。

碳排放权交易市场（简称碳市场）就是政府机构综合各因素和数据评估出本区域内满足环境容量的最大二氧化碳排污量，依据一定规则将其分成若干份分配至各企业。政府在碳交易一级市场通过招标、拍卖等方式将碳排放权出售给企业等碳排放者，企业获得排污权后依据自身情况在碳交易二级市场买入或卖出，以满足自身生产需求和成本控制。

碳交易政策在中国的发展并非一蹴而就，一项政策的执行一定是能够有效帮助国家和社会解决实际问题，碳交易政策就是典型的市场激励型环境规制，运用市场手段实现环境资源的有效配置。碳市场的建设在国际社会取得显著成果，对我国环境规制体系的建设具有重要的启示意义。随着环境经济问题逐渐成为我国发展重心，传统的命令型环境规制难以在维持经济发展的同时起到有效的保护环境的作用，碳市场结合市场与行政手段完美地契合当下需求。因此，本节重点分析碳交易政策在我国及其他重点国家的发展历程和相关经验，有助于更加深入地了解碳交易政策，明确开展碳交易政策效果评估方向。

7.2.1　中国碳交易政策的发展历程

从碳排放量来看，我国是全球最大的碳排放国，但对于单位 GDP 碳排放量，我国相较于发达国家还有一定差距，处于中等水平。我国是全球减排资源最丰富的国家，为国际上其他碳金融市场提供的大量的减排资源，但目前我国对于碳市场的建设相比西方国家还较为落后，尚在探索阶段。

2004 年我国颁布《清洁发展机制项目运行管理暂行办法》，参与对清洁发展机制（CDM）项目活动的管理，从此开启与发达国家的国际碳交易合作。前期我国参与的 CDM 项目主要是追求经济效益，很少能够起到改善自身环境、增加社会效益的作用，对于促进我国绿色可持续发展战略实现作用不大，此外还存在项目分布不均匀、推动技术转让的效果不佳等问题。因此，我国从 2011 年开始建立自己的碳交易市场，我国碳交易市场建设大致可分为三个阶段：

1.重点省市试点阶段（2011—2017 年）

按照"十二五"规划纲要"逐步建立碳排放交易市场"的要求，

2011年10月国家发展改革委印发《国家发展改革委办公厅关于开展碳排放权交易试点工作的通知》，在北京、上海、天津、重庆、湖北、广东和深圳等7个省市开展碳交易试点工作。直到2013年，7个省市碳交易试点工作才陆续开展，其中深圳碳市场率先启动。2014年国家发展改革委起草颁布了《碳排放权交易管理暂行办法》，推动全国碳排放权交易市场建立。在2015年《中美元首气候变化联合声明》中我国首次提出，将于2017年启动全国碳排放交易体系。2016年福建开设第8个碳排放交易试点。

2.全国碳市场的建设、模拟与完善阶段（2017—2020年）

2017年，经国务院同意，国家发展改革委印发《全国碳排放权交易市场建设方案（发电行业）》，这标志着全国碳市场在完成总体设计基础上正式启动。该方案作为全国碳交易市场建设的指导性文件，针对目标任务、参与主体、制度建设等各方面进行了详细说明和全面部署，并决定将全国碳交易注册登记系统落户湖北，全国碳排放交易系统落户上海，为下一步培育和建立我国碳市场作了初步规划。

3.全国碳市场落地运行阶段（2021年至今）

2020年12月，生态环境部出台《碳排放权交易管理办法（试行）》，并印发《2019—2020年全国碳排放权交易配额总量设定与分配实施方案（发电行业）》，正式启动全国碳市场第一个履约周期，并于2022年1月顺利结束。据统计，截至2021年12月31日，全国碳市场已累计运行114个交易日，碳排放配额累计成交量1.79亿吨，累计成交额76.61亿元。2021年5月，生态环境部发布了《碳排放权登记管理规则（试行）》、《碳排放权交易管理规则（试行）》和《碳排放权结算管理规则（试行）》，三项文件分别对应登记、交易和结算三项制度规则，以进一步规范全国碳排放权登记、交易、结算活动。2021年7月全国碳交易市场启动仪式同时在北京、上海和武汉举行，全国碳交易市场正式启动线上交易，其中发电行业成为首个被纳入全国碳交易市场的行业，首批约2 225家企业。我国碳交易市场将成为全球覆盖温室气体排放量最大的碳交易市场。根据国合会专家介绍，碳交易市场最终将涵盖发电、石化、化工、建材、钢铁、有色金属、造纸和国内民用航空等八个高排放行业。

我国碳交易市场从地方试点起步，逐步建立市场准入规则和相关法律法规，对控制排放目标、市场配额分配、质量控制等多方面进行规定，为碳交易机制正常运行提供法律保障。碳交易市场建设以配额现货为主要交易品种，即允许企业对自身实际碳排放与减排成本进行权衡，在碳排放市场对碳排放额度采取自由交易的形式。自碳交易市场建立以来，我国碳交易成交量和成交额总体呈现先上升后下降再上升的趋势，其中在2017年成交量最大。

7.2.2 碳交易政策的国际经验借鉴

随着气候问题的频发，各国积极应对全球气候变化。1992年，联合国环境与发展大会通过了《联合国气候变化框架公约》，成为首个为控制温室气体排放而颁布的全球性公约，制定了各国针对全球气候变化问题开展合作的基本框架。1997年，全球100多个国家签订了《京都议定书》，于2005年正式生效，成为人类历史上第一个为限制温室气体排放颁布的法规。与此同时，各国积极开展碳交易市场的建设，欧盟、日本、韩国等在建设碳交易市场方面开展了积极探索，积累了丰富的经验。

1.欧盟

在中国碳排放权交易市场建立之前，欧盟排放交易机制（EU-ETS）是全球最大的碳排放交易市场，2020年的碳成交额占到了全球交易所成交金额的88%。欧盟碳市场成立于2005年，至今欧盟27个国家以及英国、冰岛、列支敦士登、挪威已加入该体系，已经在接近10 000个电力部门和制造业中安放检测装置，涵盖欧盟碳排放量的40%。欧洲碳交易市场建设可分为以下四个阶段：

第一个阶段（2005—2007年）：欧盟排放交易体系的试验期。该阶段作为试验性阶段，主要目的是实践和学习。各成员方制定各自限额（国家分配计划），排放配额均免费分配。但由于配额分配经验不足，部分排放实体分配到的排放额度远超该阶段实际排放量，配额供给出现过剩现象，欧盟排放配额（EUA）价格跌幅巨大。

第二个阶段（2008—2012年）：减排承诺期。该阶段是实现欧盟各成员方在《京都协议书》中全面减排承诺的关键期。其间，冰岛、挪威和列支敦士登加入。EUA分配总量下降了6.5%，对各个国家上报的排放额度仍以免费分配为主。在这一阶段，开始引入排放配额有偿分配机制，即从配额总额中拿出一部分，以拍卖方式分配，排放实体根据需要有偿购买这部分配额。由于两次遭遇全球经济危机，能源相关行业产出减少，对EUA需求减少，而市场供给仍然过度，价格接连下跌。

第三个阶段（2013—2020年）：EU-ETS推行改革期。该阶段欧盟开始对EU-ETS推行改革，于2008年1月提出了修改碳排放交易体系指令的提案，制定统一排放上限。一方面每年对排放上限减少1.74%，另一方面，逐渐以拍卖取代免费分配，降低免费分配的比例。其中，能源行业要求完全进行配额拍卖，工业和热力行业根据基线法免费分配，同时碳交易涵盖更多的产业、更多种温室气体。

第四个阶段（2021—2030年）：EU-ETS稳定巩固期。该阶段的立法框架于2018年初进行了修改，使其与2030年气候和能源政策框架相符，以实现欧盟2030年减排目标，并作为欧盟对2015年《巴黎协定》的贡献之一。该阶段对作为推动投资的欧盟排放交易体系加以巩固，将碳排放配额年减降率自2021年起提升至2.2%，并巩固市场稳定储备，同时通过若干低碳融资机制，帮助工业和电力部门应对低碳转型的创新和投资挑战。

欧盟碳交易体系在过去已履约的12年（3个周期）取得了良好的成果，12年内欧洲碳排放量以年均1.4%的速度下降。此外，为了应对减排的压力，欧盟企业被迫只用非化石能源进行生产，或对现有技术进行研发和创新以减少碳排放。

2.日本

日本作为全球较早着手低碳发展战略的国家，在减排领域做了大量的尝试，既有中央层面的全国性的JVETS体系、JVER体系、JEET体系等，也有以东京、京都为代表的地区性强制交易体系。

中央层面：日本国家级别的碳交易市场主要由环境省和经济产业省推动。环境省设计了JVETS系统和JVER系统，其中JVETS系统主要针对低能耗产业，例如酒店、办公楼等公用设施以及食品饮料业和其他制造业，JVER系统主要针对林业；经济贸易产业省设立的JEET系统主要是针对大型、高能耗企业。但所有体系都是以自愿参与为主，缺乏强制性，所以导致碳交易市场需求低迷，收效甚微。

地方层面：地方层面的碳交易市场主要依靠国家的政策引导和地方政府的支持，目前主要的地方性碳交易市场有东京、埼玉和京都。地方性碳交易市场主要以强制性为主，对交易规则有严格的设定，可操作性强，参与实体的履约率较高，实际效果更好。

3.韩国

韩国在2015年启动了全国性的碳排放交易市场，韩国碳排放交易制度采用"总量控制型"交易模式，温室气体排放交易覆盖范围包括了发电行业、工业领域、农业、捕鱼业、公共废弃物处理行业、建筑物领域（包括公共建筑物）和交通行业。韩国目前共设定了三个承诺期，在三个承诺期内，碳排放的配额分配从免费过渡到以免费分配为主、有偿拍卖为辅的方式，并采用一系列措施稳定市场价格。

韩国的碳交易市场建设对我国碳市场发展具有重要的借鉴意义。其中在韩国碳市场正式运行之前就建立了完善的碳市场配套规章制度，通过相关立法为韩国碳市场的建立提供法律保障。我国应该完善碳市场相关立法，让碳市场运行有法可依。韩国碳市场在相关控排企业选择上呈现多样化，针对不同企业、不同阶段，执行合适的配额分配，精准控制各企业配额分配。依据行业特性和发展阶段从最初的免费配额到逐渐有偿配额，使企业逐渐适应碳交易，科学合理安排配额，有效调动企业参与积极性，又不让碳交易流于形式，发挥其实际价值。此外，建立灵活的履约与抵消机制，有效扩大碳市场影响范围，降低社会减排总成本。

总的来看，欧盟、日本、韩国的碳交易市场建设都采用了循序渐进的方法，如欧盟和韩国都是最初设定免费配额调动企业积极参与，逐步加入有偿分配机制，欧盟在碳市场建设改革期设定排放上限，并加大每年免费配额降低程度以达到有效控制碳排放总量的效果。韩国也通过逐渐减少免费分配额的方式加大有偿分配比例，促进企业减排。此外，欧盟、日本、韩国碳交易市场建设都考虑到地方、行业之间的差异，制定

"量体裁衣"式的分配方式。例如，日本在中央层面主要采取自愿参与的原则，但针对东京、埼玉和京都采取强制性原则，能够有效推动碳市场建设进程的同时针对地方不同发展现状开展碳交易，积累碳市场运行经验，树立发展典型。韩国针对不同企业、不同阶段灵活执行配额分配方式，有效缓解碳减排力度，保证整体碳减排目标实现。

7.3　研究设计

7.3.1　假设提出与模型构建

1.假设提出

近些年来，伴随着气候问题的频出，各国对于环境与发展问题的关注度逐渐上升到政治层面。其中全球变暖是亟待解决的首要问题，众多气候科学家认为全球变暖的主要原因是温室气体的排放，因而各国为控制温室气体的排放制定了相关环境规制和政策，其中最具创造性的就是碳排放权交易政策的施行，有效地降低了应对气候变化的成本并且达到了降低碳排放量的目的。碳排放交易政策是一项旨在鼓励企业节能减排的政策，其实施流程是：首先，各地政府合理确定本地区年度碳排放配额总量指标；其次，采取配额制度，先在一级市场将初始碳排放权分配给纳入交易体系的企业，企业可以在二级市场对其进行自由交易，这就使得碳排放配额商品化，即若企业碳排放量超额，则需要从碳排放市场上购买碳排放额，增加企业的成本负担；相反，如果企业碳排放配额有所剩余，则可以在碳交易市场上进行交易并获取额外收益。因此，本章认为，碳排放交易政策的实施可以促进城市产业结构优化升级。

碳交易政策作为典型的市场激励型环境规制，融入市场化手段可以提高企业碳排放成本。给予企业碳排放权是开展碳减排工作的重要抓手，而开展碳交易市场则能够使这一抓手更好地发挥作用，对整体碳排放控制松弛有度，实现内部资源配置自我协调，推动产业整体向技术先进、减排能力强的方向发展。政策引导与市场运作双管齐下，促进企业实现降碳减排，推动低碳高质量发展。

碳排放权交易政策是典型的通过市场机制发挥效应的环境规制，该政策将碳排放权商品化，通过限制企业碳排放额的方式提升高耗能、高污染企业的生产排污成本。由于生产经验特色的不同，相对而言依赖化石燃料开展生产活动的企业必然会因为排放受限提高其生产成本，这类产业通常分布在第二产业中。相反，对于以服务业、科学技术为主的第三产业而言，其生产成本受能源和碳约束影响较小，从而能够在成本上拉开一定的差距。通常这种情况下，受碳约束影响较大的企业会通过购买碳排放配额的方式解决现有问题，碳排放配额的交易使得碳排放权货币化。企业作为"理性经济人"就会选择通过提高生产技术或者发展低碳技术降低碳排放成本，以使得利益最大化，进一步扩大第三产业市场，推动第三产业发展。相应地，在利益的刺激下，经济市场的产业结构也会从碳排放成本较大的第二产业转向于利益成本综合考虑的第三产业，从而使城市产业结构得到优化升级。

综上所述，本章认为碳排放交易政策的实施能够促进城市产业结构优化。

2.模型构建

政策评估模型设计如下：

$$Y_{it} = \beta_0 + \beta_1 \cdot treat_i + \beta_2 \cdot post_t + \beta_3 \cdot DID + \alpha \cdot control_{it} + \mu_i + \gamma_t + \varepsilon_{it} \tag{7-1}$$

其中，被解释变量 Y 代表城市产业结构指数，交互项 DID = treat·post，虚拟变量 treat 为政策虚拟变量，用以区别实验组和对照组，当样本城市属于碳交易试点城市时，treat=1，否则为 0；post 为时间虚拟变量，用以区别政策是否实施，当 t≥2014 时，post=1，表示碳交易政策已实施，否则 post 为 0，表示碳交易政策尚未实施；control 是控制变量，本章选用信息化水平、人口规模、经济发展水平、金融发展水平和教育发展水平作为控制变量，保证结果的科学性；μ_i 表示个体固定效应，控制了所有城市不随时间变化而变化的因素；γ_t 表示时间固定效应，控制了时间层面不随城市变化而变化的因素；ε_{it} 为非观测随机干扰项。模型（7-1）中的 β_3 是 DID 这一交互项的系数，表示的是碳排放交易政策效果的关键系数，在回归分析中若 β_3 显著，则碳排放交易政策能够显著影响产业结构，否则碳交易政策对产业结构作用不明显。

7.3.2 数据来源与变量说明

1. 数据来源

根据"十二五"规划纲要"逐步建立碳排放交易市场"的要求，2011年我国正式启动碳排放权交易市场，第一批试点城市包括北京、天津、上海、重庆、湖北、广东及深圳7个省市。由于我国西藏自治区和港澳台等地区存在数据缺失，本章从样本数据中将其剔除，并提出了存在严重数据缺失的城市，选取2009—2018年的市级面板数据作为研究样本，本章数据均来源于《中国城市统计年鉴》。其中依据双重差分法分别设置实验组与对照组，将碳排放交易试点城市作为实验组（考虑到政策落实效果，湖北、广东两省只选取政策落实全面的省会城市），其他非试点城市为对照组。考虑到除深圳市以外，其他试点城市的碳交易市场启动时间均为2014年，因此将2014年作为政策开始时间，2009—2013年为非试点期，2014—2019年为试点期。

2. 变量说明

（1）被解释变量

本章采用第三产业GDP与第二产业GDP的比值作为产业结构的衡量指标，该比值越大，说明产业结构高级化程度越高。

（2）核心解释变量

交互项DID为本章的核心解释变量，交互项系数（β_3）代表碳交易排放制度对产业结构优化的政策效果，treat和post分别为政策虚拟变量和时间虚拟变量。

（3）控制变量

本章信息化水平采用邮电业务总量与地区生产总值的比值作为衡量指标；人口规模采用地区年末常住人口作为衡量指标；经济发展水平采用地区人均GDP作为衡量指标；金融发展水平采用金融机构年末存款与地区生产总值的比值作为衡量指标；教育发展水平采用教育支出与地

区生产总值的比值作为衡量指标。

（4）中介变量

技术创新采用科学支出作为衡量指标；外商投资采用实际利用外资金额作为衡量指标；人力资源水平采用各地区高校在校生与地区年末总人数的比值作为衡量指标。在相关统计中，实际利用外资金额是以美元计价的，本章中用人民币对美元年均汇率换算为人民币计价。各指标含义及衡量方法如表7-1所示。

表7-1   变量符号及其定义描述

	变量名称	指标衡量方法
被解释变量	产业结构	第三产业GDP增加值/第二产业GDP增加值
解释变量	时间虚拟变量	0/1
	地区虚拟变量	0/1
控制变量	信息化水平	邮电业务总量/地区生产总值
	人口规模	地区年末人口总数
	经济发展水平	地区人均GDP
	金融发展水平	金融机构年末存款/地区生产总值
	教育发展水平	教育支出/地区生产总值
中介变量	技术创新	科学支出
	外商投资	实际利用外商投资金额
	人力资源水平	高校在校本科生/地区常住人口后取对数

7.4 碳交易政策的效果评估

7.4.1 基准回归

为正确评估碳排放交易政策对于产业结构的政策效果，利用上文建立的模型（7-1）进行回归分析，列（1）是不加任何控制变量和固定效应的基准回归结果，列（2）在列（1）的基础上增加了信息化水平、人口规模、经济发展水平、金融发展水平和教育发展水平五个控制变量后进行的回归结果，列（3）是在列（2）基础上加入控制个体效应进行回归的结果，列（4）是在列（3）基础上加入控制时间效应进行回归的结果。通过对比不同情况下交互项系数的显著性，衡量政策效果。

表7-2是碳排放交易政策对产业结构作用的基准回归结果。由表7-2可知，在不加入控制变量（1.191）和依次加入控制变量（0.437）、控制个体效应（0.147）和时间效应（0.197）这四种情况下，核心解释变量系数的显著性和符号均没有发生变化，且在逐渐增加控制变量和时间效应、个体效应的过程中可决系数不断变大，进一步说明了估计结果的稳健性。表7-2列（4）中交互项系数是本章最关心的核心解释变量系数，其在1%的显著性水平上显著为正，这说明碳排放交易政策的实施促进了产业结构优化。从控制变量的系数结果来看，信息化水平、经济发展水平、金融发展水平和教育发展水平对产业结构的影响基本上是显著为正，这说明产业结构的发展与经济发展水平联系紧密，金融与教育产业的发展水平对产业结构升级具有直接影响。其中，列（4）在控制时间效应后经济发展水平系数显著性由正转为负，可能的原因是在我国发展前期产业结构对工业等第二产业依赖性强，受政策影响转变幅度大，经过一定的发展阶段后政策效果显现存在难度。人口规模对产业结构的影响为负，可能是因为政策实施还处于发展阶段，人口规模结构、数量和质量都在发生变化，且近年来人口老龄化现象严重，老龄化意味着劳动力的减少以及赡养费用和社会保险费用的增加，降低了社会生产效率，提高了社会经济负担，限制经济产业的优化升级。

表7-2 **碳排放交易政策对产业结构的影响**

变量名称	（1）产业结构	（2）产业结构	（3）产业结构	（4）产业结构
DID	1.191*** (0.0901)	0.437*** (0.0801)	0.147*** (0.0551)	0.197*** (0.0452)
信息化水平		18.28*** (2.951)	17.35*** (1.854)	7.060*** (1.564)

续表

变量名称	（1）产业结构	（2）产业结构	（3）产业结构	（4）产业结构
人口规模		−0.0658** (0.0281)	0.645*** (0.229)	−0.366* (0.190)
经济发展水平		0.0159*** (0.00338)	0.0447*** (0.00335)	−0.00684* (0.00367)
金融发展水平		0.468*** (0.0146)	0.549*** (0.0200)	0.217*** (0.0207)
教育发展水平		5.065*** (0.697)	5.634*** (1.019)	8.231*** (0.936)
控制变量	否	是	是	是
个体效应	否	否	是	是
时间效应	否	否	否	是
Observations	2 274	2 274	2 274	2 274
R-squared	0.071	0.429	0.871	0.914

注：***、**、*分别代表在1%、5%以及10%水平上显著，括号内数字为标准误。

综上所述，信息化水平、经济发展水平以及金融发展水平等的提高能够促进科技水平进步，为降低碳排放权交易政策对企业生产活动的限制，企业积极发展技术创新降低碳排放量和排放成本，进一步说明碳交易政策能够影响企业技术创新，从而推动产业结构优化升级。产业结构的变化与投资结构的关系密不可分，投资方向直接影响产业结构发展方向，在技术和管理水平发展不完善的情况下，外商直接投资对中国产业结构的关键性作用不容忽视。由结果可知，教育发展水平对产业结构的影响显著为正，我国自改革开放以来高度重视人才培养，提出科教兴国、人才强国战略，我国的人力资源水平大幅提升，同时也产生教育资源不均衡等问题，加剧了我国的教育差距，影响了人力资源结构优化，进而对我国产业结构造成重要影响。但技术创新、外商投资和人力资源对碳交易政策效果实现路径的影响还需要深入研究。

7.4.2 稳健性检验

为保证研究结果的科学性和可靠性，本章分别采用平行趋势检验法、变更衡量标准、增加控制变量、排除其他政策干扰等检验方法对上文的基准回归结果开展适用性检验，具体结果如下：

1.平行趋势检验

双重差分法（DID）有一个重要的前提假设——平行趋势假定，即在碳交易政策实施前实验组与对照组的被解释变量应具有同质性，其变化趋势应该一样。因此本章利用动态效应模型对本章样本开展平行趋势检验，进一步分析碳排放交易政策对产业结构的年度动态影响。图7-1是对实验组与对照组在政策实施年份开始之前的动态效应检验结果。

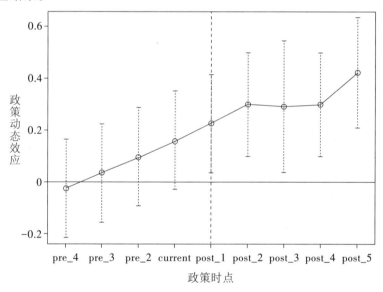

图7-1 平行趋势检验

其中实线部分表示的是碳排放交易政策的边际效应，封口的虚线部分为95%的置信区间，两线焦点代表对应时间的 β_t ，current代表政策实施年份2014年。从图7-1中可知，在2014年之前，每一年的交互项系数置信区间均与0轴、与横轴相交，即代表 β_t 不显著，证明处理组与对照组存在同质性，被解释变量产业结构具有相同的变化趋势，符合平行趋势假定，因而用双重差分方法研究碳排放交易政策在产业结构调整方面的政策效果是符合条件的。同时，2014年之后的每一年交互项系数置信区间均不与0轴相交，且呈现上升的趋势，即代表 β_t 显著性逐渐增强，这代表碳交易政策对产业结构的影响程度逐年递增。其中2014年交互项系数置信区间与0轴相交可能是因为政策实施第一年存在一定滞后性，伴随着碳交易市场的开展和推广，政策执行步入正轨，政策效应逐渐显现。

2. 变更衡量标准

由于产业结构是本章研究的重点关注变量，其衡量标准对研究结果的影响十分关键，因此，我们变更被解释变量衡量标准利用模型（7-1）重新进行基础回归，验证结果的稳健性。其中，我们采用第三产业就业人员与第二产业就业人员的比值来代替产业结构，具体检验结果如表7-3所示。由表7-3可知，在变更产业结构衡量标准之后，同时加入四种情况的检验结果整体来看依然在1%水平上显著为正，这也证明了本章结果的稳健性。

表7-3　　　　　　　　变更被解释变量的衡量标准的结果

变量名称	产业结构2	产业结构2	产业结构2	产业结构2
DID	0.516** （0.207）	0.799*** （0.205）	0.230 （0.146）	0.395*** （0.138）
信息化水平		4.668 （7.564）	20.80*** （4.921）	2.263 （4.786）
人口规模		−0.403*** （0.0720）	0.558 （0.608）	−0.294 （0.583）
经济发展水平		−0.0131 （0.00866）	0.00776 （0.00890）	−0.00412 （0.0112）
金融发展水平		0.294*** （0.0374）	0.423*** （0.0531）	0.196*** （0.0633）

续表

变量名称	产业结构2	产业结构2	产业结构2	产业结构2
教育发展水平		33.24*** (1.787)	-0.790 (2.706)	7.410*** (2.864)
控制变量	否	是	是	是
个体效应	否	否	是	是
时间效应	否	否	否	是
Observations	2 274	2 274	2 274	2 274
R-squared	0.003	0.234	0.814	0.836

注：***、**、*分别代表在1%、5%以及10%水平上显著，括号内数字为标准误。

3.增加控制变量

为保证实证结果的科学性和可靠性，本章还在基准回归结果基础上增加政府干预水平、就业率、平均工资和产业规模等控制变量，排除其他相关因素对实证结果的影响，验证回归结果的稳健性。如表7-4所示，在加入控制变量、个体效应、时间效应三种情况下，回归结果显示交互项系数均在1%水平上显著为正，即证实碳排放权交易政策能够显著促进产业结构升级，验证了前文结果的稳健性。

表7-4　　　　　　　　　　增加控制变量的检验

变量名称	(1) 产业结构	(2) 产业结构	(3) 产业结构
DID	0.427*** (0.0763)	0.162*** (0.0520)	0.200*** (0.0448)
信息化水平	9.039*** (2.851)	13.00*** (1.777)	7.350*** (1.549)
人口规模	0.00112 (0.0276)	0.439** (0.217)	-0.321* (0.189)
经济发展水平	0.0115*** (0.00352)	0.0246*** (0.00352)	-0.00402 (0.00367)

续表

变量名称	（1） 产业结构	（2） 产业结构	（3） 产业结构
金融发展水平	0.400*** （0.0145）	0.390*** （0.0215）	0.202*** （0.0210）
教育发展水平	−1.770* （0.938）	3.730*** （1.002）	7.043*** （0.962）
政府干预水平	0.991*** （0.158）	0.913*** （0.114）	0.490*** （0.0996）
就业率	0.00897 （0.00559）	0.0143*** （0.00304）	0.00304 （0.00266）
平均工资	0.00707** （0.00359）	0.0126*** （0.00205）	−0.00200 （0.00186）
产业规模	−0.139*** （0.0105）	−0.0687*** （0.00652）	0.0306*** （0.00819）
控制变量	是	是	是
个体效应	否	是	是
时间效应	否	否	是
Observations	2 270	2 270	2 270
R-squared	0.492	0.885	0.916

注：***、**、*分别代表在1%、5%以及10%水平上显著，括号内数字为标准误。

4.排除其他政策的干扰

碳排放权交易政策实施期间可能还会存在其他政策对产业结构产生影响，从而出现对碳交易政策评估效果高估的情况，因此本章排除新环保法、二氧化硫排污权交易政策和水权交易政策的影响，以验证结果的稳健性。表7-5中列（1）至列（3）分别排除了新环保法、二氧化硫排污权交易政策和水权交易政策的影响，若交互项系数依然显著，则说明碳交易政策的确能够影响产业结构，即前文的回归结果是稳健的。

表7-5中列（1）进行了排除新环保法政策效果的检验。2014年4

月24日，十二届全国人大常委会第八次会议表决通过了《环保法修订案》，新环保法被称为"史上最严的环保法"，主要变化在于推进现代化环境治理、加强政府监督和管理、控制污染物排放量等方面，体现了国家和政府对环境保护的重视。因此，为了排除新环保法实施带来的政策影响，我们直接删除了2015年的数据样本，回归结果如列（1）所示，证明碳排放交易政策能够影响产业结构，交互项系数（0.228）在1%的水平上显著为正，与预期结果一致。

表7-5   排除其他政策的检验

变量名称	（1）产业结构	（2）产业结构	（3）产业结构
DID	0.228*** (0.0494)	0.406*** (0.0654)	0.345*** (0.0588)
信息化水平	7.346*** (1.668)	6.789*** (1.563)	10.45*** (2.146)
人口规模	-0.384* (0.201)	-0.418** (0.190)	-0.367* (0.218)
经济发展水平	-0.00595 (0.00380)	-0.00768** (0.00370)	-0.0216*** (0.00535)
金融发展水平	0.218*** (0.0219)	0.212*** (0.0207)	0.199*** (0.0226)
教育发展水平	8.867*** (1.001)	8.374*** (0.937)	7.072*** (1.078)
控制变量	是	是	是
个体效应	是	是	是
时间效应	是	是	是
Observations	2 034	2 248	1 866
R-squared	0.913	0.915	0.916

注：***、**、*分别代表在1%、5%以及10%水平上显著，括号内数字为标准误。

表7-5中列（2）进行了排除二氧化硫排污权交易政策效果的检验。我国最先进行的排污权交易是针对二氧化硫的排放，在20世纪90年代二氧化硫排污权交易便开始在我国进行实践，并于2007年在江苏、天津、浙江等11个省市正式启动，其中天津、重庆、湖北作为后面碳排放交易试点城市和省份，可能会受到双重政策效应的影响。因此，列（2）为了排除二氧化硫排污权交易政策实施带来的政策影响，我们直接删除了天津、重庆、湖北三个地区的数据样本，回归结果如列（2）所示，证明碳排放交易政策能够影响产业结构，交互项系数（0.406）在1%水平上显著为正，与预期结果一致。

表7-5中列（3）进行了排除水权交易政策效果的检验，2014年，中国开始在内蒙古自治区、江西省、河南省等七个省份和自治区实施水权交易政策。为了排除水权交易政策实施带来的政策影响，我们删除了内蒙古自治区、江西、河南等省份的数据样本，回归结果如列（3）所示，证明碳排放交易政策能够影响产业结构，交互项系数（0.345）在1%水平上显著为正，与预期结果一致。

综上所述，在剔除新环保法、二氧化硫排污权交易政策和水权交易政策实施带来的影响之后，回归结果仍然显著为正，与基本回归结果一致，表明了本章结果的稳健性。

7.5 本章小结

全球人民共同面临的环境危机不仅阻碍了经济发展，也将严重威胁到人类生存，引起了世界各国的关注。中国也高度重视生态环境保护，我国向全世界承诺2030年前实现碳达峰，2060年前实现碳中和，因此要准确把握碳排放交易政策的政策效果，实现良性循环。试点城市碳排放交易政策的实施成果是成效和问题并存的，在我国启动全国统一的碳交易体系的起点时期，应借鉴碳交易政策试点地区取得的经验教训，采取有效措施，总结经验，吸取教训，避免再走弯路，确保全国碳交易市场建设的顺利推进。此外，我国幅员辽阔，东西和南北跨度都很大，地区差异大，对于全国层面的碳排放交易系统的开启，要充分考虑到各地区的经济、文化和环境差异，因地制宜，灵活地制定和执行政策，推动国家产业结构均衡发展。

本章以2009—2018年中国城市面板数据为基础，采用双重差分法评估碳交易政策的政策效果，并进行了一系列的稳健性检验，包括平行趋势检验、变更衡量标准、增加控制变量和排除其他政策干扰，均证明了基本回归结果的稳健性，验证了碳排放交易政策对产业结构的影响。研究结论如下：由基准回归结果分析得出，中国的碳排放交易政策能够促进产业结构优化，且这一结论经过了动态效应检验，更换衡量标准、增加控制变量和排除其他干扰政策的检验具有稳健性。

8 碳减排政策能源利用率提升的效果评估
——以电力行业为例

8.1 引言

改革开放以来中国经济迅速增长，现在已经发展成为世界第二大经济体，但产业活动增加所产生的环境污染问题已经严重威胁到我国的绿色可持续发展的进程。我国经济发展趋势持续向好，但当前我国仍是发展中国家，在工业化、城镇化的快速推进过程中，以重化工为主的产业结构、以煤炭为主的能源结构正有所改善但并没有得到根本改变，生态环境保护根源性和结构性压力总体上尚未得到根本缓解。环境资源是人类社会的共同财富，但是由于其公共属性的存在容易产生自然资源的浪费与破坏，且环境污染的负外部性使经济主体在权衡个体利益与社会利益时选择重点考虑自身利益，保护环境的行为由于并不会给经济主体带来显著利益而受到抑制。因此，仅仅依靠市场机制并不能根本解决温室气体排放与环境污染问题，必须由政府采取强制手段，通过颁布相关法律法规进行管制。中国相继出台了《中华人民共和国环境保护法》《中华人民共和国大气污染防治法》等与环境保护相关的法律法规。目前碳市场交易机制被国际社会公认为是最有效的碳减排手段,作为全球最大碳交易市场的欧盟碳排放交易体系的低碳减排效应明显,我国也于2011年陆续启动碳排放权交易试点,有序推进碳减排工作。

我国碳排放自改革开放以来呈迅速增长态势,据《世界能源统计年鉴2021》统计,中国的碳排放量在2011—2020年间由88.3亿吨增至99.0亿吨,减排形势十分严峻。目前电力行业是世界上最大的二氧化碳排放源,也是中国最大的碳排放源。目前我国的电力行业仍以火力发电为主,据统计,火力发电占比从2010年的80.8%降至2020年的67.9%,尽管从趋势上看比重有所降低,但总体上仍处于主导地位,未来其能源利用率需要进一步提升。电力行业作为国家重要的产业,关系到整个国民经济的发展。电力行业的可持续发展不仅是保证经济、社会协调发展的需要,也是增强市场竞争能力、进行绿色低碳转型开拓市场的必然战略选择,它对于经济高质量发展、生态环境保护、长治久安和"和谐社会"的实现意义深远。习近平总书记曾在气候雄心峰会上承诺,中国单位国内生产总值二氧化碳排放到2030年将比2005年下降65%以上。未来我国二氧化碳减排任务十分艰巨,而研究碳交易政策对电力行业能源利用率的影响对优化我国电力资源结构、降碳减排和实现碳达峰碳中和目标具有重要的意义。在"节能减排,可持续发展"的战略背景下,应以实现降污减碳协同增效为抓手,促进经济社会的全面绿色转型。生态环境问题根本上是生产生活方式问题,我们把碳达峰碳中和纳入生态文明建设的总体布局可以倒逼产业结构、能源结构、交通运输结构等加快优化调整升级,持续推动全国、地方、重点行业和企业开展节能减排活动,坚决遏制高耗能、高排放、高污染项目的盲目开展,推动经济社会的绿色低碳高质量发展。

相比行政命令与经济补贴等手段,碳交易机制是低成本、持续性强的碳减排政策工具。首先,碳交易政策通过设定强制性的碳排放总量目标,对整体碳排放进行限制,运用市场机制对碳排放权进行资源配置,能够有效降低碳排放量和碳减排实施成本。碳交易制度的直接目的就是对碳排放总量进行控制,应对全球气候变化。其次,碳交易机制通过运用市场机制能够有效降低全社会减排成本。面对碳交易机制对企业碳排放的限制，均衡成本与利益，各企业会在整体碳排放总量下进行碳排放权分配与交易，各自实现利益最大化。其中企业的技术创新水平在这一过程中起到关键作用，相对而言技术创新水平高的企业通过发展低碳技术减少自身碳排放量，将碳排放余额在二级市场出售获得资金补偿，而技术水平低的企业超出配额的碳排放量需要购买配额，从而实现各自减排效益最大化。最后，碳交易机制有效推动企业技术进步。碳交易机制对企业碳排放的限制推动企业发展低碳产能，淘汰落后产能，实现产能结构优化。

由于电力行业是我国最大的碳排放部门，因而电力行业成为我国碳减排工作的关键。碳交易政策将碳排放权定价，使发电企业产生的碳排放成本内化为企业内部成本，其中煤电企业是主要的碳排放来源，其边际成本发生变化进而影响到企业利润，并最终推动该行业向可再生能源行业转型。政府主要从三个方面通过碳交易市场影响电力行业：第一，碳交易市场的运行必然会导致二级碳市场的产生，碳交易的过程中需要定义碳价，碳价使得高碳发电生产成本增加，削弱了其经济性，相对而言使得低碳发电具有更强竞争力，推动发电行业向低碳发电转型。第二，政府可以通过提高煤电电价的方式降低煤电竞争力，从而在电力交易市场中提高清洁能源发电消费量。第三，调节发电项目利润，即增加清洁能源发电项目投资利润，提高投资者对清洁能源发电项目的投资预期，进一步加大对清洁能源投资力度，同时压缩煤电项目利润，降低投资回报率和对煤电项目投资占比。

就碳交易市场发展阶段而言，综合考虑经济环境因素，碳交易的运行从中短期来看对煤电企业的影响可能主要在于推动其实现能源转型和提高能源利用率，但是因碳交易政策施行而产生的碳排放成本并不会在很大程度上抑制电力行业发展。第一，我国主要煤电能源集团都持有大量可再生能源项目，在面临碳交易政策约束时起到内部中和的作用。一般情况下，我国主要煤电能源集团内部会通过自身持有的新能源装机获得减排配额，从而降低购买碳排放权对生产成本带来的影响，推动煤电企业对可再生能源项目的投资与建设，实现能源结构转型。第二，随着碳交易政策的落实，清洁能源拥有更大的发展空间，同时煤电由于其碳排放强度大的问题由主力电源转变为调峰电源。当火电机组进行深度调峰后，机组负荷和再热蒸汽温度都会降低，锅炉效率会明显受到影响，不完全燃烧会增加，从而增加火电的碳排放。但因此而产生的碳排放成本主要由各级电网合理分摊，并不会在很大程度上影响企业。第三，"双碳"目标的实现是社会共同责任，如果减排成本全部由八大减排行业企业承担，将会严重限制我国支柱产业发展，进而产生连锁反应，对国民经济产生抑制作用。

基于此，本章试图探究碳交易政策是否可以提升电力行业的能源利用率。研究上述问题，对我们研究分析碳交易政策对电力行业产生的政策效应具有重要作用。参考已有文献，本章将从碳交易政策和电力行业两个方面进行阐述。

8.2 文献综述

8.2.1 碳交易政策视角

碳交易政策实施的主要目的是降低二氧化碳的排放，因此许多学者在进行碳交易政策评估时以二氧化碳的排放量为衡量指标。而各个行业、领域迫于环境、资金压力在进行绿色转型过程中也会产生经济发展、技术创新和产业结构升级等溢出效应。许多学者选择将经济发展水平和环境改善等作为碳交易政策有效性的评估指标，因此本章也从环境视角和经济视角两个方面入手，对碳交易政策进行阐述。

1.环境视角

第一，从二氧化碳减排角度看，苏瑞娟等（2022）构建了合成控制模型对我国6个碳交易试点省份的减排效用进行估计与测算，探索了各试点碳交易市场的减排效用差异。结果显示，碳排放权交易政策在各试点省份的碳减排效应存在显著差异，为全国统一碳交易市场的建立提供了科学和有说服力的依据。张婕等（2022）利用倾向得分匹配法、固定效应双重差分模型和中介效应检验，基于2010—2016年中国上市公司的面板数据实证分析了碳交易政策的碳减排效应。研究发现，碳交易政策可以显著影响高耗能企业碳减排，且对于政府干预水平较高和国有经济发达地区的高耗能企业的影响更为显著，可以通过高质量技术创新这一作用路径实现试点省份的碳减排。

第二，从环境污染治理角度看，李胜兰和林沛娜（2020）采用双重差分法，利用2000—2017年的中国省级面板数据，实证分析了碳排放权交易政策的污染物和污染气体的减排有效性，结果显示试点地区的二氧化碳、工业废水、工业二氧化硫、工业固体废物的排放总量显著低于非试点地区，且可以通过能源结构效应及技术创新效应两种作用机制影响区域污染物的排放。李治国等（2021）构建了IPAT-LMDI模型分析了碳排放与空气污染物排放两者之间的关联特征，构建倾向得分匹配-双重差分模型（PSM-DID）实证分析了碳交易政策的协同减排效应。研究结果显示，碳交易政策可以有效实现二氧化碳与二氧化硫的协同减排，可以通过能源消费减少的直接协同减排路径和能效提升、产业结构调整的间接协同减排路径实现目标。

2.经济视角

第一，从技术创新角度，肖振红等（2022）采用双重差分模型利用2004—2019年中国30个省区市的面板数据实证分析了碳交易试点政策对区域绿色创新效率的影响。研究发现，碳交易试点政策显著提升了区域绿色创新效率水平，且可以通过优化能源消费结构和产业结构来不断提升区域绿色创新效率，影响绿色创新效率水平的关键因素是地方政府效率、地方财政分权水平和数字金融使用深度。郭红欣等（2021）通过空间相关系数、自然断点法构建双重差分模型，利用2010—2017年30个省区市的面板数据分析检验了中国碳排放权交易政策对低碳技术创新的影响。结果表明，在中东部地区碳排放权交易试点显著提升了低碳技术创新水平，存在明显的空间集聚效应。因此中国碳排放权交易市场的进一步完善与试点范围的不断扩大可以增强低碳创新技术的空间溢出效应，以此助力碳达峰碳中和目标的实现。

第二，从投资角度，郭蕾等（2022）通过构建双重差分模型，利用2010—2019年中国30个省区市的面板数据实证分析了碳排放权交易试点是否提升了对外直接投资水平。研究发现，碳交易政策确实显著提升了我国的对外直接投资水平，其潜在作用机制是碳排放权交易试点满足

"污染避难所假说"与"波特假说"从而提升了对外直接投资水平。张涛等（2022）通过构建多期双重差分模型，利用中国沪深A股上市公司数据实证研究了碳排放权交易政策对企业投资效率的影响。研究发现，碳交易政策确实可以显著提升企业投资效率，其作用机制是通过减轻企业融资约束、提升企业技术创新和减轻政策性负担等途径对企业投资效率产生积极影响从而助力实现"双碳"目标。

8.2.2 电力行业视角

碳减排是我国实现全面绿色转型和保护生态环境的重要抓手，其可以凭借低水平的能源消耗和碳排放支撑经济高质量发展，凭借能源行业的深刻变革支撑经济社会的全方位系统性变革，因而要不断推进碳减排工作的开展以助力"双碳"目标的实现。而电力行业作为能源消耗和污染物排放的重要行业之一，其碳排放的影响因素以及碳减排路径的选择对于我国实现碳达峰碳中和目标起着关键作用，因此本章主要从碳排放的影响因素以及碳减排路径选择两个方面进行阐述。

1.碳排放影响因素视角

何迎等（2020）采用LMDI方法研究分析了影响我国电力行业碳排放变化的7个因素，各因素的贡献值、贡献率，同时采用象限法分析了30个不同省区市的主要影响因素差异。研究结果显示，经济规模是影响电力行业碳排放变化的主要因素，火电能耗强度、电力结构和用电强度是抑制电力行业碳排放增加的主要因素。此外，主要影响因素的影响存在区域异质性。曹俊文和姜雯昱（2018）利用对数平均迪氏指数法分析研究了江西省电力行业碳排放量的影响因素。研究发现，技术进步是提升电力行业生态效率的关键因素，规模效率会抑制生态效率的提高，规模效率和纯技术效率的区域差异性比技术进步因素明显。

2.碳减排路径选择视角

王丽娟等（2022）统筹考虑社会经济发展、发电标准煤耗、各部门用电需求和电源结构等多个因素，利用情景分析的方法进行了电力行业碳排放趋势预测以及碳减排的主要驱动因素的分析。研究结果显示，未来我国电力行业应从优化电源结构、形成绿色生产生活方式、提升用电效率和降低煤电机组能耗水平等方面入手，实现电力行业的碳减排。李辉等（2021）采用弹性系数法预测分析了电力需求和大气污染物排放的减排潜力。研究发现，实施能源和电力优化政策可以加快实现火电发电量的达峰，而引导高污染高排放水平的火电机组合理退出生产可以有效控制火电大气污染物的排放，实现环保投资目标，避免环保投资的浪费。

　　本章通过对以往文献梳理研究发现：从研究范围来看，过往文献从电力企业绩效和全国视角出发，而非从省级角度进行探讨分析；从研究对象来看，过往文献多从宏观角度分析电力行业碳减排的影响因素，缺乏从微观视角研究碳交易政策对电力行业能源利用率的影响；从研究方法来看，较少文献通过构建双重差分模型进行碳交易政策对电力行业的政策效应影响研究。而本章可能的边际贡献在于，本章基于2012—2019年中国省级平衡面板数据实证分析碳交易政策对电力行业能源利用率的影响及实现路径，以电力行业能源利用率这一微观视角为研究对象，在控制个体与时间效应的前提下通过构建双重差分模型研究碳交易政策的能源效率提升成效，从而解决以往多数文献存在的内生性问题。深入分析探究提高电力行业能源利用率的作用路径，为推广全国碳交易市场和完善碳交易制度提供有力依据，助力碳达峰碳中和目标的实现。

8.3　研究设计

8.3.1　假设提出与模型构建

1.假设提出

　　碳交易政策是一项利用市场机制控制温室气体排放、推动绿色低碳高质量发展的制度创举，其能够通过降低碳减排成本来缓解我国经济高质量发展与节能减排之间的两难问题。实现碳达峰碳中和是我国目前艰巨而紧迫的任务之一，"双碳"目标的实现归根到底取决于能源结构调整和能源利用率的提升，这就需要一个新的制度安排。而碳市场作为一个能够低成本、高效率地促进经济效能、能源效能的选项成为未来的必然选择，以此助力碳达峰碳中和目标的实现。碳排放权交易将二氧化碳排放权当作商品进行买卖，利用市场手段通过降低生产成本的方式调配企业的碳排放额度。目前由于电力行业的碳排放量居于各行业之首，该行业被首批纳入全国的碳市场，因此，电力行业的碳减排也成为实现碳达峰碳中和的关键所在。电力行业内部也存在碳排放的差异问题，碳交易政策实施后政府会发放给试点城市电力行业定量的碳排放额度，高碳排放的发电企业超出排放配额的部分需要向碳市场购买配额，而低碳排放的发电企业剩余碳排放额则可以在碳市场中售卖以获取利润。双方为了降低经营成本、扩大未来的生存空间会不断调整经营战略，进行低碳绿色转型，从而有效推动电力行业能源利用率的提升和整体碳减排目标的实现。综上所述，本章认为碳交易政策能够提高电力行业的能源利用率。

2.模型构建

本章通过构建双重差分模型实证分析了碳交易政策对电力行业能源利用率的影响，同时为了解决过往文献普遍存在的内生性问题，本章会在不加入控制变量、加入控制变量、单独控制个体效应和同时控制个体效应与时间效应这四种情况下分别观察碳交易政策对电力行业能源利用率的影响程度。设定的模型如下：

$$Y_{it} = \beta 0 + \beta 1 * treat_i + \beta 2 * post_t + \beta 3 * did + \alpha * control_{it} + \mu_i + \gamma_t + \varepsilon_{it} \qquad (8-1)$$

式中，将被解释变量即电力行业能源利用率设定为 Y_{it}，以 6 000 千瓦及以上电厂发电煤耗（克/千瓦时）来衡量。将模型的核心解释变量设定为 $did = treat_i * post_t$。当 $treat_i$ 等于 1 时，表示城市 i 已经被设立为碳交易政策试点城市，否则 $treat_i$ 等于 0。当 $post_t$ 等于 1 时，表示年份在 2014 年及以后，否则 $post_t$ 等于 0。当 did 等于 1 时，表示城市 i 在时间 t 是碳交易政策试点城市，否则 did 等于 0。$control_{it}$ 代表控制变量，μ_i 和 γ_t 依次是指个体固定效应和时间固定效应，ε_{it} 代表残差项。

8.3.2 变量说明与数据来源

1.变量说明

（1）被解释变量

被解释变量 Y_{it} 为电力行业的能源利用率，以 6 000 千瓦及以上电厂发电煤耗（克/千瓦时）来衡量。

（2）核心解释变量

本章将是否为碳交易试点城市作为划分城市组别的虚拟变量，将政策实施前后作为划分时间组别的虚拟变量，核心解释变量即为城市虚拟变量和时间虚拟变量的乘积，公式设定为 did = $treat_i$*$post_t$，当 did 等于 1 时，表示城市 i 在时间 t 为碳交易政策试点城市，否则 did 等于 0。

（3）控制变量

本章的控制变量 $control_{it}$ 主要包括以下几个方面：能源消费结构用我国煤炭消费总量与能源消费总量的比值表示；经济发展水平用地区生产总值（亿元）表示；政府规模用一般公共预算支出（亿元）表示；电源结构用火电发电装机容量占比表示。

（4）中介变量

本章的中介变量包括以下几个方面：环保投资用地方财政环境保护支出（亿元）表示；用电量需求用全社会用电量（亿千瓦时）表示；产业结构用第三产业增加值与第二产业增加值的比值表示。变量的描述性统计见表8-1。

表8-1 变量的描述性统计

变量	变量名称	（1）样本数	（2）平均数	（3）标准差	（4）最小值	（5）最大值
被解释变量	电力行业的能源利用率	240	295.4	18.98	201.1	342
控制变量	能源消费结构	240	0.387	0.146	0.0121	0.687
	经济发展水平	240	24 805	20 107	1 528	107 987
	政府规模	240	5 083	2 693	864.4	17 298
	电源结构	240	0.655	0.217	0.124	0.987
中介变量	环保投资	240	151.5	98.87	21.23	747.4
	用电量需求	240	2 001	1 412	210	6 696
	产业结构	240	1.326	0.720	0.611	5.234

2.数据的来源

2013年下半年，北京、天津、上海、重庆、广东、深圳和湖北7个省份和城市开展碳排放权交易试点工作。本章利用2012—2019年中国30个省区市的平衡面板数据来实证分析碳交易政策对电力行业能源利用率的影响。由于碳交易试点在2013年下半年才正式启动，因此借鉴任亚运和傅京燕（2019）的做法，将2014年设定为政策外部冲击时点，2014年之前为非试点期，2014年之后（包括2014年）为试点期。由于深圳的城市属性以及西藏数据的缺乏，本章为保证研究范围的统一性，以除深圳之外的6个碳交易试点省市为实验组，以除西藏之外的24个省区市为对照组，形成了最终样本，所使用的数据均来自《中国城市统计年鉴》《中国能源统计年鉴》《中国电力统计年鉴》和国家统计局数据。

8.4 电力行业的政策效果评估

8.4.1 适用性检验与基准回归

1.适用性检验

（1）平行趋势检验

使用双重差分模型实证分析碳交易政策效应的前提是要满足平行趋势检验，即观测实验组与对照组在政策实施之前是否存在差异，是否存在相同的变化趋势，以此判断分析结果能否代表政策的净效应。平行趋势检验如图8-1所示。

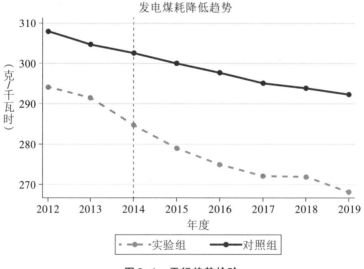

图8-1 平行趋势检验

图 8-1 中，虚线是指碳交易政策的实施年份，虚线左侧代表 2014 年之前实验组与对照组的电力行业发电煤耗都呈现下降趋势且两者趋势基本一致；虚线右侧代表 2014 年之后实验组与对照组的电力行业发电煤耗下降趋势逐渐出现差异，其中实验组的电力行业发电煤耗下降趋势要明显大于对照组。因此采用双重差分法实证分析碳交易政策对电力行业能源利用率的影响是符合条件的，满足了平行趋势的假定，使用双重差分法较为合理。

（2）动态效应检验

政策实施是一个长期持续的动态变化过程，在研究政策有效性时有必要考虑政策的动态边际影响效应，具体做法是用政策虚拟变量与政策前后各年份的虚拟变量组成交互项，选择政策第一期作为基准组，然后用被解释变量即电力行业能源利用率对虚拟交互项分别进行回归，如图 8-2 所示。本部分主要检验了碳交易政策的动态效应，从而进一步验证了电力行业能源利用率的平行趋势。

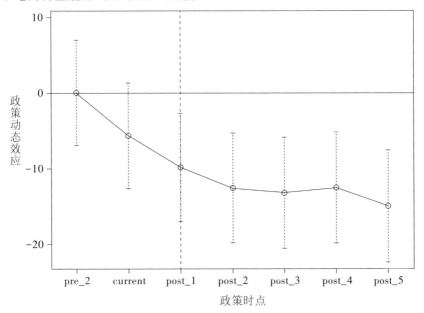

图 8-2　动态效应检验

图 8-2 中，current 表示政策实施年份 2014 年，其中政策实施前的交互项系数并不显著异于 0，说明在政策实施之前实验组与对照组之间

并不存在显著差异，满足平行趋势假设；而在政策实施后的交互项系数显著异于0，且程度逐渐提升，说明政策实施后出现了显著的政策效应并逐渐凸显。其原因是随着碳交易政策的开展，政策效应逐渐凸显，对电力行业能源利用率的作用路径也逐渐清晰。本研究通过平行趋势检验和动态效应检验得出了满足did方法的结论，因此使用双重差分法实证分析碳交易政策的政策效果较为合理。

2.基准回归

本部分依据模型（8-1），以电力行业的发电煤耗即能源利用率为被解释变量，实证分析了碳交易政策对电力行业能源利用率的影响，其中发电煤耗=发电煤耗量/发电量，电力行业的发电煤耗越高则说明能源利用率越低。表8-2分别观测和分析了在不加入控制变量、加入控制变量、单独控制个体效应和同时控制个体与时间效应这四种情况下电力行业能源利用率受碳交易政策的影响程度。

表8-2 基准回归结果

变量	（1）发电煤耗	（2）发电煤耗	（3）发电煤耗	（4）发电煤耗
did	-23.74*** (3.074)	-8.765*** (2.920)	-13.00*** (2.330)	-10.37*** (2.337)
能源消费结构		60.13*** (6.955)	54.59*** (11.49)	18.98 (12.67)
地区发展水平		0.000315** (0.000134)	0.000419** (0.000178)	0.000209 (0.000174)
政府规模		-0.00276*** (0.000991)	-0.00215** (0.00101)	0.000476 (0.00106)
电源结构		-27.47*** (4.454)	51.13*** (9.882)	12.04 (11.41)
控制变量	否	是	是	是
个体效应	否	否	是	是
时间效应	否	否	否	是

变量	（1） 发电煤耗	（2） 发电煤耗	（3） 发电煤耗	（4） 发电煤耗
Constant	298.9***	297.6***	220.1***	269.8***
	（1.191）	（4.773）	（11.45）	（13.90）
Observations	240	240	240	240
R-squared	0.200	0.473	0.920	0.933

注：***、**、*分别表示1%、5%、10%的显著性水平，括号内数字为标准误。

研究结果如表8-2所示，列（1）中未加入控制变量的交互项系数（-23.74）、列（2）中加入控制变量的交互项系数（-8.765）、列（3）中加入个体效应的交互项系数（-13.00）、列（4）中同时控制个体和时间效应交互项系数（-10.37）均在1%的水平上显著为负，这就表示碳交易政策的实施有助于降低电力行业的发电煤耗从而促进能源利用率的提升，验证前文的猜想。从控制变量角度看，能源消费结构、地区发展水平、电源结构与电力行业发电煤耗呈正相关关系。这就说明地区发展水平越高，电力行业的发电煤耗越高，即能源利用率越低。能源消费结构是煤炭消费总量与能源消费总量之比，电源结构是火电发电装机容量占比，这就说明煤炭消耗总量和火电发电装机容量占比越高，电力行业发电煤耗越高，即能源利用率越低。政府规模与电力行业发电煤耗呈负相关关系，这说明政府规模越大，电力行业发电煤耗越低，即能源利用率越高。

8.4.2 稳健性检验

1.增加控制变量

考虑到各个省份和地区的条件各异，本章在研究碳交易政策对电力行业能源利用率的影响时为解决内生性问题，在此部分将人口规模、对外开放水平和技术创新加入控制变量，人口规模用年末常住人口（万人）表示，对外开放水平用进出口总额（万美元）表示，技术创新用地方财政科学技术支出（亿元）表示，将其重新进行回归以此检验结果的

稳健性。若结果显著则表明基准分析结果是相对稳健的。如表8-3列
（1）所示，增加控制变量之后的结果与基准回归的结果非常相似，表明
基准回归结果具有稳健性。

2.排除其他政策干扰

在不断优化电源结构、降碳减排和实现"双碳"目标的过程中，政
府会综合使用多种政策手段协同发挥作用，因此其他环保政策也会影响
实证分析结果的准确性。本章选择2014年修订的《中华人民共和国环
境保护法》（以下简称"新环保法"）和2018年为保护和改善环境而制
定的《中华人民共和国环境保护税法》（以下简称"环保税法"）进行
研究。如表8-3列（2）和列（3）所示，在控制这两个政策的影响之后
碳交易政策对电力行业能源利用率的影响仍然是显著的，由此验证了基
准回归结果的稳健性。

3.随机分组

随机分组是随机抽取6个省份组成碳交易试点省份的虚拟样本重新
进行回归，是一种反事实检验。如果虚拟样本的结果并不显著，那么基
准回归结果具有稳健性，反之本章结果的可信度有待进一步提升。如表
8-3列（4）所示，碳交易政策对虚拟样本的影响并不显著，证实了结
果的稳健性。

表8-3   稳健性检验

变量	（1） 发电煤耗	（2） 新环保法	（3） 环保税法	（4） 随机分组
did	−8.849*** （2.311）	−10.12*** （2.440）	−10.03*** （2.464）	1.879 （2.227）
能源消费结构	21.59* （12.39）	14.68 （13.11）	17.41 （14.03）	17.37 （13.43）
经济发展水平	−0.0000205 （0.000198）	0.000265 （0.000185）	0.000233 （0.000200）	0.000243 （0.000186）
政府规模	0.00180 （0.00118）	0.000109 （0.00112）	0.000353 （0.00119）	−0.000337 （0.00110）

续表

变量	（1） 发电煤耗	（2） 新环保法	（3） 环保税法	（4） 随机分组
电源结构	12.57 （11.02）	6.583 （12.39）	9.978 （12.68）	−8.137 （10.92）
人口规模	0.00425 （0.00570）			
对外开放水平	0.000000829*** （0.000000218）			
技术创新	−0.0150 （0.0110）			
控制变量	是	是	是	是
个体效应	是	是	是	是
时间效应	是	是	是	是
Constant	241.2*** （34.45）	277.7*** （15.06）	273.6*** （15.29）	291.8*** （13.56）
Observations	240	210	210	240
R-squared	0.938	0.933	0.930	0.926

注：***、**、*分别表示1%、5%、10%的显著性水平，括号内数字为标准误。

8.5 本章小结

碳排放权交易市场是利用市场机制控制温室气体排放，实现绿色低碳高质量发展的一项制度创举，是以低成本实现减排目标的政策工具。与传统的行政管理手段相比，其既能够将温室气体控排目标与责任落实到企业，又能为碳减排目标的实现提供相应的经济激励机制，带动绿色技术创新及产业投资，为兼顾经济高质量发展和碳减排目标的实现提供有效途径，是落实碳达峰碳中和目标的重要政策工具。建立全国碳排放权交易市场对中国实现碳达峰碳中和目标的作用和意义非常重大：第一，可以推动高碳排放的行业实现产业结构的优化升级和能源消费的绿色低碳，使高排放行业助力"双碳"目标的实现。第二，可以为碳减排活动提供经济激励机制，引导资金投向减排潜力大的领域和企业，推动该领域的绿色低碳技术创新以及前沿技术突破，实现高排放企业绿色低碳转型和经济高质量发展。第三，通过构建全国碳排放权交易市场推动提升林业碳汇，促进可再生能源和清洁能源的发展，助力区域协调发展和生态保护建设，倡导宣传绿色低碳的生产与消费方式。第四，依托全国碳排放权交易市场为经济社会的绿色低碳发展转型和实现碳达峰碳中和提供投资融资渠道。

未来我国应当进一步做好全国碳排放权交易市场各项工作任务，不断完善配套制度体系和政策措施，进一步完善相关的技术法规、标准和管理体系。在发电行业碳市场健康运行的基础上，逐步将市场覆盖范围扩大到更多的高排放行业，根据需要丰富交易品种和交易方式，实现全国碳排放权交易市场的平稳有效运行和健康持续发展，有效发挥市场机制在控制温室气体排放、实现我国碳达峰碳中和目标中的作用。

碳交易政策是运用市场经济减少温室气体的排放、促进环境保护的重要机制，本章基于2012—2019年中国30个省区市的平衡面板数据，通过构建双重差分模型实证分析了碳交易政策对电力行业能源利用率的影响。整体回归结果显示，在不加入控制变量、加入控制变量、单独控制个体效应和同时控制个体效应与时间效应这四种情况下，碳交易政策对产业结构的影响系数均在1%水平上显著为负，说明碳交易政策确实可以降低电力行业发电煤耗，显著提升电力行业的能源利用率，且这一结果通过增加控制变量、排除其他政策的干扰和随机分组等检验具有稳健性。

9 碳减排政策的实现路径研究

前文第6—8章针对碳减排政策效果开展研究，包括对低碳试点政策的环境治理效果、碳排放权交易政策对经济转型和提高能源利用率的效果的研究。研究碳减排政策效果对于准确把握碳减排进程，及时调整政策执行措施，推动"双碳"目标实现具有重要意义。碳减排政策作为实现"双碳"目标的重要手段其政策效果并非一步到位，最终政策效果的呈现必然要经过不同手段作用于各种相关因素达成目标，因此对政策实现路径的研究有助于明确各相关因素之间相互作用机制，保证研究结果的可行性和可操作性。基于此，本章分别针对低碳试点政策和碳排放权交易政策开展其环境治理、经济转型和能源利用率提升的实现路径，提出中介变量相关假设，构建影响机制模型开展研究，并在基准回归结果基础上开展各种异质性分析，一方面保证了研究结果的稳健性，另一方面在地区、人口规模、经济发展等层面细化了研究结果，为保证政策效果有效性提供新思路。

9.1 低碳试点政策环境治理实现路径

9.1.1 假设提出及模型构建

1.假设提出

《国家发展改革委关于开展低碳省区和低碳城市试点工作的通知》中曾明确提出"要积极利用低碳技术改造不断提升优化传统产业,加快发展低碳建筑和低碳交通,培育推动节能环保、新能源等战略性新兴产业的发展"。随着低碳试点政策的实施,一些高污染、高排放和高耗能行业选择抓住大好机遇积极进行低碳绿色转型,转变自身未来的发展战略;还有部分企业迫于经济、环境压力甚至退出市场。而节能环保、新能源和高新技术等新兴产业与高污染、高排放和高耗能行业相比则拥有了更多的成长空间,积极合理的政策引导激发了对产业结构的正向激励,污染物、污染气体的排放显著减少,最终不断改善空气质量。也有文献证实了低碳试点政策的产业结构优化升级效应的存在(逯进等,2020)。

低碳试点政策会从两个方面逐渐推动技术创新。第一,任何改革都会面临阻力,因此为了支持低碳产业发展和绿色低碳城市的建设,政府必然会加大资金、人才、技术等多个要素投入力度以减少阻力。其中,为推动低碳试点城市的建设,政府会提供更多的财政支持,例如各项低碳专项资金、补贴奖励政策和贷款贴息等,为企业不断进行技术创新提供资金保障。第二,波特认为,合理有效的环境规制政策会不断产生"创新补偿效应",即适当制定环境标准会引发技术创新并提高公司的资源生产率(Porter and Van der Linde,1995)。因此严格的环境规制约束会激励企业通过技术创新、改造等方式来应对环保标准的变化以及由此带来的成本增加压力。也有学者认为低碳试点政策可以通过技术效应部分转化为绿色技术进步和结构效应,从而显著提升了绿色总要素生产率(Cheng et al.,2019),证实了"波特假说"的存在。因此,在严格的政策规制和约束下,一些高耗能、高排放和高污染行业迫于环境、经济压力不得不通过技术创新和低碳绿色转型的方式来降低污染气体和污染物的排放，进而改善空气质量。

综上所述，本章认为低碳城市会通过推进产业结构和技术创新进一步改善空气质量。

2.模型构建

为了检验低碳试点政策是否会通过产业结构升级和技术创新两种方式影响空气质量，本章参考 Baron 和 Kenny（1986）提出的中介效应的检验模型设计了以下模型：

$$Y_{it} = \alpha_3 + \beta_3 * did_{it} + X'_{it} * \gamma_3 + \mu_i + \delta_t + \varepsilon_{it} \tag{9-1}$$

$$Structure(innovation) = \alpha_4 + \beta_4 * did_{it} + X'_{it} * \gamma_4 + \mu_i + \delta_t + \varepsilon_{it} \tag{9-2}$$

$$Y_{it} = \alpha_5 + \beta_5 * did_{it} + \lambda * Structure(innovation) + X'_{it} * \gamma_5 + \mu_i + \delta_t + \varepsilon_{it} \tag{9-3}$$

式（9-2）、式（9-3）中 Structure 和 innovation 是指中介变量，分别代表产业结构升级和技术创新。式（9-1）中实证分析了 did 与环境污染水平两者之间的关系；式（9-2）实证分析了 did 与中介变量两者之间的关系；式（9-3）实证分析了 did、中介变量和环境污染水平三者之间的关系。sobel 检验的基本原理表明，β_4 和 λ 是中介效应检验中的关键，若两者均显著表明中介效应显著，则不需要进行进一步的 sobel 检验；如果两者中只有一个显著则需要进一步开展 sobel 检验。

9.1.2　影响机制分析

基于第 6 章关于低碳试点环境治理效果评估的相关数据及变量开展低碳试点政策实现路径研究。

1.产业结构升级

本章借鉴蒲龙等（2021）的做法，采用第三产业与第二产业之比来衡量产业结构升级指标，依照本章设定模型中的式（9-1）至式（9-3），对产业结构升级的中介效应进行实证分析，结果见表 9-1。表 9-1列（1）至列（3）分析了低碳试点政策能否通过影响产业结构的路径来实现环境污染治理，列（1）中系数 β_3（-0.114）在 10% 的水平上显著为负，这就表明在未加入中介变量时回归，低碳试点政策可以显著降低二氧化硫排放量。依据 sobel 检验的步骤，在控制时间固定效应、城市固定效应和控制变量的情况下进行回归分析，结果显示列（2）中 did 变量的系数 β_4（0.102）在 10% 的水平上显著为正，说明低碳试点政策可以显著推进城市的产业结构优化升级。列（3）中 Structure 的系数 λ（-0.332）在 1% 的水平上也是显著的，β_3、β_4 和 λ 都显著说明低碳试点政策能够通过促进低碳城市的产业结构优化升级实现环境污染治理成效，从而不断改善空气质量。

表9-1 产业结构中介效应检验

变量	（1） lnso2	（2） structure	（3） lnso2
did	−0.114* (−1.95)	0.102* (1.65)	−0.112 (−1.10)
Structure			−0.332*** (−11.21)
Lnpop	0.275 (1.42)	−0.035 (−0.17)	0.537*** (14.07)
Lngdp	0.207*** (3.57)	−0.390*** (−6.33)	0.897*** (18.52)
Finde	0.047 (1.32)	0.042 (1.13)	−0.009 (−0.20)
Lnhumca	−0.010 (−0.32)	−0.045 (−1.39)	−0.019 (−0.82)
Lngovin	−0.090*** (−4.38)	−0.022 (−0.99)	−0.127*** (−4.59)
Constant	7.025*** (5.43)	5.004*** (3.65)	−0.338 (−0.73)
Observations	2 842	2 865	2 841
R-squared	0.231	0.052	0.322
City FE	YES	YES	YES
Year FE	YES	YES	YES
F	41.36	7.658	67.08

注：***、**、*分别表示1%、5%、10%的显著性水平，括号内数字为标准误。

2.技术创新

在衡量技术创新（innovation）指标时，许多学者会采用城市专利的数量衡量城市的创新能力，但是专利数量难以代表专利质量、专利贡献等实际价值。因此本章借鉴逯进和王晓飞（2019）的做法，使用复旦大学产业发展研究中心等发布的《中国城市和产业创新力报告2017》中的创新指数衡量城市技术创新水平，本部分依旧按照本章设定模型中的式（9-1）至式（9-3）对技术创新的中介效应进行实证分析。回归结果见表9-2。列（1）至列（3）分析了低碳试点政策能否通过影响技术创新实现环境污染治理。列（1）中系数 β_3（-0.114）在10%水平上显著为负，说明在未加入中介变量时进行回归，低碳试点政策可以显著降低二氧化硫排放量。依据sobel检验的步骤，在控制时间固定效应、城市固定效应和控制变量的情况下进行回归分析，结果显示列（2）中did变量系数 β_4（49.299）在1%的水平上显著为正，说明低碳试点政策可以显著提高城市的技术创新水平。列（3）中innovation的系数 λ（-0.002）在1%的水平上显著为负，β_3、β_4 和 λ 同时显著说明低碳试点政策能够通过提升城市的技术创新水平实现环境污染治理成效，从而不断改善空气质量。

表9-2　　　　　　　　　技术创新中介效应检验

变量	（1） lnso2	（2） innovation	（3） lnso2
did	−0.114* （−1.95）	49.299*** （14.88）	−0.023 （−0.38）
Innovation			−0.002*** （−5.36）
Lnpop	0.275 （1.42）	28.935*** （2.66）	0.328* （1.71）
Lngdp	0.207*** （3.57）	−22.563*** （−6.87）	0.165*** （2.84）

续表

变量	（1） lnso2	（2） innovation	（3） lnso2
Finde	0.047 （1.32）	−6.884*** （−3.43）	0.034 （0.97）
Lnhumca	−0.010 （−0.32）	−8.139*** （−4.72）	−0.025 （−0.82）
Lngovin	−0.090*** （−4.38）	−0.272 （−0.24）	−0.090*** （−4.44）
Constant	7.025*** （5.43）	119.933 （1.64）	7.246*** （5.63）
Observations	2 842	2 866	2 842
R-squared	0.231	0.156	0.240
City FE	YES	YES	YES
Year FE	YES	YES	YES
F	41.36	25.62	41.15

注：***、**、*分别表示1%、5%、10%的显著性水平，括号内数字为标准误。

9.1.3 异质性分析

不同城市拥有不同的特质，在环保意识、资源禀赋、经济发展水平和人口规模等方面差异较大，因此低碳试点政策实施后不同城市作出的回应也不尽相同，政策的环境污染治理成效也存在差异进而影响空气质量。由于超大、特大城市数量并不多，本章为了方便研究，根据2014年国务院出台的《关于调整城市规模划分标准的通知》，将人口总数500万以上的城市定义为大城市，人口总数100万以上500万以下的城市定义为中城市，人口总数100万以下的城市定义为小城市，分别进行回归。通过基准回归得知低碳试点政策确实会对二氧化硫的排放量产生影响，那么在面对不同规模的城市时，低碳试点政策的影响是否也会存在异质性？如表9-3所示，与人口规模较大城市相比，低碳试点政策对人口规模较小城市的二氧化硫排放量影响更为显著，其原因可能是人口规模越大的城市能源消耗量越高，二氧化硫排放量就会随之增加。杨丹等（2017）通过实证分析发现能源消费的增加会促进二氧化硫的排放。而人口规模越小的城市其惯性效应、锁定效应越弱，因此作出的反应也会更加敏感迅速，进而显著降低二氧化硫的排放。

表9-3 人口规模异质性分析

变量	大城市 人口>500万 lnso2	中城市 100万<人口<500万 lnso2	小城市 人口<100万 lnso2
did	−0.040 (−0.53)	0.058 (0.67)	−0.979** (−2.27)
Lnpop	0.429 (0.96)	0.160 (0.62)	2.654** (2.12)
Lngdp	0.303** (2.53)	0.168** (2.34)	−0.486 (−1.03)
Finde	0.020 (0.41)	0.054 (1.11)	0.621* (1.75)
Terin	−0.004 (−0.84)	0.001 (0.37)	−0.053*** (−3.31)
Lnhumca	0.283*** (3.97)	0.014 (0.38)	0.012 (0.09)
Lngovin	0.013 (0.37)	−0.091*** (−3.50)	−0.303** (−2.14)
Constant	2.385 (0.76)	7.648*** (4.60)	5.276 (0.77)
Observations	999	1 718	123
R-squared	0.347	0.226	0.420
City FE	YES	YES	YES
Year FE	YES	YES	YES
F	23.88	22.78	3.331

注：***、**、*分别表示1%、5%、10%的显著性水平，括号内数字为标准误。

　　低碳城市的建设是一个长期、复杂和系统的工程，其取得成效并非一日之功，也并非源自单一方面的优势，因此在研究低碳试点政策有效性时也要从多个方面进行分析，本章为了进行细致分析分别从经济发展水平、金融发展和政府研发投入三个方面进行实证研究，结果如表9-4所示。

表9-4 其他方面异质性分析

变量	经济发展水平		金融发展		政府研发投入	
	高 lnso2	低 lnso2	高 lnso2	低 lnso2	高 lnso2	低 lnso2
did	−0.121* (−1.72)	−0.021 (−0.20)	−0.197** (−2.33)	0.014 (0.17)	−0.218*** (−3.70)	0.180 (1.55)
Lnpop	0.348 (1.53)	−0.656 (−1.63)	0.294 (1.14)	0.164 (0.54)	0.274 (1.47)	−0.334 (−0.72)
Lngdp	0.079 (0.74)	0.193** (2.58)	0.154* (1.93)	0.302*** (2.96)	0.198** (2.27)	0.172** (2.02)
Finde	0.210*** (3.18)	−0.013 (−0.29)	0.009 (0.18)	0.027 (0.50)	0.071 (1.24)	0.042 (0.86)
Terin	−0.024*** (−5.70)	0.010*** (2.61)	−0.014*** (−3.52)	0.004 (1.15)	−0.023*** (−7.20)	0.008** (1.99)
Lnhumca	−0.069 (−1.49)	0.029 (0.71)	0.049 (1.07)	−0.054 (−1.35)	−0.051 (−1.13)	0.013 (0.31)
Lngovin	−0.127*** (−4.09)	−0.027 (−0.96)	−0.122*** (−3.90)	−0.072*** (−2.69)	−0.009 (−0.38)	−0.189*** (−4.83)
Constant	9.388*** (4.99)	11.775*** (4.83)	7.323*** (4.16)	7.170*** (3.35)	8.462*** (5.43)	10.091*** (3.82)
Observations	1 346	1 494	1 418	1 422	1 466	1 374
R-squared	0.286	0.216	0.176	0.343	0.347	0.201
City FE	YES	YES	YES	YES	YES	YES
Year FE	YES	YES	YES	YES	YES	YES
F	24.51	18.74	13.84	33.78	35.67	15.73

　　注：***、**、*分别表示1%、5%、10%的显著性水平，括号内数字为标准误。

低碳试点政策可以显著降低高经济发展水平城市的二氧化硫排放量，其主要原因可能是高经济发展水平城市大多已经处于产业结构升级的后期，高新技术、节能环保、新能源等低碳绿色产业有了一定的发展，高技术水平和雄厚资本的加持为低碳试点政策的实施提供支撑，因此低碳试点政策可以利用技术效应进一步降低二氧化硫的排放量；同时政府的生态环保意识非常重要，要有意愿和能力运用大量的人力、物力和财力开展产业结构升级、环境污染治理等活动。低碳试点政策对低经济发展水平城市的二氧化硫排放量影响并不显著，其原因可能是该地区大部分城市处于产业结构升级的前期阶段，或者产业结构升级较为困难，高污染、高能耗、高排放产业加重环境的负担和压力，环保意识、资金和技术的缺乏使该城市的污染治理工作开展较为困难。

低碳试点政策会显著降低高金融发展水平城市二氧化硫的排放量，其原因可能是金融发展水平越高的城市能够为低碳试点政策提供越多的财力支持，而低金融发展水平组则相反。

低碳试点政策对高政府研发投入水平城市的二氧化硫影响更为显著，其原因可能是政府研发投入越高，技术水平越高，越有利于企业的低碳绿色转型升级，因此低碳试点政策可以利用技术效应降低二氧化硫的排放量，而低政府研发投入水平组则相反。

9.2　碳交易政策经济转型实现路径

9.2.1　假设提出

技术创新是产业结构优化的助力，技术创新会引起技术结构的变化，为产业部门提供新的有效的生产经营手段，使技术创新的产业部门成本降低、产品质量提高、市场扩大、利润增加，并触发产业的扩张机制。一方面，部分产业扩张使其他产业以不同的速度扩张，并导致新兴产业结构的变化；另一方面，新技术体系的出现，将导致新兴产业的诞生，同时伴随落后产业的淘汰，必会引起产业结构改组。此外，技术创新还能够促进产业结构的升级。第一,科学技术创新改造了原有产业和产业部门。在科学技术革命中,一些传统产业并不是被消灭,而是以新的面貌出现在新的产业结构中,有的还会成为某些新兴产业赖以建立的重要物质条件之一。第二,科学技术对社会经济的贡献表现为创立新的产业和产业部门。在科学技术创新的作用下,新的产业和生产部门的创立过程,往往是循着两种途径进行的。一种途径是原有产业和产业部门的分解,某些产品或原有生产过程的某一阶段,随着生产技术的变革和社会需求的扩大而分离出来,形成新的产业和产业部门;另一种途径是新的生产部门的形成,这是由于新产品、新工艺、新材料、新能源、新技术的发明和利用,扩大了社会分工的范围,创造了生产活动的新领域,形成了原来没有的新的生产事业和生产部门。第三,改变各个产业之间的相互关系也是科学技术创新影响产业结构变化的一个重要方面。从全部科学技术和生产发展的历史看,我们可以得出这样的规律:随着科学技术革命的突破而产生的新兴产业部门,往往有着最高的生产效率和最高的增长速度,而那些技术已经成熟又没有重大突破性进展的传统产业部门,其生产效率的提高就比较缓慢,其发展也就处于比较稳定的状态,有的甚至出现衰退的情形。第四,科学技术促使生产力各要素更紧密地结合起来,科学技术是推动生产力发展的强大动力。

目前,我国正在进入一个产业调整和产业升级的新阶段。20世纪90年代以后,随着短缺型经济结束,市场竞争加强,深层次的产业结构调整要求产业升级,外商直接投资推动了我国产业结构向合理化、高度化方向演进。我国对外开放的实践表明,利用外商直接投资作为我国对外开放政策的重要组成部分,在促进我国产业结构调整与产业发展等方面起到了积极的推动作用。

人力资源对产业结构的影响可以从两方面来看:

首先,人力资源素质低会加大三次产业结构偏差。从三次产业从业人员占全社会从业人员比重与三次产业增加值占GDP的比重来看,从事第一产业的人员数量最多,但是,他们所创造的财富占GDP的比重却最低;第二产业的发展最快,但从业人员数量最少;第三产业的从业人员数量多于第二产业,但是其增加值占GDP的比重却明显低于第二产业。造成这一现象的原因很重要的一条是从业人员的素质。从三次产业劳动生产率来看，第二产业的劳动生产率远远高于第一产业和第三产业，第三产业又高于第一产业，第一产业的劳动生产率远远低于全社会劳动生产率。人力资源的素质直接决定了劳动生产率的高低，提高第一、第三产业从业人员素质，无疑可以缩小产业结构偏差。

其次，人力资源的素质低下，导致三大产业升级动力不足。第一产业的高素质人力资源匮乏使农业生产技术得不到大的改进，农业生产率低下，导致优质高效农业发展缓慢，农业的规模化经营难以展开，农产品的附加值过低，传统农业比重过大。第二产业的问题主要在于工业结构的升级缓慢。工业结构升级的关键是技术创新，技术创新是结构调整的灵魂。无论是对传统产业的改造升级，还是发展高新技术产业，都必须加强技术创新。由于工业从业人员中缺乏高素质人才，很多企业技术改造主要依靠进口，进口设备的高昂价格，抑制了企业技术进步，致使工业结构不能由高加工化阶段向技术集约化阶段快速转变。第三产业的结构优化目标是，在第三产业结构中，传统服务业的比重下降，新兴服务业的比重上升，劳动密集型服务业的比重下降，资本、技术和知识密集型服务业的比重上升。中国现阶段一部分劳动者素质不高，很多人只能选择就业门槛较低的行业，若能提高第三产业人力资源的素质，则会促使新兴服务业的服务水平大幅提高，从而促进第三产业优化升级。

因此我们要坚持科技强国战略与人才兴国战略。基于此，本章认为在其他条件不变的情况下，碳排放权交易政策的实施能够通过影响技术创新水平、外商投资水平和人力资源水平来影响产业结构优化，如图9-1所示。

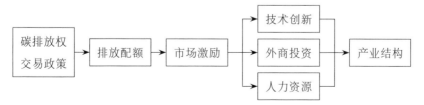

图9-1　碳排放交易政策对产业结构的作用机制

9.2.2 模型构建及分析

1.模型构建

第7章中的模型（7-1）主要考察了碳交易政策对产业结构优化的宏观影响，缺乏具体可操作性，需要对这一宏观影响背后的影响机制作进一步分析。前文提到碳交易政策影响产业结构升级的过程中科技、投资以及人才等因素具有重要影响，即技术创新、外商投资和人力资源可能成为碳交易政策促进产业结构升级的关键因素。因此本章在这一部分试图证明碳交易政策能够有效加快技术革命进程，合理协调配置人力资源和外商投资，使得技术创新、外商投资和人力资源在碳交易政策促进产业结构升级过程中起到中介作用。依据假设，本章进一步深入考察技术创新、外商投资和人力资源的中介传导作用，以此设计模型（9-4）、模型（9-5）和模型（9-6）。

$$Me_{it} = \beta_0 + \beta_4 * did + \alpha * control_{it} + \mu_i + \gamma_t + \varepsilon_{it} \tag{9-4}$$

$$Y_{it} = \beta_0 + \beta_5 * Me_{it} + \alpha * control_{it} + \mu_i + \gamma_t + \varepsilon_{it} \tag{9-5}$$

$$Y_{it} = \beta_0 + \beta_6 * Me_{it} + \beta_7 * did + \alpha * control_{it} + \mu_i + \gamma_t + \varepsilon_{it} \tag{9-6}$$

依据 Baron 和 Kenny（1986）在社会学中介研究中用到的逐步回归检验法，来检验技术创新、外商投资和人力资源是否在碳交易政策执行的过程中发挥中介作用来影响产业结构的调整。在前文的基准回归中证明了碳交易政策对产业结构的影响是显著的，通过逐步检验回归法检验其影响机制还要满足三个条件：首先，模型（9-4）中 β_4 代表碳交易政策对中介变量的政策效果，检验其是否显著；其次，模型（9-5）中 β_5 代表中介变量对产业结构的影响；最后，模型（9-6）检验了中介变量和碳交易政策对产业结构的影响效应，若模型（9-6）中只有 β_6 显著，则代表中介变量具有完全中介效应，若模型（9-6）中 β_6 和 β_7 都显著，则代表碳排放权交易政策与中介变量一同影响产业结构。

2.影响机制分析

基于第7章关于碳交易政策经济转型效果评估的相关数据及变量衡量开展碳交易政策实现路径研究。

碳排放权交易机制是在设定强制性的碳排放总量控制目标并允许进

行碳排放配额交易的前提下，通过市场机制优化配置碳排放空间资源，为排放实体碳减排提供经济激励，是基于市场机制的温室气体减排措施。由前文分析结果可知，碳排放权交易政策可以有效促进产业结构优化，推动产业整体向第三产业转变，此外我们还关心碳交易政策影响产业结构的作用机制，只有深入研究碳排放权交易政策的作用机制，才能够正确把握政策实施过程中的重点，以促进产业结构的优化升级，推动地区经济发展。因此我们从技术创新、外商投资和人力资源三方面入手，探究碳排放权交易政策对产业结构调整的作用机制，以实现更高效的产业结构优化。具体结果如表9-5、表9-6和表9-7所示。

表9-5　　　　　　　　**技术创新的中介效应研究**

变量	（1） 技术创新	（2） 产业结构	（3） 产业结构
did	0.0763*** （0.00245）		0.117** （0.0551）
技术创新		1.553*** （0.339）	1.051** （0.412）
信息化水平	0.754*** （0.0846）	6.264*** （1.594）	6.267*** （1.593）
人口规模	0.147*** （0.0103）	−0.533*** （0.200）	−0.520*** （0.200）
经济发展	0.00278*** （0.000199）	−0.0112*** （0.00378）	−0.00975** （0.00384）
金融发展水平	0.00262** （0.00112）	0.215*** （0.0207）	0.215*** （0.0207）
教育发展水平	−0.0334 （0.0506）	8.191*** （0.935）	8.266*** （0.935）
控制变量	是	是	是
个体效应	是	是	是
时间效应	是	是	是
Observations	2 274	2 274	2 274
R-squared	0.932	0.914	0.915

注：***、**、*分别代表在1%、5%以及10%水平上显著，括号内数字为标准误。

表9-5分析了碳排放权交易政策能否通过影响技术创新的路径来影响产业结构调整，实现产业结构优化。在列（1）中，中介变量的系数（0.0763）在1%的水平上显著为正，说明碳交易政策能够提高技术创新水平。在列（2）中，中介变量的系数（1.553）在1%的水平上显著为正，说明技术创新与产业结构显著正相关，能够促进产业结构优化。在列（3）中，在添加了技术创新变量之后碳交易政策仍然显著影响产业结构，核心解释变量系数（0.117）在5%的水平上显著为正，产业结构的中介变量系数（1.051）在5%的水平上显著为正，可以看出技术创新对产业结构的影响是显著的，即技术创新对产业结构优化具有部分中介效应。

表9-6   **外商投资的中介效应研究**

变量	（1）外商投资	（2）产业结构	（3）产业结构
did	0.233***		0.155***
	(0.0142)		(0.0481)
外商投资		0.260***	0.181**
		(0.0668)	(0.0709)
信息化水平	0.135	7.676***	7.035***
	(0.492)	(1.553)	(1.562)
人口规模	0.337***	−0.348*	−0.427**
	(0.0599)	(0.191)	(0.192)
经济发展	0.00716***	−0.00879**	−0.00813**
	(0.00115)	(0.00371)	(0.00370)
金融发展水平	−0.0121*	0.223***	0.220***
	(0.00651)	(0.0207)	(0.0207)
教育发展水平	0.450	7.955***	8.149***
	(0.294)	(0.935)	(0.935)
控制变量	是	是	是
个体效应	是	是	是
时间效应	是	是	是
Observations	2 274	2 274	2 274
R-squared	0.887	0.914	0.915

注：***、**、*分别代表在1%、5%以及10%水平上显著，括号内数字为标准误。

表9-6分析了碳排放交易政策能否通过影响外商投资的路径来影响产业结构调整，实现产业结构优化。在列（1）中，核心解释变量的系数（0.233）在1%的水平上显著为正，说明碳交易政策与外商投资水平呈正相关。在列（2）中，产业结构的中介变量系数（0.260）在1%的水平上显著为正，说明外商投资与产业结构显著正相关，外商投资能够影响产业结构。在列（3）中在添加了外商投资变量之后碳交易政策仍然显著影响产业结构，核心解释变量系数（0.155）在1%的水平上显著为正，中介变量系数（0.181）在5%的水平上显著为正，因此说明外商投资水平对产业结构优化存在中介效应。

表9-7 **人力资源的中介效应研究**

变量	（1）人力资源	（2）产业结构	（3）产业结构
did	0.00195* （0.00105）		0.192*** （0.0452）
人力资源		2.897*** （0.964）	2.728*** （0.961）
信息化水平	0.125*** （0.0363）	7.609*** （1.559）	6.718*** （1.566）
人口规模	−0.0682*** （0.00442）	−0.0202 （0.198）	−0.180 （0.201）
经济发展	0.000183** （0.00008.52）	−0.00750** （0.00369）	−0.00733** （0.00367）
金融发展水平	−0.00245*** （0.000480）	0.229*** （0.0209）	0.224*** （0.0208）
教育发展水平	0.0127 （0.0217）	7.972*** （0.937）	8.196*** （0.934）
控制变量	是	是	是
个体效应	是	是	是
时间效应	是	是	是
Observations	2 274	2 274	2 274
R-squared	0.978	0.914	0.915

注：***、**、*分别代表在1%、5%以及10%水平上显著，括号内数字为标准误。

表9-7分析了碳排放权交易政策能否通过影响人力资源的路径来影响产业结构调整，实现产业结构优化。在列（1）中，核心解释变量的系数（0.00195）在10%的水平上显著为正，说明碳交易政策与人力资源水平呈正相关。在列（2）中，中介变量的系数（2.897）在1%的水平上显著为正，说明人力资源与产业结构显著正相关，即人力资源的增加能促进产业结构优化。在列（3）中，在添加了人力资源变量之后碳交易政策仍然显著影响产业结构，核心解释变量系数（0.192）在1%的水平上显著为正，中介变量系数（2.728）在1%的水平上显著为正，均说明人力资源水平对产业结构优化具有部分正向中介效应。

总的来看，在基准回归结果验证了碳交易政策能够促进城市产业结构优化的基础上，由前文研究结果显示，中介变量在分别加入控制变量、个体效应和时间效应三种情况下整体结果显著，即证明技术创新、外商投资和人力资源在碳交易政策影响城市产业结构过程中具有中介效应。

9.2.3 异质性分析

我国各个地区由于地理位置、资源禀赋等的不同导致经济发展和市场化水平差异较大，因而可能会对产业结构产生一定的影响。考虑到该因素，为了检验不同试点城市碳交易政策对产业结构影响的异质性，本章对四个直辖市采用三重差分模型进行分析，构建模型（9-7）引入虚拟变量 city 与 treat*post 构成三重交互项，用 ttt 来表示，即 ttt = treat*post*city，φ_1 表示具体到城市的政策效应。具体结果如表9-8所示。

$$Y_{it} = \varphi_0 + \varphi_1 * ttt + \alpha * control_{it} + \mu_i + \gamma_t + \varepsilon_{it} \tag{9-7}$$

如表9-8所示，在加入控制变量和个体及时间效应后，对于直辖市而言，碳交易政策对北京和上海的产业结构具有显著的正向影响，而对天津和重庆的产业结构影响不显著，这说明碳交易政策对试点地区的产业结构影响具有地区异质性。

表9-8 三重差分估计结果

变量	（1）北京	（2）上海	（3）重庆	（4）天津
ttt	0.586***	0.382***	0.182	0.121
	(0.110)	(0.114)	(0.114)	(0.120)
信息化水平	8.064***	7.711***	8.017***	7.995***
	(1.546)	(1.555)	(1.556)	(1.556)
人口规模	−0.326*	−0.230	−0.235	−0.224
	(0.188)	(0.188)	(0.188)	(0.188)
经济发展	−0.00798**	−0.00727**	−0.00705*	−0.00691*
	(0.00367)	(0.00368)	(0.00369)	(0.00369)
金融发展水平	0.211***	0.218***	0.222***	0.222***
	(0.0207)	(0.0207)	(0.0208)	(0.0208)
教育发展水平	8.178***	8.122***	8.038***	8.007***
	(0.933)	(0.937)	(0.939)	(0.939)
控制变量	是	是	是	是
个体效应	是	是	是	是
时间效应	是	是	是	是
Observations	2 274	2 274	2 274	2 274
R-squared	0.915	0.914	0.914	0.913

注：***、**、*分别代表在1%、5%以及10%水平上显著，括号内数字为标准误。

9.3 碳交易政策能源效率提升实现路径

9.3.1 假设提出及模型构建

1.假设提出

任何改革都会面临阻力，碳达峰碳中和目标为中国带来了巨大的投资潜力与需求。因此为了减少温室气体排放和推动绿色低碳高质量发展，政府会加大各要素投入力度实现既定目标。据能源基金会的数据显示，在"十四五"期间绿色低碳消费领域、可再生能源或电力系统建设等领域的投资可以达到45万亿元。到2050年面向碳中和的直接投资可达140万亿元，与"碳中和"相关的投资将为经济增长提供持续有效的投资推动力。在开展碳排放权交易试点工作的同时，国家发展和改革委员会提供相应的优惠补贴政策与措施，会配置有关节能减排和清洁生产等财政性专项资金，鼓励银行等金融机构为碳市场的参与者提供多项金融产品和服务，通过政府购买服务等方式为企业提供节能减排技术培训指导等，通过加大环保投资力度促进电力行业的经营策略调整，进而提升电力行业的能源利用率，通过节能减排活动实现减排效益的增加，以低成本高收益实现我国控制温室气体排放的行动目标。

随着我国技术变革、能源变革的不断深入，碳交易政策成为提升能源需求侧用能效率的途径与方式。据统计，如果到2030年降低2%左右的电力需求，实现碳达峰目标的时间将提前4年左右。碳交易政策利用市场机制可以影响电力市场用电主体的观念与用电行为，使各类用电主体通过各种节能减排活动降低其用电需求增速，电力行业必然会通过淘汰落后机组、技术创新、优化电源结构和发展清洁能源等措施不断提高能源利用率，实现各类资源要素的最优配置。政府可以通过合理制定电价、政策宣传引导等方式降低全社会的用电量需求增速，助力碳达峰碳中和目标的实现。

目前，产业结构优化升级是实现资源有效配置利用和经济绿色低碳高质量发展的关键。国家发展和改革委员会发布的《产业结构调整指导目录（2019年本）》中提到对电力行业的鼓励、限制和淘汰类目录情况，对电力行业的发展进行导向性调整。该项目包括大中型水力发电、抽水蓄能电站和燃煤发电机组超低排放技术等项目，能够推动电力行业降低火电生产配额，降低能源消耗总量，提升电力行业技术水平，优化能源结构，进而提高电力行业能源利用率。

因此，本章认为碳交易政策能够通过增加环保投资、降低用电量需求增速和优化产业结构提高电力行业能源利用率。

2.模型构建

上述实证分析显示碳交易政策确实可以显著降低电力行业发电煤耗，提高电力行业的能源利用率，那么碳交易政策对电力行业能源利用率影响的实现路径是什么呢？本章依据 Baron 和 Kenny（1986）的逐步回归检验法研究设计了模型（9-8）至模型（9-10），实证分析了环保投资、用电量需求和产业结构在碳交易政策影响电力行业能源利用率作用路径中的中介作用，结果如表9-9、表9-10和表9-11所示。

$$Me_{it} = \beta_0 + \beta_4*did + \alpha*control_{it} + \mu_i + \gamma_t + \varepsilon_{it} \tag{9-8}$$

$$Y_{it} = \beta_0 + \beta_5*Me_{it} + \alpha*control_{it} + \mu_i + \gamma_t + \varepsilon_{it} \tag{9-9}$$

$$Y_{it} = \beta_0 + \beta_6*Me_{it} + \beta_7*did + \alpha*control_{it} + \mu_i + \gamma_t + \varepsilon_{it} \tag{9-10}$$

模型中的 Me_{it} 是指中介变量，即环保投资、用电量需求和产业结构。模型（9-8）分析了 did 与中介变量两者间的关系，若 β_4 显著，则表明碳交易政策能够显著影响其中介变量；模型（9-9）验证了中介变量与被解释变量两者间的关系，若 β_5 显著，则表明中介变量能够显著影响电力行业能源利用率；模型（9-10）验证了 did、中介变量与被解释变量三者间的关系，若 β_6 与 β_7 均显著，则表明该中介变量具有部分中介效应，若只有 β_7 显著，则表明中介变量具有完全中介效应。

9.3.2 影响机制分析

本章基于前文第8章关于碳交易政策能源效率提升效果评估的相关数据及变量衡量开展碳交易政策实现路径研究。

表9-9　　　　　　　　　环保投资的机制检验

变量	（1）环保投资	（2）发电煤耗	（3）发电煤耗
did	25.50* （14.64）		−9.894*** （2.345）
能源消耗结构	−123.4 （79.36）	16.13 （13.22）	16.65 （12.69）

续表

变量	（1）环保投资	（2）发电煤耗	（3）发电煤耗
地区发展水平	−0.000657 (0.00109)	0.000257 (0.000180)	0.000196 (0.000174)
政府规模	0.0419*** (0.00661)	0.000560 (0.00119)	0.00127 (0.00115)
电源结构	−207.9*** (71.45)	−13.22 (10.87)	8.126 (11.60)
环保投资		−0.0247** (0.0117)	−0.0188* (0.0113)
控制变量	是	是	是
个体效应	是	是	是
时间效应	是	是	是
Constant	210.1** (87.08)	297.0*** (13.46)	273.8*** (14.04)
Observations	240	240	240
R-squared	0.903	0.928	0.934

注：***、**、*分别表示1%、5%、10%的显著性水平，括号内数字为标准误。

表9-9实证分析了在碳交易政策影响电力行业能源利用率过程中环保投资的中介效应，其中环保投资以地方财政环境保护支出（亿元）衡量。列（1）中did系数（25.50）在10%的水平上显著为正，表明碳交易政策与环保投资呈正相关关系，碳交易政策可以增加国家环保投资；列（2）中环保投资系数（−0.0247）在5%的水平上显著为负，表明环保投资与电力行业发电煤耗呈负相关关系，环保投资的增加可以降低电力行业发电煤耗，从而提高其能源利用率；列（3）中did系数（−9.894）与环保投资系数（−0.0188）分别在1%和10%的水平上显著为负，说明在碳交易政策影响电力行业能源利用率的过程中，中介变量即环保投资具有部分中介效应，能够显著提高电力行业能源利用率。

表9-10　　　　　　　　　　　　用电量需求的机制检验

变量	（1）用电量需求	（2）发电煤耗	（3）发电煤耗
did	−154.8** （71.61）		−11.44*** （2.317）
能源消耗结构	−609.1 （388.1）	16.04 （13.21）	14.78 （12.49）
地区发展水平	0.0306*** （0.00534）	0.000442** （0.000195）	0.000419** （0.000184）
政府规模	0.0272 （0.0323）	−0.000473 （0.00107）	0.000663 （0.00104）
电源结构	−855.6** （349.5）	−15.48 （11.07）	6.144 （11.34）
用电量需求		−0.00519** （0.00238）	−0.00690*** （0.00227）
控制变量	是	是	是
个体效应	是	是	是
时间效应	是	是	是
Constant	1.797*** （425.9）	304.3*** （14.27）	282.2*** （14.22）
Observations	240	240	240
R-squared	0.989	0.928	0.936

注：***、**、*分别表示1%、5%、10%的显著性水平，括号内数字为标准误。

表9-10实证分析了在碳交易政策影响电力行业能源利用率过程中用电量需求的中介效应，其中用电量需求以全社会用电量（亿千瓦时）衡量。列（1）中did系数（−154.8）在5%的水平上显著为负，表明碳交易政策与用电量需求呈负相关关系，在全社会用电量持续增加的环境背景下，碳交易政策的实施可以降低全社会用电量增速，放缓用电需求增长速度；列（2）中用电量需求系数（−0.00519）在5%的水平上显著为负，说明用电量需求与电力行业发电煤耗呈负相关关系，全社会用电

量增速的放缓可以降低电力行业发电煤耗，从而提升电力行业的能源利用率；列（3）中did系数（-11.44）与用电量需求系数（-0.00690）均在1%的水平上显著为负，说明在碳交易政策影响电力行业能源利用率的过程中，中介变量即用电量需求具有部分中介效应，可以显著提高电力行业能源利用率。

表9-11　　　　　　　　　　　产业结构的机制检验

变量	（1） 产业结构	（2） 发电煤耗	（3） 发电煤耗
did	0.166*** （0.0468）		-9.160*** （2.391）
能源消耗 结构	0.225 （0.254）	21.54* （13.01）	20.62 （12.59）
地区发展水平	-0.0000146*** （0.00000349）	0.000111 （0.000186）	0.000102 （0.000180）
政府规模	0.0000654*** （0.0000211）	0.000330 （0.00110）	0.000953 （0.00107）
电源结构	-0.470** （0.228）	-10.72 （10.61）	8.613 （11.43）
产业结构		-10.61*** （3.529）	-7.301** （3.520）
控制变量	是	是	是
个体效应	是	是	是
时间效应	是	是	是
Constant	1.098*** （0.278）	300.9*** （13.44）	277.8*** （14.32）
Observations	240	240	240
R-squared	0.981	0.929	0.934

注：***、**、*分别表示1%、5%、10%的显著性水平，括号内数字为标准误。

表9-11实证分析了在碳交易政策影响电力行业能源利用率过程中

产业结构的中介效应，其中产业结构以第三产业增加值与第二产业增加值之比衡量。列（1）中did系数（0.166）在1%的水平上显著为正，说明碳交易政策与产业结构升级呈正相关关系，碳交易政策的实施可以促进产业结构转型的优化升级；列（2）中产业结构系数（-10.61）在1%的水平上显著为负，表明产业结构升级与电力行业发电煤耗呈负相关关系，产业结构优化升级可以降低电力行业发电煤耗，从而提升电力行业能源利用率；列（3）中did系数（-9.160）与产业结构系数（-7.301）分别在1%和5%的水平上显著为负，说明在碳交易政策影响电力行业能源利用率的过程中，中介变量即产业结构具有部分中介效应，可以显著提高电力行业能源利用率。

9.3.3 异质性分析

不同省份的情况各异，在能源消费结构、资源禀赋和经济发展水平等方面存在较大差异，因此在面对碳交易政策时会作出不同回应，电力行业的经营策略也会有所差异。中国作为地区发展不平衡的发展中国家，地域广阔、人口众多，政策实施效果在不同地区也会存在异质性。此外，碳交易试点工作的成就并非一日之功，而是一个长期系统的建设工程，因此在研究碳交易政策有效性时也要从多个方面实证分析。

本章为了进行更为细致的分析，对比研究了东中西部和不同水平电源结构情况下的碳交易政策效应差异，结果见表9-12。

表9-12　　　　异质性分析

变量	（1）东部	（2）中部	（3）西部	（4）高水平电源结构	（5）低水平电源结构
did	-7.827** (3.543)	-3.819 (3.365)	-25.14*** (7.590)	-7.936*** (2.684)	-5.092 (5.368)
能源消费结构	48.80* (25.00)	6.566 (14.03)	40.07 (30.18)	22.01 (18.25)	25.53 (18.86)

续表

变量	（1） 东部	（2） 中部	（3） 西部	（4） 高水平 电源结构	（5） 低水平 电源结构
经济发展水平	0.000153 （0.000213）	−0.0000445 （0.000349）	0.00182** （0.000855）	−0.000092 （0.000197）	0.000782** （0.000353）
政府规模	0.000544 （0.00123）	0.00274 （0.00230）	−0.00380 （0.00458）	0.00173 （0.00116）	−0.000889 （0.00204）
电源结构	−48.91** （23.39）	17.03 （13.61）	61.80** （26.72）	−43.25** （17.27）	29.65* （16.04）
控制变量	是	是	是	是	是
个体效应	是	是	是	是	是
时间效应	是	是	是	是	是
Constant	266.7*** （21.63）	266.8*** （14.32）	266.6*** （25.21）	319.7*** （18.85）	254.6*** （15.16）
Observations	（21.63）	80	72	120	120
R-squared	0.961	0.915	0.713	0.968	0.833

注：***、**、*分别表示1%、5%、10%的显著性水平，括号内数字为标准误。

如表9-12列（1）至列（3）所示，碳交易政策对东部和西部地区的能源利用率提升成效显著，而对中部地区的影响并不明显。一方面，东部地区省份的技术水平高、资本雄厚，碳交易政策可以利用技术效应提升电力行业的能源利用率，进而实现电力行业的低碳绿色转型和未来利润提升。此外，东部地区政府的环保意识较高，有意愿也更有能力投入大量的人力、物力和财力等要素保障减排活动的开展，以低成本高收益实现碳达峰碳中和的目标。而尽管西部地区经济发展水平低，但与中东部地区相比其电源结构更为优化，清洁能源占总能源比重高。潘尔生等（2018）指出，西部地区可以实现光伏发电、水电和风电的联合运行，提高清洁能源利用水平和发电品质，因此在西部地区碳交易政策对电力行业能源利用提升成效更为显著。另一方面，由于中部地区的清洁能源时空分布并不协调，清洁能源发电的稳定性、连贯性和连续性较差，因此清洁能源发电占比较低，同时资金和技术水平不足、环保意识的缺乏使中部地区电力行业的能源利用率提升困难。

如表9-12列（4）和列（5）所示，与低水平电源结构相比，碳交易政策对高水平电源结构的能源利用率提升成效更为显著，但对低水平电源结构的影响并不明显。习近平总书记曾指出，发展清洁能源，是改善能源结构、保障能源安全、推进生态文明建设的重要任务。拥有高水平电源结构的地区其锁定效应较弱，该地区对碳交易政策的反应会更加敏捷和迅速，而拥有低水平电源结构的地区则相反。电源结构优化要求电力行业必须实现与当地能源、经济和环境等要素的协调发展，因此清洁能源的发电占比越高越好，电力行业的能源利用率水平也会随之稳步提升。

9.4 中国特色双碳路径探索

碳达峰碳中和目标的提出是我国积极应对气候变化，推动人类命运共同体建设，履行大国责任，贡献中国力量的重要彰显，为实现"双碳"目标，严格落实碳减排政策效果，积极探索并实践碳减排政策实现路径成为关键。节能减排是实现"双碳"目标的重要抓手，由前文针对低碳试点政策与碳交易政策实现路径分析可知，碳减排政策效果落实过程中，技术创新、产业结构、外商投资、人力资源、环保投资以及用电量需求的作用不可忽视，其成为实现节能减排和低碳发展的重要路径。

从实现路径来看，碳减排政策应从供给侧和需求侧两端同时发力。

一方面，实现供给侧碳减排能够从碳排放源头进行控制，通过落实对太阳能、风力、电动汽车等减排或零排放行业的政策补贴、税收优惠，推动能源消费结构转型，建立低碳发展模式。通过碳排放权交易等方式鼓励企业技术创新、内部化碳排放成本、发展低碳技术，将减排技术、无碳技术以及二氧化碳捕获与埋存（CCS）等去碳技术运用到生产活动中，推动碳减排工作的开展。

另一方面，管理能源需求侧，在居民日常工作生活的消费领域树立低碳观念，倡导绿色低碳生活，发展低碳模式。从需求侧来看，随着经济发展和我国居民消费水平的提升，消费需求实现了多样化、高品质、个性化的转变，进而推动我国产业结构转型升级，加速我国"双碳"目标实现进程。

9.5　本章小结

本章分别针对低碳试点政策的环境治理效果、碳交易政策的经济转型效果和能源利用率提升效果进行了实现路径的研究，通过开展影响机制分析和异质性分析得出碳减排政策实现路径的相关结论。

在低碳试点政策实现路径研究中，通过机制分析考察了产业结构和技术创新在低碳试点政策影响二氧化硫排放过程中的中介作用，其中低碳试点政策能够显著影响产业结构和技术创新，而产业结构和技术创新对二氧化硫排放的影响也是显著的，这表明低碳试点政策能够通过作用于产业结构和技术创新来影响二氧化硫排放。本章还通过异质性分析考察了低碳试点政策对二氧化硫排放的影响，其中按照人口规模划分的大城市、中城市和小城市中，低碳试点政策对小城市的影响更为显著；按照经济发展水平，低碳试点政策对经济发展水平高的城市影响更为显著；按照金融发展水平，低碳试点政策对金融发展水平高的城市影响更为显著；按照政府研发投入，低碳试点政策对拥有高水平政府研发投入的城市影响更为显著。

在碳交易政策经济转型效果实现路径研究中，本章通过中介效应模型对碳排放交易政策对产业结构的影响进行检验，结果表明技术创新、外商投资和人力资源均具有部分中介效应，碳排放交易政策可以通过促进技术创新、合理利用外资和优化人力资源结构来促进产业结构调整。因此，上述机制对于政策制定和实施的影响不容忽视。此外，我国不同地区因地理位置、资源禀赋等的差异，导致经济发展水平和市场化水平差异较大，碳排放交易政策对产业结构的影响也因此具有地区异质性。本章研究了碳排放交易政策对四个直辖市的政策效果差异，结果表明：北京和上海碳排放交易政策能够促进产业结构发展；天津与重庆的碳排放交易政策对产业结构的促进作用不显著。研究表明，碳排放交易政策的顺利实施应以注重地区的经济发展为基础，实现地区均衡发展，增强碳排放交易政策对产业结构的优化作用。

在碳交易政策在电力行业能源利用率提升效果的实现路径研究中，本章通过机制分析研究发现，碳交易政策对环保投资和产业结构的影响系数显著为正，对用电量需求的影响显著为负，中介变量对电力行业能源利用率的影响显著为负，在碳交易政策与中介变量共同作用下两者对电力行业能源利用率的影响显著为负，这说明碳交易政策可以通过影响环保投资、用电量需求和产业结构提高电力行业能源利用率。通过异质性分析，本章发现，对于地区异质性而言，东部地区碳交易政策影响系数在5%水平上显著为负，西部地区影响系数在1%水平上显著为负，而中部地区影响系数不显著，这说明碳交易政策对东部和西部省份电力行业能源利用率的影响更为显著。对于电源结构异质性而言，高水平电源结构下碳交易政策对电力行业能源利用率影响系数在1%水平上显著为负，而低水平电源结构影响系数不显著，这说明高水平电源结构下碳交易政策对电力行业能源利用率的影响更显著。

10 "双碳"目标下碳减排政策的战略思考

10.1 远景目标

在过去的十余年里,我国一直致力于推动碳减排工作开展,提倡低碳生活,为促进环境与经济协调发展,实现绿色可持续发展目标,我国先后三次提出碳减排目标。

第一个目标:2009年在哥本哈根气候大会上,中国向世界首次提出到2020年实现单位国内生产总值二氧化碳排放相对于2005年下降40%~45%,非化石能源占一次能源消费比重达到15%左右,森林面积比2005年增加4 000万公顷,森林蓄积量比2005年增加13亿立方米的目标。这一目标的提出是我国经过综合考量依据国情作出的自主选择,这一目标也作为约束性指标被纳入国民经济和社会发展中长期规划,并制定相应的国内统计、监测、考核办法。

第二个目标:在2020年12月举行的气候雄心峰会上,习近平主席进一步宣布,二氧化碳排放在2030年左右达到峰值并争取尽早达峰,单位国内生产总值二氧化碳排放比 2005 年下降 60%~65%，非化石能源占一次能源消费比重达到 20% 左右，森林蓄积量比 2005 年增加 45 亿立方米左右。

第三个目标：2020 年，在第 75 届联合国大会上，为提高自主贡献力度，采取了更加有力的政策和措施，我国承诺碳排放力争于 2030 年前达到峰值，努力争取 2060 年前实现碳中和。

我国自"十一五"时期以来，依据国情持续加大对生态环境保护的投入力度，从节能减排到"低碳"发展再到现今的"双碳"目标，不断实现各类生态环保目标，为实现"低投入、低耗能、低碳排、高产出"的可持续发展之路奠定基础。第一个碳减排目标在 2019 年已经基本实现，据生态环境部公布的数据，2019 年我国单位 GDP 二氧化碳排放比 2005 年下降约 48.1%，已经超过到 2020 年下降 40%~45% 的目标，降低了碳排放增速。此外，非化石能源占一次能源消费比重达到 15.3%，超出非化石能源占比 15% 的目标。第一个减排目标主要聚焦于碳排放增速，而"双碳"目标关注整体碳排放量的控制，这意味着到 2030 年我国二氧化碳排放量达到最高峰，之后逐年下降，2060 年则要在实现碳排放量下降的基础上实现零碳排。实现 2030 年前碳达峰、2060 年前碳中和是党中央经过深思熟虑作出的重大战略部署，也是有世界意义的应对气候变化的庄严承诺。实现碳达峰碳中和，需要对现行社会经济体系进行一场广泛而深刻的系统性变革。不仅在中央层面把碳达峰碳中和纳入生态文明建设整体布局，地方各部门更要以抓铁有痕的劲头，明确时间表和路线图。"双碳"目标的提出将把我国的绿色发展之路提升到新的高度，成为我国未来数十年内社会经济发展的主基调之一。

"双碳"目标是我国提出的更进一步的自主贡献强化目标，是为应对日益频繁的气候问题制定的碳减排发展战略，从碳达峰到碳"中和"的过程就是经济增长与二氧化碳排放从相对脱钩走向绝对脱钩的过程。意识到环保问题的严重性之后，我国经济增长转向绿色可持续方向，对于"双碳"目标的达成已经具备一定的客观条件。受疫情影响，我国成为 2020 年唯一实现经济正增长的主要经济体，这也预示着我国要在引领全球实现绿色发展这条路上承担更多国际责任，推动全球经济复苏。

作为最大的发展中国家，我国积极参与国际事务，贡献中国智慧和中国力量，尤其在应对气候问题、发展环保事业方面。由前文可知，我国自"十一五"期间开始不断提升节能降碳在国家发展战略中的重要地位，节能降碳成为国民经济发展和社会发展规划中的关键因素。我国相继颁布和推行了一系列法律法规，协调经济发展与降碳减排之间的关系。

随着我国生态文明建设的不断推进，"绿水青山就是金山银山"的理念日益深入人心。以顶层设计结合试点示范的工作模式，独具中国特色的政策设计逻辑，以及全力打好污染防治攻坚战的政治执行力，充分彰显了我国制度优势，尤其是集中力量办大事的优势。只要我国继续秉持新发展理念，凝聚全社会智慧和力量共同行动，打赢这场硬仗并不是天方夜谭。"双碳"目标的实现关键在于减少化石能源使用，由此发展绿色高新技术以提高能源使用率、降低企业生产成本成为企业在碳约束下创造利润空间的重要方法之一。此外，从行业整体来看总的碳排放限额不变甚至逐年减少，要想实现企业长远利益，关键在于实现产业结构升级和扩大清洁能源使用占比。在"双碳"目标推进过程中，清洁能源推广的核心问题在于其便利程度和成本，而我国拥有的强大制造能力和大规模的市场，因此，"双碳"目标推进势不可当。

同时，我国作出的"双碳"目标要求在短短30年内实现碳达峰与碳中和，这无疑是对我国综合能力的一大挑战。我国实现"双碳"目标所面临的挑战主要有以下几点：第一，走上低碳发展道路我国急需区别于从前的新发展模式，现阶段我国生产发展处于工业化中后阶段，以高投入、高能耗、高污染、低效益产业为主，与国际生产水平相比相当规模的制造业生产处于中低端，主要以化石燃料消耗为主，存在管理粗放且产品附加值低等问题。而面临"双碳"目标实现必经的产业转型之路，我国在技术创新和生产成本等方面仍然存在不足，自主创新能力低，关键技术"卡脖子"等问题尚未解决。优化升级传统产业和开发新市场各自存在难以克服的困难。一方面，我国传统产业活动存在锁定效应和路径依赖，难以摆脱传统生产和能源消耗路径；另一方面，我国新市场有待激发，尚未形成成熟的新市场发展模式。第二，我国资源结构呈现"富煤贫油少气"的特征，致使我国能源消耗主要以煤炭为主，严重制约了我国碳减排进程。对于实现"双碳"目标和低碳经济发展，我国化石能源基础设施推出成本高，且传统劳动密集型产业带动就业趋势被打破，严重影响我国生产与就业市场。第三，可再生能源投入生产所需成本高，技术尚不成熟。如清洁能源逐步规模化、产业化所面临的关于调峰、输送、储能等技术受限，抬高了可再生能源的生产和使用成本，进而影响消纳。除此之外，风电、水电、太阳能发电等由于环境和自身因素存在众多不确定性，需要煤电产业的存在为整体用电兜底，因此煤电市场规模缩小也存在困难。我国尚未形成全国性的电力市场，供电系统主要形成省域平衡，电力资源配置效率低，因此要想实现从化石能源到清洁能源的转变，需要在技术装备、系统结构、体制机制、投融资等方面进行全面变革。第四，实现碳减排一方面要降低碳排放，另一方面要发展脱碳技术，但对我国而言脱碳技术难度大、成本高等问题严重制约了碳减排工作的推进。低碳、零碳、负碳技术的发展尚不成熟，各类技术系统集成难，环节构成复杂，技术种类多，成本昂贵，亟须系统性的技术创新。低碳技术体系涉及可再生能源、负排放技术等领域，不同低碳技术的技术特性、应用领域、边际减排成本和减排潜力差异很大。

我国应转变经济发展模式，促进低碳经济发展，在保证经济发展水平的基础上推动产业结构转型升级，防范转型过程中出现的阵痛，设计和建立合理的政策体系与激励机制，协调市场与政府的关系，以政治站位保持战略定力，以系统思维统筹落实战略布局。"双碳"目标的实现宜早不宜迟，要尽快开展政策落实的顶层设计，明确碳减排工作开展方向，提高其在社会经济发展中的战略地位。将碳达峰纳入中央环保督察，从当前开始追赶碳减排进程，转变经济发展模式，优化产业结构，保障形成低碳发展模式的同时不对经济发展产生阻碍。此外，各部门、各地方政府、各行业要针对顶层设计和战略目标部署行动方案，保证政策层级落实。构建有效市场和有为政府，共同提供有效的激励机制，最大限度地降低减排成本，提高减排成效。实现碳达峰碳中和是一项极具挑战的社会经济变革，涉及群体广泛，涵盖政府、企业、公众等多个方面。把"双碳"目标纳入生态文明建设整体布局，融入经济建设、政治建设、文化建设、社会建设各方面和全过程，需要秉持新发展理念，统筹发展与安全、减排、稳定的关系，凝聚全社会智慧和力量，团结协作、共同行动。

党的二十大报告提出：积极稳妥推进碳达峰碳中和。实现碳达峰碳中和是一场广泛而深刻的经济社会系统性变革。立足我国能源资源禀赋，坚持先立后破，有计划分步骤实施碳达峰行动。完善能源消耗总量和强度调控，重点控制化石能源消费，逐步转向碳排放总量和强度"双控"制度。推动能源清洁低碳高效利用，推进工业、建筑、交通等领域清洁低碳转型。深入推进能源革命，加强煤炭清洁高效利用，加大油气资源勘探开发和增储上产力度，加快规划建设新型能源体系，统筹水电开发和生态保护，积极安全有序发展核电，加强能源产供储销体系建设，确保能源安全。完善碳排放统计核算制度，健全碳排放权市场交易制度。提升生态系统碳汇能力。积极参与应对气候变化全球治理。

10.2 碳减排政策实施影响因素

10.2.1 低碳试点政策

目前低碳城市建设正在国际大都市中如火如荼进行。我国的低碳城市建设也迈入稳步推进阶段，目前具有以下几个方面的特征：第一，经济性，低碳试点城市在发展低碳经济的同时可以产生巨大的经济效益。第二，安全性，低能耗、低排放的绿色低碳产业的发展可以使人与自然和谐共生，具有安全性特征。第三，系统性，低碳城市的建设是一个长期、广泛、深刻和系统的工程，并非一日之功。同时发展低碳城市也需要政府、企业和消费者等多方主体的参与，是一个完整的体系，缺少任何部分、任何环节都不能进行良好的运转。第四，动态性，低碳城市建设呈现动态变化趋势，是一个动态过程，各个部门相互合作相互影响，从而推进低碳城市建设的发展进程。第五，区域性，由于不同地区具有不同的资源禀赋、经济发展水平、技术水平和产业结构等基本特质，因此低碳城市的建设成效也会受到城市地理位置、自然资源禀赋等固有属性的影响，具有明显的异质性和区域性特征。低碳城市的发展是未来城市的必经之路与最终选择，但在其发展过程中也会面临许多挑战：

1.产业结构有待进一步优化升级

我国新型工业化、农业现代化、信息化和城镇化水平并不高，仍处于加速推进阶段，生态环境保护的压力依然存在，实现绿色转型的基础以及各类资源仍然薄弱。从产业结构升级方面看，我国作为世界上最大的煤炭消费国，是典型的以煤炭、石油等化石燃料为主体的国家，煤炭和石油消费量较高，对煤炭的依赖性较强，煤炭在能源加工转换部门扮演重要角色，同时也是终端部门的主要能源。大量的煤炭消耗给城市碳减排任务造成巨大压力，特别是能源、钢铁、交通和建材等高能耗产业的发展将会使高碳态势难以改变。部分能源消费行业、能源供应系统在规定时间内实现完全的脱碳化改造升级较为困难。在"双碳"目标下，未来高耗能地区以及钢铁、化工、水泥等高耗能产业将成为能源消费强度关注的重要着眼点之一，而以煤炭为主的传统能源地区也将面临着主体性产业被替换的重大风险。

2.城市建筑能耗较为严重

我国的城市建筑能耗较为严重，是温室气体排放的重要主体。我国建筑使用能耗占全社会总能耗的比重较高，其中建筑用电、暖气、炊事、生活热水、照明和家电等其他类型的建筑用能占全国社会终端电耗比重仍旧不低。随着城市中大型公共建筑的增多，能源浪费现象仍旧存在。另外，城市开发建设主体对绿色建造、低碳应用的认知并不具有系统性和科学性。许多城市建设主体与开发商主观上认为绿色建造和绿色材料等应用必然会导致成本的提升，对建筑设计、建造、运行、维护和管理等产生的整体效益认识并不清晰深入，其产生的管理和成本问题可能会给建筑行业的碳达峰碳中和目标的实现造成困扰。许多建筑在建成之前就注定落后，又在拼命降成本、减支出的过程中造成建筑质量不达标，在后期的运营与维护阶段又陷入因质量问题不断增加投入巨额成本的恶性循环中。国家在"双碳"目标背景下持续提升建筑节能标准的同时，许多投资开发主体、建造主体和运营商等尚不清楚如何参与到碳汇创造和碳汇分享的系统性机制当中。目前我国尚未建立覆盖建筑建设全过程和严格计算、控制碳排放标准的激励及分配系统，尚未把建筑行业、企业纳入自愿减排目录中，建筑企业只能通过购买碳汇实现建筑行业的碳达峰，而无法和新能源领域一样推动技术创新实现建筑行业的绿色低碳转型，因此国家或行业应当支持推进建筑行业的整体系统性的绿色转型，节能建筑、绿色建筑将会成为未来建筑行业发展的最终归宿。

总的来看，建筑节能工作推进的主要阻碍在于地方政府对建筑节能工作的紧迫性和重要性认识不足，中央政府也未对建筑节能进行指导和宣传，人民群众没有形成对建筑节能的整体认知，致使建筑节能工作长期停滞。此外，借鉴发达国家发展经验，我国缺乏建筑节能相关的法律法规，使得建筑节能工作无法可依。建筑节能工作开展离不开资金与技术支持，而我国缺乏相应的经济鼓励政策，达不到引导市场和实现资源优化配置的效果，阻碍了建筑节能工作的开展。在法律法规对建筑节能标准进行限制的同时，少不了相关节能技术和产品的支撑，而现今我国对建筑节能技术创新支持力度还不够，阻碍了建筑节能进程。具体而言，建筑节能的重点之一在于供热收费制度的不完善。我国采用垂直单管串联方式的供热采暖系统，用户因无法自行调节采暖量而造成资源浪费。但因调动不起房屋建设方的积极性，因此无法体现出节能的经济效益。

3.城市交通污染严重

我国交通行业二氧化碳排放量约占全国总碳排放量的10%，而城市交通占交通领域的80%以上，因此城市交通是温室气体的另一大来源。城市交通污染对碳排放的影响与城镇化密切相关，随着城镇化进程的不断加快以及居民生活水平的不断提升，城市机动车数量呈现快速增长趋势。由于新能源汽车尚未得到全面推广，绝大多数的机动车以汽油和柴油为动力，因此机动车数量的快速增加产生了更多的能源压力，碳排放也越来越多。同时，城市交通用车的构成中私人汽车占比非常大，污染较少的公交车、电动车和自行车等比重较低，机动车的构成失衡也加大了能源压力和碳排放水平，使得减排压力加大。几年来，在各方参与主体共同努力之下我国碳排放量增速逐渐放缓，然而城市交通造成的碳排放量持续增加，主要原因在于两点：一方面，我国城镇化进程尚未完成，我国城镇化水平与发达国家相比还有较大差距。城镇化带来的人口规模、消费行为、家庭结构等的变化都会影响城市交通，城镇化水平提高同时也意味着城市交通需求不断上升。另一方面，我国城市交通机动化进程尚在发展中，机动化进程受到人口规模和地区结构的影响，现今虽然部分大型城市受到人口密度、环境因素和交通承载力等基础建设因素影响机动化进程放缓，但是在多数人口密度低的西部城市机动化水平尚未饱和，处于持续上升趋势，进而影响全国碳排放水平。

4.配套支撑体系缺失

低碳城市、低碳经济作为一种新型发展理念，需要政府、企业和公众转变观念，采取切实可行的对策措施。低碳城市的建设是一个长期、艰巨和系统的工程，其成就并非一日之功，需要法律制度、技术和金融的支撑。无论是开采、转型还是应用技术方面，能源技术落后都是制约低碳城市建设的重要障碍，实现技术改造和产业转型升级较为困难，与发达国家相比还有较大差距。政策和法规的不完善、资金不足等难以为低碳城市建设提供保障，不利于低碳城市建设的进一步发展。

10.2.2 碳交易政策

2021年7月，第一批全国碳市场交易正式开启，其仍采用以配额交易为主导、以核证自愿减排量为补充的碳市场体系，且在上线初期仅有电力行业的2 000多家企业进行碳配额交易。与相对成熟国家的碳市场相比，我国碳市场具有行业覆盖单一、市场缺乏活力和价格调整机制不完善等特征。

首先，由于不同行业不同领域碳排放配额的核算方式存在差异，在全国碳市场的建设初期仅包括电力行业。据生态环境部发布的《碳排放权交易管理办法（试行）》显示，高排放、高耗能和高污染企业被纳入重点排放单位。目前只有被分配到碳排放配额的行业企业具有参与交易的机会，同时个人与机构投资者也无法参与其中。其次，市场缺乏动力，活跃度不足，碳交易的价格呈下降趋势。由于交易主体都处于探索阶段，碳交易的价格调控机制尚未得到构建和完善。在全国碳市场启动后，交易规模仍处于低水平阶段。上海环境能源交易所的数据表明，除开市当天的碳交易量超百万吨之外,其余时间的日交易量并不高,甚至部分日成交量并不足百吨。与此同时,整体上碳交易的价格呈现下行趋势,当前价格的信号并不具有代表性,并不能科学准确地反映碳排放许可权的真实供需情况,碳排放价格对企业的生产经营决策与未来经营策略的影响并不高,企业进行减排和低碳绿色转型升级的积极性不足。最后,当前我国采用以碳排放配额交易为主,以企业自愿减排为辅的碳市场体系。《碳排放权交易管理办法(试行)》指出,我国碳排放配额以免费分配为主,未来国家可以适时引入有偿分配,并鼓励排放主体核证自愿减排的积极性。与我国的碳市场相比,国外碳排放权交易市场的发展已经较为成熟,我国从国外学习了先进的理论与实践经验,但我国的碳交易市场建设起步晚,发展时间短,在发展完善过程中也会面临许多挑战与障碍。

1.碳交易市场标准不够统一

中国碳交易市场起步较晚,2011年底国务院印发了《"十二五"控制温室气体排放工作方案》,在经过深圳、上海等多个城市的试点后,2021年7月全国碳排放交易体系才正式启动,碳交易市场的建设较仓促。与发达国家相比,中国碳交易市场发展状况较为落后和不成熟,碳排放权交易准入制度尚缺乏统一的审批权限、准入标准和监督管理等,市场标准分散,碳排放权交易效率相对较低,市场活力不足。我国碳交易市场化程度不足的主要原因是参与主体以履约为驱动,因此我国试点城市和全国碳市场履约率较高,但企业缺乏积极性。随着碳市场的不断发展,履约驱动不足现象得到缓解,交易集中度降低正体现出参与减排企业自主性的提高。

2.碳交易市场的透明度较差

目前,中国碳交易市场的信息并不透明,企业的碳排放量、碳配额量、配额方案和交易数据等信息并不愿意对外公开,导致各企业在获取信息时不及时、不准确,因此不能作出有效科学的交易决定。不透明的碳交易市场信息也使交易双方在确定市场定价时缺乏公平性和合理性,增加其交易成本的同时降低了交易效率,这使中国的碳交易市场缺乏流动性,发展缓慢。

碳市场的价格发现功能有待加强。当前碳市场的碳价无法发挥对节能减排和低碳投资的指导作用，即碳价能够反映企业短期配额需求，无法预测碳市场的长期供需关系。我国碳市场以强制性参与为主，以履约为主要目的的参与主体的交易特征使得由供需决定的碳价无法反映出真正的减排成本，导致履约期碳成交量起伏大，削弱了市场调节作用。此外，碳价差异导致跨地区的碳交易困难，无论从国内还是国际市场来看，碳价差异都对碳市场融合造成阻碍。

3.碳交易市场专业人才缺乏

中国碳交易市场起步晚，发展时间短，有关碳交易方面的专业人才缺乏，中国碳交易市场的开发、运营和管理缺乏科学有效的理论、实践经验以及先进技术的支撑。综合我国国情来看，国内碳交易缺乏具有专业背景的行业专家，且现有优质人才难以适应中国碳市场快速推进的诸多新要求。此外，由于缺乏专业培训，产业界、金融界的许多人士至今仍对碳交易存在误解，因此他们错失转型升级和布局新能源的良机。人才建设的滞后性导致我国在碳交易开展中处于定价劣势，受到其他国家各种条件的限制。在努力实现碳达峰碳中和目标的背景下，近年来各个碳排放交易试点先后建立，全国碳排放交易体系也正式启动，中国对碳交易专业的人才需求日益迫切。然而目前中国对碳交易方面人才队伍建设的重视程度、支持投入比较低，与发达国家相比，我国的节能减排技术和管理水平等仍存在较大差距。

4.碳交易立法保障水平较低

目前，我国只有少部分城市通过了当地人民代表大会及常务委员会批准的碳交易立法（例如，经深圳市第七届人民代表大会常务委员会第二次会议通过的《深圳经济特区生态环境保护条例》，对碳排放权交易相关内容作了明确规定）。大部分试点城市仅出台了与碳交易有关的地方政府法规，其法律约束力较弱。2020 年 12 月 25 日，生态环境部部务会议审议通过《碳排放权交易管理办法（试行）》，为全国碳交易市场的启动与构建提供了基本制度保障，但是中国碳排放交易的监管与法律体系仍不完善、不健全，缺乏对碳交易方法、规则作出明确规定的法律文件，对碳交易中介与服务机构、碳交易市场参与者的权利和义务也并没有作出明确阐述。因此提升碳交易的法律权威和层次显得尤为重要，在推进碳交易立法体系时要在全面梳理我国现有碳交易法律体系的基础上完善国家层面立法，侧重于碳交易权利义务和路径流程相关法律的制定。明确碳交易实施的法治主体，保障碳交易实施的法治流程的系统化，严格落实碳交易实施的法治责任，打造科学严密的碳交易法治监督体系，建设有力的碳交易法治保障体系。

5.监督和绩效管理机制匮乏

中国碳排放市场发展并不成熟，其管理与运作存在较大市场风险，违规操作问题也层出不穷，碳交易正常程序的维护也较为困难。与发达国家的碳交易市场相比，中国的碳交易市场缺乏完善的监管体系及有效的监管协调机制，并未设立专门的监管机构。同时，企业管理缺乏充足有效的理论支撑，政策实施也存在严重的滞后性，因此企业的决策与执行效率并不高，企业绩效难以得到提升，难以维护碳交易市场的有序运行。

10.3　碳减排政策实施建议

10.3.1　低碳试点政策

实现城市发展的低碳化，是城市未来发展的必然选择。城市低碳化的实质是减少二氧化碳排放量，目前我国正处于产业转型与技术升级的关键时期，了解低碳试点政策及其通过产业结构和技术创新作用于环境治理的政策效果，能够帮助我们更加准确地对低碳试点政策进行引导和控制，并提出相关政策建议以提高政策有效性。因此，基于我国国情、低碳试点政策目标、基本任务及实施情况，本章提出以下建议：

1.适时扩大低碳试点城市政策的实施范围

本研究通过定量分析发现，低碳试点政策在降低二氧化硫排放量方面发挥了显著作用，证实了低碳试点政策实施的必要性，它不仅控制温室气体排放，还产生了降低污染气体和污染物排放、环境质量改善的溢出效应。因此政府应当在前期低碳试点政策实施的基础上进行经验分析与总结，对后续相应政策与配套措施进行必要的完善。另外，为实现碳达峰碳中和目标，政府要适时对扩大低碳城市政策试点范围的合理性与可行性进行科学论证，在低碳试点政策前期试点城市经验基础上，结合地区差异，因地制宜灵活落实政策效果，提高政策实施的整体效应。

2.因地制宜选择发展路径

本研究通过实证分析发现，低碳试点政策存在区域间的异质性。因此，为进一步发挥低碳试点政策的统一性、有效性和全覆盖性，围绕人口规模、经济发展水平、金融发展及政府研发投入规模等要素，需适时探讨向试点城市赋予更大空间以及自由裁量权的可能性与合理性，因地制宜地开发适合不同城市自身情况的发展路径。要努力宣传和普及低碳发展理念，坚持贯彻落实科学发展观，为建成资源节约型和环境友好型社会作出不懈努力。其中，政府、企业和公众是低碳城市建设的主体，要增强低碳发展理念，承担起控制碳排放的责任感，把控制碳排放与控制有毒有害气体排放摆到相同位置。政府应当认识到发展低碳经济是趋势所在，要发挥能源节约的示范作用，在实现经济高质量增长的同时保护生态环境；企业应认识到低碳经济既是挑战又是机遇，要努力抓住商机实现企业的绿色低碳转型；公众应当认识到自身在碳减排中的责任和义务，开展绿色低碳的生活方式和消费方式。

3.积极发挥产业结构升级和技术创新的中介效应

本研究通过机制分析发现，低碳试点政策可以对产业结构升级和技术创新产生积极的促进作用，从而间接地降低二氧化硫的排放量，改善空气质量。优化升级城市产业结构和推动低碳产业发展是实现碳减排目标的主要途径。

首先，我们可以对传统高耗能高污染高排放产业进行技术改造，实现产业的低碳化升级。其次，我们要积极发展绿色低碳产业促进产业结构的优化升级，促进城市的功能从工业化到服务化的转型。此外，在产业结构优化调整的同时也要不断优化能源结构，积极促进低碳能源的发展。通过清洁生产、减少一次性能源的使用来不断提升能源利用率。要推进太阳能、风能、水能等非化石能源的发展，积极发展低碳能源，这是降低化石能源占比、减少二氧化碳等温室气体排放的根本。最后，地方政府要提升对低碳试点政策的重视程度，通过加大研发资金、加强低碳试点政策实施与监察力度等措施不断推动产业结构升级、促进技术创新、减少环境污染和推动绿色发展。要通过加强政策引导鼓励数字化技术助力低碳城市的建设，基于前期试点城市建设的成功经验，制定低碳城市数字化技术的应用标准并在全国范围内推广。要推动城市的统一平台建设，提升政府精准施策能力，全面融合建筑、供暖、用电和交通及城市重点企业的生产生活数据，实时动态监测管控城市的碳排放情况，并根据数据的深度融合分析评估城市的碳减排潜力并进行碳达峰时间预测。

4.提倡建筑节能

一方面，在建筑中大规模推广太阳能、地热能等可再生能源的使用是实现建筑节能甚至住宅零排放最可行的路径。虽然可再生资源在工业、电力、水泥和交通等多个领域的推广应用较为困难，但目前技术发展已经比较成熟、成本较低，也可以很好地满足建筑中的热水、供暖和制冷等生活需求。

另一方面，提高公共建筑的能源利用率和降低能耗是建筑节能的另一途径。从节能建筑的原材料、能源供应到住宅设计的各个环节都必须坚持低碳标准，尽可能采用可再生资源或清洁能源，力求发展绿色建筑，努力实现住宅建筑的零排放。

为保证我国建筑节能工作的推进，要完善国家建筑节能法律体系，使我国建筑节能工作开展有法可依，以便改善环境，提高居民生活水平，保障公民利益。此外，建筑节能技术和产品的开发投入大、周期长，必须有政策介入，制定经济鼓励政策，支持建筑节能开发应用，推进城市供热收费体制改革，使供暖收费货币化、商品化，推动建筑节能工作开展。

5.发展低碳绿色交通体系

要想实现城市交通转型就要实现源头需求的转变，综合考虑城市土地利用和公共交通布局，尽可能减少因城市范围大、出行距离长以及城市土地利用与交通布局脱离而产生的对小型汽车过度依赖等问题，打造紧凑型城市形态，从源头上减少因出行而带来的交通碳排放。改变居民出行观念从而进一步改变出行结构，能够对减少交通碳排放起到一定程度的"推""拉"作用。"推"在于对小型汽车出行进行管控，完善管理策略和手段。"拉"在于提升绿色出行服务水平，发展低碳绿色交通体系。发展低碳绿色交通体系首先要积极发展公共交通，优先选用性能优良、能耗低的新能源车辆，最大限度地降低对私家车的依赖从而实现碳减排目标，建设合理有序的公共交通网络从而保证公共交通的通畅便捷；我国电动汽车的商业应用已经较为成熟，从长远来看，低碳绿色交通体系应该通过低碳燃料的使用，纯电动汽车、氢燃料汽车等新能源交通的发展实现低碳排放。同时，应积极宣传引导居民养成环保的出行习惯，鼓励居民采取步行、地铁或公交等方式出行。另外，在城区内增加绿化面积推动碳固化，改善空气质量。对于城市运输结构而言，倡导各城市依据各自发展阶段和运输特点，构建以铁路为核心的绿色运输模式，拓展规模化的新能源货车应用，从而形成"铁路+新能源汽车"的绿色运输模式。

　　总之，在城市化发展过程中，城市为人类社会的进步注入活力，但随之而来的环境问题也日益突出。因此发展低碳城市是未来城市可持续发展的关键。低碳城市的发展离不开产业结构、能源结构、生活方式和消费习惯的优化调整，离不开相关政策法规及配套措施的支持，更离不开技术创新的支撑。不同城市要结合自身特点与突出特色，因地制宜地根据各自的特征与亮点先试先行，选择适合自己的发展模式与发展路径。要完善低碳城市建设的组织领导机制，做好相关配套措施支持低碳项目的进行，为低碳试点城市实现碳减排提供机制保障，并及时分析总结发展中的经验教训。

10.3.2　碳交易政策

　　我国提出碳达峰碳中和愿景以来，中央密集部署安排，各界广泛关注热议，碳排放交易政策的实施成为环境经济发展的重要一环。面对"十四五"期间所提出的单位内生产总值能耗降低13.5%和二氧化碳排放降低18%的双重目标与要求，我国正加快推进绿色低碳发展，持续推进节能降碳的协同治理，为此本章提出以下建议：

第一，不断扩大碳交易政策的实施范围。本研究通过实证分析发现，碳交易政策不仅能够推动城市产业结构转型升级，还可以显著提升电力行业的能源利用率，而实现产业结构转型对我国经济发展进程具有关键作用，能源利用率的提升也能够直接导致我国碳排放量减少，有助于推动"双碳"目标实现，这就验证了碳交易政策的正确性和实施的必要性。为此，政府应在前期碳交易政策实施的基础上积极总结经验，科学研讨，并配备和完善相应政策与配套措施，加快碳排放权交易机制的可行性研究。

第二，在政策制定和执行的过程中，首先，要提升技术创新水平，加大对地区和企业研发创新的支持力度，加强对外资的引导，提高人才素质和信息化水平。而且碳排放交易政策的执行会使企业产生成本压力，占用企业的研发资金，因此政府应加强对各地区、各产业的资金保障和技术支持，推动企业低碳持续发展。其次，相关政策的制定要致力于引导外商投资方向，协调对各产业的投资力度，相对降低对于第二产业的投资比重，减少对于一般加工工业的投资，从而提高外商投资对于产业结构的中介作用，最终达到通过协调外商投资来优化产业结构的目的。最后，要全面落实人才强国战略，加强人才培养，优化人才成长环境，兼顾实践能力与综合素质的发展，加强对于青年技术人才的培养，合理配置人力资源，协调产业结构调整。

第三，具体到电力行业而言，根据实证研究结果，环保投资、用电量需求和产业结构在碳交易政策影响电力行业能源利用率过程中有显著中介效应，因此应加强对中介变量的引导。首先，应提高政府环保投资额度，展示政府部门对于环保工作的重视态度，给予因开展环保工作发展技术创新和增加生产成本的企业一定程度的资金支持，保证企业绿色低碳发展的持续性。其次，碳交易运行体系的完善和政府部门的宣传能够逐渐改变居民的消费观念和消费习惯，主要体现在日常生产生活中用电量需求的降低。市场需求的减少进一步降低了生产紧迫性，推动实现产业升级和清洁能源转换，进一步提升整体能源利用率。最后，本研究通过实证研究证明碳交易政策能够显著影响城市产业结构，推动产业结构向合理化、高度化方向发展，达到提升能源利用率的目的，显著减少碳排放。

不同地区的电源结构要与当地的能源、经济和环境等基本情况协调发展，清洁能源开发与占比也要结合当地实际情况顺利推进，不断促进前沿技术创新，提高电力行业能源利用率。此外，我国幅员辽阔，地区差异大，因此不同地区要差异化地制定和执行政策，根据各地实际情况探究适合自身情况的发展路径与模式，可以支持有条件、有能力的地区或行业进行积极探索，支持条件成熟的地区或行业明确碳排放控制目标、合理分配排放权和完善运行交易机制。在探索研究过程中，要逐步建立起完善的方法学体系和第三方认证机构，设立全国性的注册、登记和清算机构，形成排放权分配、价格形成和减排制度等诸项制度。

第四，完善碳市场的制度体系与碳排放的管理体系建设，建立统一的碳交易市场行业标准，推动碳市场的稳定发展。首先，虽然当前全国碳市场的制度框架基本建立，但由于覆盖范围单一，现有的制度也是基于单一行业。随着全国碳市场不断纳入新的主体与交易产品，目前的制度建设已经不能满足需求，也无法形成有效的监管机制来识别市场的不当与违规行为。因此，建议加快完善全国碳市场的体制机制，加快推进碳排放权交易管理的国家立法，推动全国碳市场的运行有法可依，加快建立全国碳市场的总量控制、配额分配、交易和监管等制度，推动各部门间的协调互助，推进全国碳市场的稳步发展。其次，要加快碳排放的管理体系建设，夯实碳市场的运行基础。一方面，要支持科研机构等研究不同行业的碳排放核算方法和统计方法，从而形成全国性的统一碳排放核算与统计体系。另一方面，要基于碳排放核算体系，从市场参与主体入手，依托行业专家指导企业碳核算，确保数据真实可靠。最后，要统一碳交易市场的行业标准，统一中国碳排放权交易的准入标准、准入制度和审批权限，建立一个专业的碳配额与其他碳产品的交易平台。金融机构及交易所也应与政府充分合作制定统一碳市场交易标准，加强与其他交易平台在碳交易标准等领域的沟通协商，形成分工明确、合作共赢和健康有序的碳行业体系。

第五，政府要加大对碳交易政策的支持力度。首先，要增加对碳交易政策的环保投资与资金保障，激励电力行业积极探索前沿节能技术，引进最新的节能设备，不断进行绿色低碳转型，推动产业结构的优化升级，促进地区经济合理布局与协调发展，实现经济高质量增长和碳减排的协同增效。其次，要推动碳数据的信息化建设，加快培养相关领域的专业化人才。面对碳交易市场中多元化的数据要求，要建立起统一的信息平台，建立国家层面全行业的碳排放数据库，从数据采集、统计到核算实现全链条管理，降低管理成本，提升数据管理效率。同时还要推动不同行业的专职碳核算、碳交易和碳数据管理的队伍建设，培养一批了解并掌握碳市场机制与工具的专业人才，提供碳交易方面的教育培训，鼓励高等教育机构努力培养合格的碳交易专业人才，招募和培训大量碳交易领域的专业人员，提高碳交易市场参与主体的效率和专业水平，推进中国碳交易市场的有序发展，为全国碳市场的进一步建设与完善夯实基础。

第六，要加强有关碳交易法律法规的建设，健全碳交易市场的立法保障。首先，要明确碳排放权的法律地位，确定碳排放权分配原则，健全相关财务与税务制度，构建和健全碳排放统计体系、考核机制和相关金融监管体制，出台碳排放权交易管理办法，从而不断规范碳排放权交易市场。其次，要健全碳交易市场的立法保障，建立专门的监管部门对市场进行有效监管。目前中国的碳交易市场具有典型的政策导向特征，因此应当构建和完善法律和监管体系，推动全国碳交易市场的顺利有序运行。一方面，需要完善明确碳市场参与主体的责任、权利和利益的法律法规，为碳交易提供强有力的立法保障。另一方面，政府应当考虑到碳减排的重要性，在能源和环境保护等法律体系中增加低碳的内容，实现绿色低碳高质量发展。

第七，提高碳交易市场的透明度，建立专门的监管部门监督碳排放权交易市场的运行。首先，要坚持公平、公开、透明的原则，不断优化碳交易的市场机制。在缺乏公开透明的市场信息的情况下，市场参与者无法依据科学可靠的信息作出正确的交易决策，因此需要进一步提高信息的透明度。可以在各试点城市公布碳交易计划及管理措施实施情况，还可以向社会公开企业碳排放的数据、配额总量及分配情况，获得充足可靠的信息，低成本、高效率地保证企业有效参与碳市场交易。其次，要加强碳市场交易的监督和绩效管理，设立专门的监管部门监督碳排放权交易市场的运行，建立健全降低市场风险、减少违规操作和维护碳排放交易稳定运行的综合监管体系。政府也应当通过宏观政策进行监督与引导，采取相应政策措施加强绩效管理，采取激励、惩罚措施防止任何参与主体操纵碳市场交易价格，推动碳市场的稳定运行。

第八，中国碳排放权交易市场起步晚，发展并不十分成熟，因此需要借鉴发达国家关于碳排放权交易规则的制定经验，同时国内碳市场的实践经验也可以引领其他国家碳排放权交易规则的发展。随着中国碳交易政策的不断完善，我国也应当不断推动与各国政府、国际机构之间的合作。一方面，中国可以积极推广我国的碳交易政策的实践经验，帮助其他国家的碳市场建设与我国逐渐接轨。另一方面，我国也可以引入一些有效解决现存困境的做法与规则，不断完善我国碳排放权交易的规则，努力构建一个更为公正、合理的国际碳排放权交易机制，推动全球气候变化的有效治理。

总之，要在借鉴发达国家碳交易市场建设经验的基础上，建立符合我国国情的碳排放权交易机制，这既能够使我国通过市场激励手段应对气候变化和开展碳减排的制度创新，又能够通过推动参与主体减少排放成本，促使资金和技术向低碳领域倾斜，推动企业实现新旧动能转换，淘汰落后产能，发展高新技术，来提高我国在国际社会中的地位，提升我国的国际形象。

参考文献

[1]   ABADIE A, GARDEAZABAL J.The economic costs of conflict: a case study of the basque country [J]. American Economic Review, 2003, 93 (1): 113-132.

[2]   ABRELL J, FAYE A N, ZACHMANN G.Assessing the impact of the EU ETS using firm level data [R] . Strasbourg: Bureau d'Economie Théorique et Appliquée, 2011.

[3]   AGHION P, CAI J, DEWATRIPONT M, et al. Industrial policy and competition [J] . American Economic Journal: Macroeconomics, 2015, 7 (4): 1-32.

[4]   APERGIS N, PAYNE J E, MENYAH K, et al.On the causal dynamics between emissions, nuclear energy, renewable energy and economic growth [J]. Ecological Economics, 2010 (11).

[5]   BARON R M, KENNY D A.The moderator-mediator variable distinction in social psychological research: conceptual, strategic, and statistical considerations [J] . Journal of Personality and Social Psychology, 1986, 51 (6): 1173-1182.

[6]   BATTESE G E, COELLI T J.Model for technical inefficiency effects in a stochastic frontier production function for panel data [J]. Empirical Economics, 1995, 20 (2): 325-332.

[7]   BRINK C, VOLLEBERGH H R J, VAN DER WERF E.Carbon pricing in

the EU: evaluation of different EU ETS reform options. [J]. Energy Policy, 2016, 97 (1): 603-617.

[8] CALEL R, DECHEZLEPRETRE A. Environmental policy and directed technological change: evidence from the European carbon market [J]. Review of Economics and Statistics, 2016, 98 (1): 173-191.

[9] CHAN H S, LI S J, ZHANG F.Firm competitiveness and the European Union emissions trading scheme [J]. Energy Policy, 2013, 63: 1056-1064.

[10] CHENG B, DAI H, WANG P, et al.Impacts of carbon trading scheme on air pollutant emissions in Guangdong Province of China [J]. Energy for Sustainable Development, 2015, 27 (1): 174-185.

[11] CHENG J H, YI J H, DAI S, et al.Can low-carbon city construction facilitate green growth? Evidence from China's pilot low-carbon city initiative [J]. Journal of Cleaner Production, 2019, 231 (1): 1158-1170.

[12] CO S, BATTLES S, ZOPPOLI P.Policy options to improve the effectiveness of the EU Emissions trading system: a multi-criteria analysis [J]. Energy Policy, 2013, 57 (6).

[13] COLE M A, NEUMAYER E.Examining the impact of demographic factors on air pollution [J]. Population and Environment, 2004, 26 (1): 5-21.

[14] Dunn W N. Public Policy Analysis: An Introduction [M]. London: Longman Publishers, 2009: 295-306.

[15] ELLIOTT R J R, SHANSHAN W U. Industrial activity and the environment in China: an industry-level analysis [J]. China Economic Review, 2008, 19 (3): 393-408.

[16] GEHRSITZ M.The effect of low emission zones on air pollution and infant health [J]. Journal of Environmental Economics and Management, 2017, 83: 121-144.

[17] Guo K, Hang J, Yan S. Servicification of Investment and Structural Transformation [J]. SSRN Working Paper, 2017.

[18] HU W, WANG D.How does environmental regulation influence China's carbon productivity? An empirical analysis based on the spatial spillover effect [J]. Journal of Cleaner Production, 2020, 257 (1): 1-10.

[19] IEA.CO2 emissions from fuel combustion 2018 highlights [R]. Paris:

International Energy Agency, 2018: 24-25.

[20] FISHER-VANDEN K, JEFFERSON G H, MA J K, et al. Technology development and energy productivity in China [J]. Energy Economics, 2006, 28 (5-6): 690-705.

[21] LIDDLE B. Demographic dynamics and per capita environmental impact: Using panel regressions and household decompositions to examine population and transport [J]. Population and Environment, 2004, 26 (1): 23-39.

[22] LIN J Y, JACOBY J, CUI S H, et al. A model for developing a target integrated low carbon city indicator system: The case of Xiamen, China [J]. Ecological Indicators, 2014, 40 (1): 51-57.

[23] LO A Y, FRANCESCH H M. Governing climate change in Hong Kong: Prospects for market mechanisms in the context of emissions trading in China [J]. Asia Pacific Viewpoint, 2017, 58 (3): 379-387.

[24] MING T, MING Q, QI J G, et al. Why does the behavior of local government leaders in low-carbon city pilots influence policy innovation? [J]. Resources, Conservation & Recycling, 2020, 152 (C).

[25] MUSACCHIO A, LAZZARINI S G, AGUILERA R V. New varieties of state capitalism: strategic and governance implications [J]. The Academy of Management Perspectives, 2015, 29 (1): 115-131.

[26] PORTER M E, VAN DER LINDE C. Toward a new conception of the environment-competitiveness relationship [J]. Journal of Economic Perspectives, 1995, 9 (4): 97-118.

[27] Sen S, Dasgupta Z. Financialization and corporate investments: The Indian case [J]. Social Science Electronic Publishing, 2015, 64 (4): 844-853.

[28] WANG SH J, LIU X P, ZHOU CH SH, et al. Examining the impacts of socioeconomic factors, urban form, and transportation networks on CO_2 emissions in China's megacities [J]. Applied Energy, 2017, 185: 189-200.

[29] Wang H, Ang B W, Wang Q W, et al. Measuring Energy Performance with Sectoral Heterogeneity: A Non-parametric Frontier Approach [J]. Energy Economics, 2017, 62: 70-78.

[30] WOLFF H, Keep your clunker in the suburb: low-emission zones and

adoption of Green vehicles [J]. The Economic Journal, 2014, 124 (578): 481-512.

[31] Yin Y K, Jiang Z H, Liu Y Z, et al. Factors affecting carbon emission trading price: evidence from China. [J]. Emerging Markets Finance and Trade, 2019, 55: 3433-3451.

[32] ZHANG F, FANG H, WANG X. Impact of carbon prices on corporate value: the case of China´s thermal listed enterprises [J]. Sustainability, 2018, 10 (9): 3328.

[33] Zhang H, Duan M, Deng Z. Have China´s pilot emissions trading schemes promoted carbon emission reductions? the evidence from industrial sub-sectors at the provincial level [J]. Journal of Cleaner Production, 2019, 234: 912-924.

[34] 白强，董洁，田园春. 中国碳排放权交易价格的波动特征及其影响因素研究 [J]. 统计与决策，2022，38 (5): 161-165.

[35] 白雪洁，宋莹. 环境规制、技术创新与中国火电行业的效率提升 [J]. 中国工业经济，2009 (8): 68-77.

[36] 包群，邵敏，杨大利. 环境管制抑制了污染排放吗？[J]. 经济研究，2013，48 (12): 42-54.

[37] 步晓宁，赵丽华，刘磊. 产业政策与企业资产金融化 [J]. 财经研究，2020，46 (11): 78-92.

[38] 步晓宁，赵丽华. 自愿性环境规制与企业污染排放——基于政府节能采购政策的实证检验 [J]. 财经研究，2022，48 (4): 49-63.

[39] 曹俊文，姜雯昱. 基于LMDI的电力行业碳排放影响因素分解研究 [J]. 统计与决策，2018，34 (14): 128-131.

[40] 陈婕. 我国技术创新、碳排放与经济增长关联性研究 [J]. 统计与决策，2019，35 (22): 126-130.

[41] 陈启斐，钱非非. 环境保护能否提高中国生产性服务业比重——基于低碳城市试点策略研究 [J]. 经济评论，2020 (5): 109-123.

[42] 范丹，刘婷婷. 低碳城市试点政策对全要素能源效率的影响机制和异质性研究 [J]. 产业经济评论，2022 (2): 93-111.

[43] 高雪莲，王佳琪，张迁，等. 环境管制是否促进了城市产业结构优化？——基于"两控区"政策的准自然实验 [J]. 经济地理，2019，39 (9): 122-128，137.

[44] 公维凤，王丽萍，王传会，等. 我国碳排放权市场交易价格波动特征研究——

对5个碳交易试点的实证分析 [J]. 中国软科学, 2022 (4): 149-160.

[45] 龚梦琪, 刘海云, 姜旭. 中国低碳试点政策对外商直接投资的影响研究 [J]. 中国人口·资源与环境, 2019, 29 (6): 50-57.

[46] 郭飞, 马睿, 谢香兵. 产业政策、营商环境与企业脱虚向实——基于国家五年规划的经验证据 [J]. 财经研究, 2022, 48 (2): 33-46, 62.

[47] 郭红欣, 张乐权, 吴斯玥. 碳排放权交易对中国低碳技术创新的影响研究: 基于碳排放权交易试点的准自然实验 [J]. 环境科学与技术, 2021, 44 (12): 230-236.

[48] 郭凯明, 王藤桥. 基础设施投资对产业结构转型和生产率提高的影响 [J]. 世界经济, 2019, 42 (11): 51-73.

[49] 郭蕾, 肖有智. 碳排放权交易试点是否促进了对外直接投资? [J]. 中国人口·资源与环境, 2022, 32 (1): 42-53.

[50] 郭凌军, 刘嫣然, 刘光富. 环境规制、绿色创新与环境污染关系实证研究 [J]. 管理学报, 2022, 19 (6): 892-900, 927.

[51] 和经纬. 中国公共政策评估研究的方法论取向: 走向实证主义 [J]. 中国行政管理, 2008 (9): 118-124.

[52] 何迎, 邢园通, 汲奕君, 等. 我国电力行业碳排放影响因素及区域差异研究 [J]. 安全与环境学报, 2020, 20 (6): 2343-2350.

[53] 胡秋阳, 张敏敏. 抑制型产业政策推动了企业"脱虚返实"吗?——基于多期去产能政策的经验分析 [J]. 产业经济研究, 2022 (3): 56-71.

[54] 李广明, 张维洁. 中国碳交易下的工业碳排放与减排机制研究 [J]. 中国人口·资源与环境, 2017, 27 (10): 141-148.

[55] 李辉, 孙雪丽, 庞博, 等. 基于碳减排目标与排放标准约束情景的火电大气污染物减排潜力 [J]. 环境科学, 2021, 42 (12): 5563-5573.

[56] 李猛. "双碳"目标背景下完善我国碳中和立法的理论基础与实现路径 [J]. 社会科学研究, 2021 (6): 90-101.

[57] 李胜兰, 林沛娜. 我国碳排放权交易政策完善与促进地区污染减排效应研究——基于省级面板数据的双重差分分析 [J]. 中山大学学报(社会科学版), 2020, 60 (5): 182-194.

[58] 李晓冬, 马元驹. 乡村振兴政策落实跟踪审计四维审计模式构建——以公共政策评估标准为视角 [J]. 经济与管理研究, 2022, 43 (3): 99-113.

[59] 李治国, 王杰, 赵园春. 碳排放权交易的协同减排效应: 内在机制与中国经验 [J]. 系统工程, 2022 (3) 1-17.

[60] 梁平汉, 高楠. 人事变更、法制环境和地方环境污染 [J]. 管理世界,

2014（6）：65-78.

［61］ 刘传明，刘一丁，马青山．环境规制与经济高质量发展的双向反馈效应研究［J］．经济与管理评论，2021，37（3）：111-122.

［62］ 刘传明，孙喆，张瑾．中国碳排放权交易试点的碳减排政策效应研究［J］．中国人口·资源与环境，2019，29（11）：49-58.

［63］ 刘金焕，万广华．环境规制是否抑制了外商直接投资的流入？［J］．经济与管理研究，2021，42（11）：20-34.

［64］ 刘天乐，王宇飞．低碳城市试点政策落实的问题及其对策［J］．环境保护，2019，47（01）：39-42.

［65］ 刘玮辰，郭俊华，史冬波．如何科学评估公共政策？——政策评估中的反事实框架及匹配方法的应用［J］．公共行政评论，2021，14（1）：46-73，219.

［66］ 刘晔，张训常．碳排放交易制度与企业研发创新——基于三重差分模型的实证研究［J］．经济科学，2017（3）：102-114.

［67］ 卢娜，王为东，王淼，等．突破性低碳技术创新与碳排放：直接影响与空间溢出［J］．中国人口·资源与环境，2019，29（5）：30-39.

［68］ 逯进，王晓飞，刘璐.低碳城市政策的产业结构升级效应——基于低碳城市试点的准自然实验［J］．西安交通大学学报（社会科学版），2020，40（2）：104-115.

［69］ 逯进，王晓飞.低碳试点政策对中国城市技术创新的影响——基于低碳城市试点的准自然实验研究［J］．中国地质大学学报（社会科学版），2019，19（6）：128-141.

［70］ 罗栋燊，沈维萍，胡雷．城镇化、消费结构升级对碳排放的影响——基于省级面板数据的分析［J］．统计与决策，2022，38（9）：89-93.

［71］ 孟浩，张美莎．环境污染、技术创新强度与产业结构转型升级［J］．当代经济科学，2021，43（4）：65-76.

［72］ 潘尔生，李晖，肖晋宇，等．考虑大范围多种类能源互补的中国西部清洁能源开发外送研究［J］．中国电力，2018，51（9）：158-164.

［73］ 裴潇，胡晓双．城镇化、环境规制对产业结构升级影响的实证［J］．统计与决策，2021，37（16）：102-105.

［74］ 蒲龙，丁建福，刘冲．生态工业园区促进城市经济增长了吗？——基于双重差分法的经验证据［J］．产业经济研究，2021（1）：56-69.

［75］ 秦炳涛，余润颖，葛力铭．环境规制对资源型城市产业结构转型的影响［J］．中国环境科学，2021，41（7）：3427-3440.

[76] 任胜钢,李波.排污权交易对企业劳动力需求的影响及路径研究——基于中国碳排放权交易试点的准自然实验检验 [J].西部论坛,2019,29 (5):101-113.

[77] 任胜钢,郑晶晶,刘东华,等.排污权交易机制是否提高了企业全要素生产率——来自中国上市公司的证据 [J].中国工业经济,2019 (5):5-23.

[78] 任亚运,程芳芳,傅京燕.中国低碳试点政策实施效果评估 [J].环境经济研究,2020,5 (1):21-35.

[79] 任亚运,傅京燕.碳交易的减排及绿色发展效应研究 [J].中国人口·资源与环境,2019,29 (5):11-20.

[80] 上官绪明,葛斌华.科技创新、环境规制与经济高质量发展——来自中国278个地级及以上城市的经验证据 [J].中国人口·资源与环境,2020,30 (6):95-104.

[81] 佘硕,王巧,张阿城.技术创新、产业结构与城市绿色全要素生产率——基于国家低碳城市试点的影响渠道检验 [J].经济与管理研究,2020,41 (8):44-61.

[82] 沈晓梅,于欣鑫,姜明栋,等.基于全过程治理的环境规制减排机制研究——来自长江经济带数据的实证检验 [J].中国环境科学,2020,40 (12):5561-5568.

[83] 石大千,李格,刘建江.信息化冲击、交易成本与企业TFP——基于国家智慧城市建设的自然实验 [J].财贸经济,2020,41 (3):117-130.

[84] 宋弘,孙雅洁,陈登科.政府空气污染治理效应评估——来自中国"低碳城市"建设的经验研究 [J].管理世界,2019,35 (6):95-108,195.

[85] 孙金龙,黄润秋.坚决贯彻落实习近平总书记重要宣示 以更大力度推进应对气候变化工作 [J].中国生态文明,2020 (5):14-16.

[86] 孙帅帅,白永平,车磊,等.中国环境规制对碳排放影响的空间异质性分析 [J].生态经济,2021,37 (2):28-34.

[87] 孙振清,李欢欢,刘保留.碳交易政策下区域减排潜力研究——产业结构调整与技术创新双重视角 [J].科技进步与对策,2020,37 (15):28-35.

[88] 覃波,高安刚.知识产权示范城市建设对产业结构优化升级的影响——基于双重差分法的经验证据 [J].产业经济研究,2020 (5):45-57.

[89] 谭劲松,冯飞鹏,徐伟航.产业政策与企业研发投资 [J].会计研究,2017 (10):58-64;97.

[90] 谭静,张建华.碳交易机制倒逼产业结构升级了吗?——基于合成控制法的分析 [J].经济与管理研究,2018,39 (12):104-119.

［91］ 谭显东，刘俊，徐志成，等．"双碳"目标下"十四五"电力供需形势［J］．中国电力，2021，54（5）：1-6.

［92］ 陶良虎，李星，张群也．城镇化对碳排放的影响研究——以广东省为例［J］．生态经济，2020，36（2）：84-89.

［93］ 王锋，秦豫徽，刘娟，等．多维度城镇化视角下的碳排放影响因素研究——基于中国省域数据的空间杜宾面板模型［J］．中国人口·资源与环境，2017，27（9）：151-161.

［94］ 王慧英，王子瑶．我国试点城市碳排放权交易的政策效应与影响机制［J］．城市发展研究，2021，28（6）：133-140.

［95］ 王丽娟，张剑，王雪松，等．中国电力行业二氧化碳排放达峰路径研究［J］．环境科学研究，2022，35（2）：329-338.

［96］ 王倩，高翠云．碳交易体系助力中国避免碳陷阱、促进碳脱钩的效应研究［J］．中国人口·资源与环境，2018，28（9）：16-23.

［97］ 王韶华，于维洋，张伟．技术进步、环保投资和出口结构对中国产业结构低碳化的影响分析［J］．资源科学，2014，36（12）：2500-2507.

［98］ 王深，吕连宏，张保留，等．基于多目标模型的中国低成本碳达峰、碳中和路径［J］．环境科学研究，2021，34（9）：2044-2055.

［99］ 王文娟，梁圣蓉，佘群芝．环境规制与二氧化碳排放——基于企业减排动机的理论和实证分析［J］．生态经济，2022，38（4）：13-20.

［100］ 王文倩，周世愚．产业政策对企业技术创新的影响研究［J］．工业技术经济，2021，40（8）：14-22.

［101］ 王贤彬，谢倩文．重点产业政策刺激制造业企业投资房地产了吗？——来自五年规划与上市公司的证据［J］．经济科学，2021（1）：57-68.

［102］ 王亚飞，陶文清．低碳城市试点对城市绿色全要素生产率增长的影响及效应［J］．中国人口·资源与环境，2021，31（6）：78-89.

［103］ 王勇，王恩东，毕莹．不同情景下碳排放达峰对中国经济的影响——基于CGE模型的分析［J］．资源科学，2017，39（10）：1896-1908.

［104］ 王芝炜，孙慧．市场型环境规制对企业绿色技术创新的影响及影响机制［J］．科技管理研究，2022，42（8）：208-215.

［105］ 王智勇，李瑞．人力资本、技术创新与地区经济增长［J］．上海经济研究，2021（7）：55-68.

［106］ 韦东明，顾乃华．城市低碳治理与绿色经济增长——基于低碳城市试点政策的准自然实验［J］．当代经济科学，2021，43（4）：90-103.

［107］ 吴振信，谢晓晶，王书平．经济增长、产业结构对碳排放的影响分析——

基于中国的省际面板数据 [J]. 中国管理科学, 2012, 20 (3): 161-166.

[108] 夏清华, 谭曼庆. 产业政策如何影响企业创新? ——基于中国信息技术产业的分析 [J]. 软科学, 2022, 36 (1): 9-17.

[109] 肖振红, 谭睿, 史建帮, 等. 环境规制对区域绿色创新效率的影响研究——基于 "碳排放权" 试点的准自然实验 [J]. 工程管理科技前沿, 2022, 41 (2): 63-69.

[110] 徐德义, 马瑞阳, 朱永光. 技术进步能抑制中国二氧化碳排放吗? ——基于面板分位数模型的实证研究 [J]. 科技管理研究, 2020, 40 (16): 251-259.

[111] 徐鸿翔, 韩先锋, 宋文飞. 环境规制对污染密集产业技术创新的影响研究 [J]. 统计与决策, 2015 (22): 135-139.

[112] 徐佳, 崔静波. 低碳城市和企业绿色技术创新 [J]. 中国工业经济, 2020 (12): 178-196.

[113] 徐维祥, 周建平, 刘程军. 数字经济发展对城市碳排放影响的空间效应 [J]. 地理研究, 2022, 41 (1): 111-129.

[114] 徐盈之, 杨英超, 郭进. 环境规制对碳减排的作用路径及效应——基于中国省级数据的实证分析 [J]. 科学学与科学技术管理, 2015, 36 (10): 135-146.

[115] 薛飞, 周民良. 用能权交易制度能否提升能源利用效率? [J]. 中国人口·资源与环境, 2022, 32 (1): 54-66.

[116] 杨丹, 张辉国, 胡锡健. 城市化、能源消费与中国二氧化硫排放的时空变化分析 [J]. 环境科学与技术, 2017, 40 (6): 127-132.

[117] 鄞益奋. 公共政策评估: 理性主义和建构主义的耦合 [J]. 中国行政管理, 2019 (11): 92-96.

[118] 尹礼汇, 孟晓倩, 吴传清. 环境规制对长江经济带制造业绿色全要素生产率的影响 [J]. 改革, 2022 (3): 101-113.

[119] 应晓妮, 吴有红, 徐文舸, 等. 政策评估方法选择和指标体系构建 [J]. 宏观经济管理, 2021 (4): 40-47.

[120] 于斌斌, 金刚, 程中华. 环境规制的经济效应: "减排" 还是 "增效" [J]. 统计研究, 2019, 36 (2): 88-100.

[121] 于向宇, 陈会英, 李跃. 基于合成控制法的碳交易机制对碳绩效的影响 [J]. 中国人口·资源与环境, 2021, 31 (4): 51-61.

[122] 余雷鸣, 郝春旭, 董战峰. 中国跨省流域生态补偿政策实施绩效评估 [J]. 生态经济, 2022, 38 (1): 140-146.

[123] 余萍，刘纪显. 碳交易市场规模的绿色和经济增长效应研究［J］. 中国软科学，2020（4）：46-55.

[124] 余志伟，樊亚平，罗浩. 中国产业结构高级化对碳排放强度的影响研究［J］. 华东经济管理，2022，36（1）：78-87.

[125] 禹湘，陈楠，李曼琪. 中国低碳试点城市的碳排放特征与碳减排路径研究［J］. 中国人口·资源与环境，2020，30（7）：1-9.

[126] 张兵兵，周君婷，闫志俊. 低碳城市试点政策与全要素能源效率提升——来自三批次试点政策实施的准自然实验［J］. 经济评论，2021（5）：32-49.

[127] 张晨露，张凡. 生态保护、产业结构升级对碳排放的影响——基于长江经济带数据的实证［J］. 统计与决策，2022，38（3）：77-80.

[128] 张华，魏晓平. 绿色悖论抑或倒逼减排——环境规制对碳排放影响的双重效应［J］. 中国人口·资源与环境，2014，24（9）：21-29.

[129] 张华. 低碳城市试点政策能够降低碳排放吗？——来自准自然实验的证据［J］. 经济管理，2020，42（6）：25-41.

[130] 张家峰，毕苗. 长江经济带环境规制的产业结构效应研究［J］. 南京工业大学学报（社会科学版），2021，20（4）：87-98；110.

[131] 张健，王凯琪，张云. 碳排放权交易机制的减排效果——基于低碳技术创新的中介效应［J/OL］.［2022-06-06］. http://kns.cnki.net/kcms/detail/51.1268.G3.20220228.1819.007.html.

[132] 张倩，林映贞. 双重环境规制、科技创新与产业结构变迁——基于中国城市面板数据的实证检验［J］. 软科学，2022，36（1）：37-43.

[133] 张涛，吴梦萱，周立宏. 碳排放权交易是否促进企业投资效率？——基于碳排放权交易试点的准实验［J］. 浙江社会科学，2022（1）：39-47，157-158.

[134] 张亚斌，朱虹，范子杰. 地方补贴性竞争对我国产能过剩的影响——基于倾向匹配倍差法的经验分析［J］. 财经研究，2018，44（5）：36-47；152.

[132] 张优智，张珍珍. 环境规制对中国工业全要素能源效率的影响——基于省际面板数据的实证研究［J］. 生态经济，2021，37（11）：163-168.

[136] 张友国，白羽洁. 区域差异化"双碳"目标的实现路径［J］. 改革，2021（11）：1-18.

[137] 张治栋，赵必武. 智慧城市建设对城市经济高质量发展的影响——基于双重差分法的实证分析［J］. 软科学，2021，35（11）：65-70，129.

[138] 赵莉晓. 创新政策评估理论方法研究——基于公共政策评估逻辑框架的视角［J］. 科学学研究，2014，32（2）：195-202.

[139] 赵玉民，朱方明，贺立龙. 环境规制的界定、分类与演进研究［J］. 中国

人口·资源与环境，2009，19（6）：85-90.

[140] 赵振智，程振，吕德胜. 国家低碳战略提高了企业全要素生产率吗？——基于低碳城市试点的准自然实验 [J]. 产业经济研究，2021（6）：101-115.

[141] 赵志华，吴建南. 大气污染协同治理能促进污染物减排吗？——基于城市的三重差分研究 [J]. 管理评论，2020，32（1）：286-297.

[142] 郑小荣，陈伟华. 公共政策评估审计基本理论初探 [J]. 会计之友，2021（19）：123-128.

[143] 朱欢，郑洁，赵秋运，等. 经济增长、能源结构转型与二氧化碳排放——基于面板数据的经验分析 [J]. 经济与管理研究，2020，41（11）：19-34.

[144] 庄贵阳. 我国实现"双碳"目标面临的挑战及对策 [J]. 人民论坛，2021（18）：50-53.

[145] 庄贵阳. 中国低碳城市试点的政策设计逻辑 [J]. 中国人口·资源与环境，2020，30（3）：19-28.

索引